大数据与人工智能技术丛书

U0168467

数据分析实践教程

张喆 杨扩 吴丹 夏佳楠 管庆吉 编著

清华大学出版社

北京

内 容 简 介

本书围绕数据分析的基本概念与常用方法,提供一套适用于初学者快速入门的方法。本书以医学数据为例,围绕实际应用场景中最常见的五种数据形式:统计数据、文本数据、时序数据、图像数据以及健康数据,提供从基本概念、初步探索到综合应用的全流程系统示范教学。

本书共计 5 章,分别为统计数据分析、文本数据分析、时序数据分析、医学图像分析以及健康医疗大数据分析。以典型案例为依托,涵盖临床统计数据、电子病例数据、脑电信号数据、医学影像数据和可穿戴式设备数据等五种形态。

本书旨在利用案例教学将知识点融会贯通,配合分步指导教程,便于学生自学和扩展练习。配套资源丰富包括数据、代码、演示等,使用的软件包括 SPSS、Python、MATLAB 等。本书适合计算机、数理分析、临床医学、公共卫生等领域的本科生和研究生使用,亦可作为其他专业学生和科研工作者的辅助学习参考书。阅读本书,读者不仅可以全面了解数据的多种形态及分析方法,更能提高深层次的数据分析与处理能力。

图书在版编目(CIP)数据

数据分析实践教程 / 张喆等编著. -- 北京 : 清华
大学出版社,2024. 7. -- (大数据与人工智能技术丛书).
ISBN 978-7-302-66656-1

Ⅰ. TP274

中国国家版本馆 CIP 数据核字第 20242PZ399 号

责任编辑:赵　凯
封面设计:刘　键
责任校对:胡伟民
责任印制:丛怀宇

出版发行:清华大学出版社
网　　址:https://www.tup.com.cn,https://www.wqxuetang.com
地　　址:北京清华大学学研大厦 A 座　　邮　　编:100084
社 总 机:010-83470000　　邮　　购:010-62786544
投稿与读者服务:010-62776969,c-service@tup.tsinghua.edu.cn
质量反馈:010-62772015,zhiliang@tup.tsinghua.edu.cn
课件下载:https://www.tup.com.cn,010-83470236
印 装 者:三河市人民印务有限公司
经　　销:全国新华书店
开　　本:185mm×260mm　　印　　张:17.25　　字　　数:435 千字
版　　次:2024 年 7 月第 1 版　　印　　次:2024 年 7 月第 1 次印刷
印　　数:1~1500
定　　价:59.00 元

产品编号:103307-01

前　言

　　医学数据分析是现代医学领域中一个快速发展的领域,它为我们揭示了医学数据中隐藏的规律和趋势,为医学研究和临床实践提供了有力的支持。

　　本书以医学数据分析为核心,通过实际案例和理论解析,系统地介绍了数据分析的基本概念、方法和应用。无论是对医学研究的数据探索,还是对临床决策的辅助分析,本书都能够为读者提供实用的指导和工具。

　　本书以医学数据为例,通过 5 个章节依次为读者介绍统计数据、文本数据、时序数据、图像数据以及健康数据这五种常见的数据形式。每个章节都将从基本概念开始,逐步展示整个数据分析流程的系统示范教学。

　　第 1 章是统计数据分析,以临床统计数据为基础,讲解统计学的基本概念和常用方法。通过典型案例的分析,讲解数据探索、描述性统计、假设检验和回归分析等内容。

　　第 2 章是文本数据分析,以电子病例数据为分析对象,介绍文本数据的处理和分析方法,系统讲解文本清洗、文本预处理、文本表示、文本抽取、文本相似、文本分类、文本聚类等内容。

　　第 3 章是时序数据分析,以脑电数据为分析对象,介绍时序数据的基本概念和分析方法,系统讲解时序数据的可视化、频谱分析、几种典型的非线性分析及网络分析方法等内容。

　　第 4 章是医学图像分析,以医学影像数据为分析对象,介绍图像数据处理和分析方法,系统讲解图像空间和频域变换、图像分割及图像分类等内容。

　　第 5 章是健康医疗大数据分析,以可穿戴式设备数据为分析对象,介绍健康数据的分析方法,系统讲解如何处理和分析健康数据,并探索与健康相关的模式和趋势。

　　为了帮助学生更好地理解和应用所学知识,本书配有丰富的资源,包括数据、代码和演示等。同时,教材还提供了分步指导教程,便于学生自学和扩展练习。

　　本书适用于计算机、数理分析、临床医学、公共卫生等相关领域的本科生和研究生,也可作为其他专业学生和科研工作者的辅助学习参考书。通过阅读本书,读者不仅可以全面了解不同形态数据的分析方法,还能提高深层次的数据分析和处理能力。

　　本书的编写得到了北京交通大学计算机与信息技术学院及医学智能研究所的大力支持,在此表示衷心感谢。

　　最后,在编写过程中,编者发现本书所介绍领域的知识一直在不断变化和更新中,希望读者在阅读的过程中能够保持对新技术和新方法的持续关注。同时,我们欢迎读者提供宝贵的意见和反馈,帮助我们不断改进和完善本书的内容。

目 录

第1章

统计数据分析

统计数据分析是针对统计部门发布的数据进行综合描述并分析的数理分析方法。本章的第 1 部分将介绍常见的统计数据的来源和获取方式,并将获得的数据根据类型进行分类;第 2 部分,介绍基本的统计描述与推断,涵盖假设检验的三种方法和案例;第 3 部分,介绍线性回归和逻辑回归两种常用方法。通过本章的学习,读者可以掌握统计数据的基本概念与分析方法,并且熟悉 SPSS 软件的使用方法,加深对统计数据的认识与理解。

1.1 什么是统计数据?

统计数据是统计部门如国家统计局、医院、研究机构根据实际需要,通过普查、抽样调查、统计报表、重点调查、典型调查等方式收集到的数据。统计数据可以是人口出生数据,也可以是病患临床随访数据。应用统计学中,将统计数据分析方法分为描述性统计分析和推断性统计分析。

1.1.1 数据获取

1. 公开数据集

通常可以在数据统计部门公开的网站上查询获取数据,常用的医学数据公共数据库如下:

- 世界卫生组织:https://www.who.int。
- 全球健康数据中心:http://ghdx.healthdata.org。
- 国家人口健康科学数据中心:https://www.ncmi.cn。
- 中国健康与营养调查数据库:https://www.cpc.unc.edu/projects/china。
- 美国国家癌症数据库:https://www.facs.org/quality-programs/cancer/ncdb。
- 综合性肿瘤数据库 TCGA:https://cancergenome.nih.gov。
- SEER 肿瘤患者等级数据库:https://seer.cancer.gov。
- MIMIC 重症监护数据库:https://mimic.physionet.org。

本章内容所用数据来自于国家人口健康科学数据中心(https://www.ncmi.cn)官方网站公布的数据。数据下载步骤如下。

注册账号:登录国家人口健康数据中心(https://www.ncmi.cn)官方网站→单击"个

人账号注册"（还可以选择"机构账号注册"或"合作机构账号注册"）注册账号→单击"邮箱注册"（或"手机注册"）完善注册信息并提交。至此完成账号"注册"并返回"登录"界面,输入注册信息后即可访问网站,如图1-1所示。

图1-1　国家人口健康科学数据中心官方网站

下载数据:通过图1-1所示板块界面直接单击下载数据,也可通过访问页面右上方的搜索栏目进行数据下载。以图1-2所示"资源排行"板块为例,单击"共享杯版-空气污染数据",可以看到如图1-3所示的基本信息界面,单击该页面中的"样例数据""数据字典""实体数据"下载并保存数据。该方法同样适用于其他网站的数据集下载。

图1-2　共享数据板块界面

2. 数据类型

按照计量尺度的不同,统计数据大致可以分为两大类,四小类。

定性数据:表示事物品质性质、规定事物类别的文字表述型数据,其数值表示形式并不

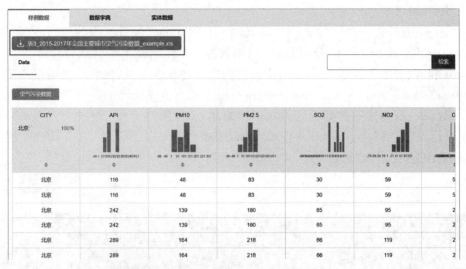

图 1-3 "共享杯版-空气污染数据"界面

代表具体的数值概念,不能量化表示,只能定性表示。定性数据又可以细分为:

- 定类数据——表现为类别,但不区分顺序,由定类尺度计量形成。如:性别(男、女),吸烟(是、否)。
- 定序数据——表现为类别,但有顺序,由定序尺度计量形成。如:癌症分级(Ⅰ期、Ⅱ期、Ⅲ期、Ⅳ期)。

定量数据:是能够用具体数量尺度记录的数据,其数值具有明确的数值特征,可以量化表示。定量数据又可细分为:

- 定距数据——表现为数值,可进行加、减运算,不能进行乘、除运算,由定距尺度计量形成。如:温度。
- 定比数据——表现为数值,可进行加、减、乘、除运算,由定比尺度计量形成。如:身高、体重。

1.1.2 常用统计分析软件

1. Excel

Excel 是数据分析的入门工具,具有一般用途使用的数据分析功能。操作时单击菜单栏"数据"→"数据分析",得到如图 1-4 所示的数据分析功能界面,根据需要单击"分析工具"栏中的具体分析方法,然后单击"确定"按钮,进入"输入"和"输出"的参数设定界面,并显示结果。

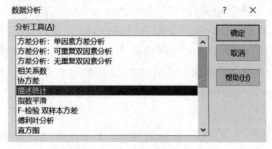

图 1-4 Excel 数据分析功能界面

2. SPSS 统计

SPSS(statistical product service solutions)是 IBM 公司设计开发的"统计产品与服务解决方案"软件,具有统计学分析运算、数据挖掘、预测分析和决策支持任务等功能,有 Windows 和 macOS 等版本。目前 IBM 公司提供软件在线下载、免费试用的服务,下载网址：https://www.ibm.com/cn-zh/analytics/spss-statistics-software。

下载步骤：注册账户并登录后,如图 1-5 所示,单击网站首页"试用 SPSS Statistics"进入产品试用界面,单击"下载"进入产品界面,根据计算机操作系统,单击图 1-6 所示"在 Windows 64-bit 上下载"或者"在 macOS 上下载"。

图 1-5　IBM SPSS 软件官方网站

图 1-6　IBM SPSS Statistics 试用软件下载界面

安装步骤：双击下载的驱动文件"SPSS Statistics.exe",按照提示完成软件的安装。以 IBMid 登录,登录后显示图 1-7 所示的数据编辑器窗口,该窗口是 SPSS 的主程序窗口,用于数据的录入、管理、结构设置等。单击数据编辑器左下方的"数据视图"和"变量视图",可以相互切换显示界面,"数据视图"界面主要用于源数据的编辑,"变量视图"界面主要用于变量属性的设置。

3. Anaconda

Anaconda 是一个开源的 Python 发行版本,包含 200 多个数据科学工具包,是一种可以进行数据分析的重要编程工具。它既可以与 Excel、SPSS 兼容使用,也可使用 C、C++ 的编

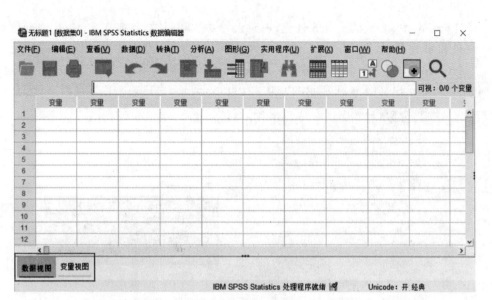

图 1-7　IBM SPSS Statistics 数据编辑器窗口

译语言进行拓展使用。Anaconda 提供免费下载,网址为：https://www.anaconda.com/products/distribution。

下载步骤：打开网址,单击图 1-8 所示界面中的"Download"按钮下载安装文件。

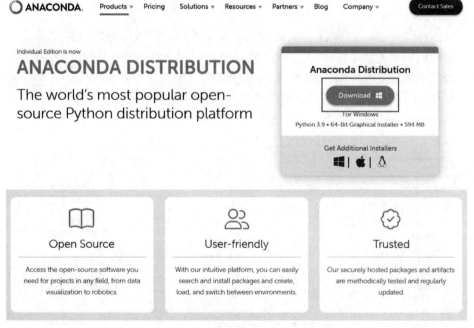

图 1-8　Anaconda 软件下载界面

安装步骤：双击下载的驱动文件"Anaconda3-2022.05-Windows-x86_64.exe",进入安装向导,按照提示完成软件的安装。

安装好的 Anaconda 可以包含 3 种常用的编辑工具,如 IPython、Jupyter Notebook、Spyder 等,如图 1-9 所示。

- IPython：Python 的交互式外壳，内置大量功能和函数，是基于 Python 进行数据分析和可视化的重要工具。使用时单击图 1-9 所示界面中的"Anaconda Prompt（Anaconda 3）"，出现界面如图 1-10 所示，等待路径出现后，输入"ipython"，等待数秒后，显示出如图 1-11 所示的交互式 Python 界面，之后输入代码进行运算。

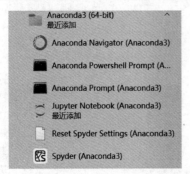

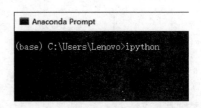

图 1-9　Anaconda 常用编辑工具界面　　　　图 1-10　Anaconda Prompt 编辑界面

图 1-11　IPython 编辑界面

- Jupyter Notebook：基于网页的用于交互计算的应用程序。以网页的形式打开，编辑界面需要通过单击图 1-12 所示界面中"New"→"Python 3（ipykernel）"打开，打开后的编辑界面如图 1-13 所示，采用语句交互对话的方式进行代码的编写和运行。采用 In［x］和 Out［x］表示输入输出，并表示相应的序号。

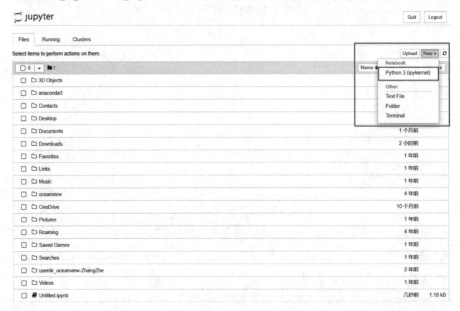

图 1-12　Jupyter 的网页界面

图 1-13 Jupyter 的编辑界面

- Spyder：一个强大的交互式 Python 语言开发环境，提供高级的代码编辑、交互测试、调试等功能，编辑界面如图 1-14 所示，界面左侧是代码编辑区，右侧用于调试查看。

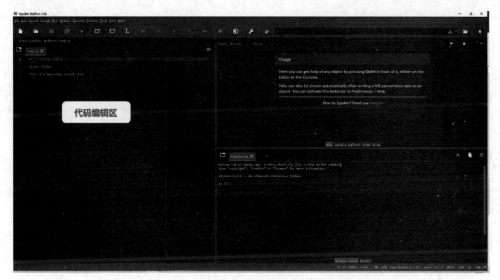

图 1-14 Spyder 的编辑界面

1.2 统计分析基础

统计分析是指运用统计方法及与分析对象有关的知识，从定量和定性方面对研究对象进行分析。

1.2.1 统计描述

统计描述是描绘或总结数据基本情况的统计总称。描述性统计分析方法研究如何取得反映客观现象的数据，并通过一定形式对所收集的数据进行加工处理和显示，进而通过综合概括与分析得出反映客观现象的规律性数据特征。

1. 常用描述方法

- 文字：以文字描述的形式对数据进行叙述。

例1：某医院乳腺肿瘤科对74例女性患者原发肿瘤，接受改良根治术或保乳手术治疗患者进行随访。收集患者年龄(X1)、临床分期(X2)、组织学分级(X3)，首发转移部位个数(X4)，激素受体(X5)，脑转移时是否有临床症状(X6)，生存状态(S)及具体存活天数(Y)等数据。

- 表格：又称为表，采用行列的形式，对数据进行整理和展示。

例2：将例1的文字整理成表格，如表1-1和表1-2所示。

表1-1　女性患者原发乳腺癌治疗后随访数据

序号	X1	X2	X3	X4	X5	X6	S	Y
1	34	2	1	1	1	0	1	130
2	49	1	2	1	1	0	1	85
3	43	0	0	0	0	0	0	64
4	53	2	2	0	1	1	1	89
5	36	1	1	1	0	0	1	160
...								

表1-2　女性患者原发乳腺癌治疗后随访数据字典

变　量	分　类	赋　值
临床分期(X2)	Ⅰ	0
	Ⅱ	1
	Ⅲ	2
组织学分级(X3)	Ⅰ	0
	Ⅱ	1
	Ⅲ	2
首发转移部位个数(X4)	单个	0
	多个	1
激素受体(X5)	阴性	0
	阳性	1
脑转移时是否有临床症状(X6)	有	
	无	0
生存状态(S)	死亡	1
	存活	0

- 图表：是一种更加直观的可视化显示数据的方式，可以是二维、三维或者多维形式。

例3：将例2的表格中乳腺癌的年龄分布整理成图表，如图1-15所示。

2. 常用统计描述参数

- 平均数：算术平均数，样本均值。
- 中位数：数据排序后位于中间的数。
- 众数：数据中出现最多的数。
- 方差：源数据与总体均数之差的平方和的平均数。表示源数据与总体均值的偏离程度。
- 标准差：方差的算术平方根。反映数据的离散程度。
- 标准误差：标准差除以样本容量的平方根。表示抽样的误差。
- 峰度：描述数据分度形态的陡缓程度。以正态分布为基准，峰度为3；当分布比正

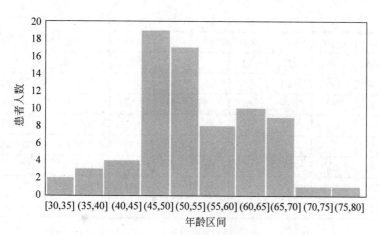

图 1-15　74 名乳腺癌患者的年龄分布

态陡峭时,即峰度大于 3 时,为尖顶峰度;反之为平顶峰度。

- 偏度:描述数据分布的偏斜方向和程度。以正态分布为基准,偏度为 0;当数据位于均值左边、值较小时,偏度为负,或称左偏态、负偏离;反之为右偏态、正偏离。
- 最大值:一列数据中值最大的数据。
- 最小值:一列数据中值最小的数据。
- 求和:一列数据中所有数据的算术之和。
- 观测数:一列数据中所有数据的个数。
- 最大(K):一列数据中值排第 K 大的数据。如:最大(2),表示一列数据中第 2 大的数值。
- 最小(K):一列数据中值排第 K 小的数据。如:最小(3),表示一列数据中第 3 小的数值。
- 置信区间:抽取不同的样本时出现的区间估计范围。
- 置信度(95%):当构造的置信区间有 95% 的概率包含真值(总体均值)时,其置信度为 95%(非常相信)。

1.2.2　案例:城市空气污染数据分析

以 "2015—2017 年北京市空气污染数据集" 为例,对其进行统计描述分析。

步骤如下:

1) 观察数据

打开 "2015—2017 年北京市空气污染数据集",如图 1-16 所示,该数据共有 10 列,第 1 列(A 列)为 "CITY",第 B~H 列分别为 "API""PM10""PM2.5""SO$_2$""NO$_2$""O$_3$""CO" 等表示空气污染的因素,第 I 和 J 列,分别为数据采集的日期 "data" 和时间 "time"。

2) 选择数据

通过观察数据,选择代表空气污染因素的数据进行统计描述。

新建数据表,单击图 1-17 中数据表底部的 "添加" 按钮,新建一个空的数据表格 "Sheet1"→将新的数据表格重新命名为 "源数据"→复制 "2015—2017 年北京市空气污染数据集" 表中的区域 B~H 列的数据到 "源数据" 表中的 A~G 列。

A	B	C	D	E	F	G	H	I	J
CITY	API	PM10	PM2.5	SO₂	NO₂	O₃	CO	date	time
北京	116	48	83	30	59	51	1.324	2015/1/2	2015/1/2 20:00
北京	242	139	180	65	95	24	2.968	2015/1/3	2015/1/3 20:00
北京	289	164	218	66	119	29	3.348	2015/1/4	2015/1/4 20:00
北京	54	135	187	66	82	70	3.353	2015/1/5	2015/1/5 20:00
北京	108	22	36	16	31	69	0.592	2015/1/6	2015/1/6 20:00
北京	103	63	93	39	64	41	1.702	2015/1/7	2015/1/7 20:00
北京	236	117	147	48	90	16	2.841	2015/1/8	2015/1/8 20:00
北京	228	150	173	58	95	52	2.836	2015/1/10	2015/1/9 20:00

图 1-16   2015—2017 年北京市空气污染数据集

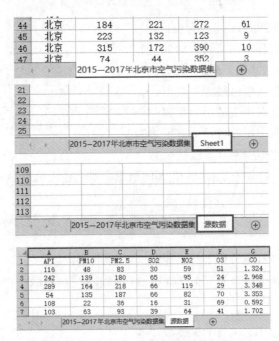

图 1-17   创建源用于统计描述的源数据表格

3）描述统计

单击工具栏"数据"→"数据分析"→"统计描述"→"确定"后，显示图 1-18 所示"描述统计"参数界面。在"输入区域"栏，通过鼠标左键拖选出数据区域"＄A：＄G"→分组方式选择"逐列"→勾选"标志位于第一行"→输出选项选择"新工作表组"，并且命名为"统计描述"→勾选"汇总统计"，完成输入和输出的设定后，最后单击"确定"按钮。

图 1-19 即是利用 Excel 数据分析工具进行描述统计的结果，新生成的数据表中将所选空气污染因素的常用统计参数结果以表格的形式展示，包括平均、标准误差、中位数等。

4）数据可视化

将"2015—2017 年北京市空气污染数据集"的数据进行可视化可以更加直观地展示数据分布形态。该数据集中数据是按照时间规律进行记录的，因此将数据进行时间序列的可视化呈现可以直观反映数据的时间变化趋势。

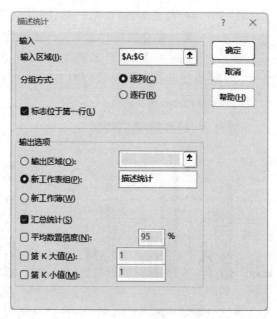

图 1-18 描述统计参数界面

	A	B	C	D	E	F	G	H	I	J	K	L	M	N
1	API		PM10		PM2.5		SO₂		NO₂		O₃		CO	
2														
3	平均	137.2336	平均	84.74766	平均	127.3738	平均	21.60748	平均	51.63551	平均	87.84112	平均	0.387505
4	标准误差	9.316375	标准误差	6.360976	标准误差	8.186091	标准误差	2.111124	标准误差	2.849434	标准误差	4.607848	标准误差	0.941768
5	中位数	116	中位数	68	中位数	112	中位数	16	中位数	49	中位数	84	中位数	1.035
6	众数	242	众数	56	众数	92	众数	12	众数	59	众数	86	众数	1.162
7	标准差	96.36933	标准差	65.79845	标准差	84.67758	标准差	21.83763	标准差	29.47477	标准差	47.66395	标准差	9.741722
8	方差	9287.049	方差	4329.436	方差	7170.293	方差	476.8822	方差	868.7621	方差	2271.852	方差	94.90114
9	峰度	1.794304	峰度	1.383123	峰度	1.104584	峰度	7.963557	峰度	5.532178	峰度	3.095891	峰度	105.0737
10	偏度	1.08676	偏度	0.865032	偏度	0.839885	偏度	-0.8936	偏度	-0.80732	偏度	0.313811	偏度	-10.2043
11	区域	599	区域	405	区域	489	区域	175	区域	218	区域	353	区域	103.505
12	最小值	-99	最小值	-99	最小值	-99	最小值	-99	最小值	-99	最小值	-99	最小值	-99
13	最大值	500	最大值	306	最大值	390	最大值	76	最大值	119	最大值	254	最大值	4.505
14	求和	14684	求和	9068	求和	13629	求和	2312	求和	5525	求和	9399	求和	41.463
15	观测数	107	观测数	107	观测数	107	观测数	107	观测数	107	观测数	107	观测数	107

◀ ... | 描述统计 | 源数据 | ⊕

图 1-19 "2015—2017 年北京市空气污染数据集"描述统计结果

首先,同样按照"2)选择数据"的方式,新建一个名为"可视化源数据"的数据表,该表中应包含时间因素"date",并且将"date"数据存放在第一列(A 列),之后依次为各类空气污染因素,如图 1-20 所示。

	A	B	C	D	E	F	G	H
1	date	API	PM10	PM2.5	SO₂	NO₂	O₃	CO
2	2015/1/2	116	48	83	30	59	51	1.324
3	2015/1/3	242	139	180	65	95	24	2.968
4	2015/1/4	289	164	218	66	119	29	3.348
5	2015/1/5	54	135	187	66	82	70	3.353
6	2015/1/6	108	22	36	16	31	69	0.592

◀ ... | 描述统计 | 可视化源数据 | 源数据 | ⊕ | ▶

图 1-20 创建源用于可视化的源数据表格

其次,绘制可视化视图,单击工具栏"插入",在出现的图 1-21 所示界面中,选择 Excel 提供的基础图表类型进行绘制。

图 1-21　Excel 基础图表界面

・柱形图/条形图

选取部分数据作为展示,选择数据 A1:H7→单击"插入"→单击"二维柱形图"或"二维条形图",即可绘制出图 1-22、图 1-23 所示的空气污染因素监测数据柱形图和条形图。

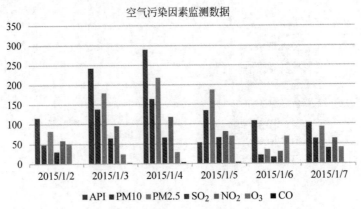

图 1-22　空气污染因素监测数据柱形图

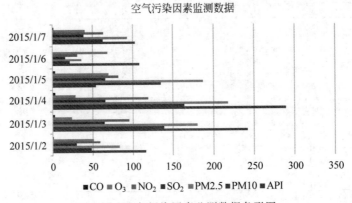

图 1-23　空气污染因素监测数据条形图

・散点图

选取部分数据作为展示,选择数据 A1:D7→单击"插入"→单击"散点图",即可绘制出图 1-24 所示的空气污染因素监测数据散点图。

・折线图/带数据标记折线图

选取部分数据作为展示,选择数据 A1:D7→单击"插入"→单击"二维折线图"或"带数据标记的折线图",即可绘制出图 1-25、图 1-26 所示的空气污染因素监测数据折线图。

・饼图

饼图一般针对单独序列的数据占比进行展示,选择数据 A1:C7→单击"插入"→单击"饼图",即可绘制出图 1-27 所示的空气污染因素监测数据饼图。

・雷达图

雷达图一般显示相对于中心点的值,展示属性评价倾向。选择数据 A1:C7→单击"插入"→单击"雷达图",即可绘制出图 1-28 所示的空气污染因素监测数据雷达图。

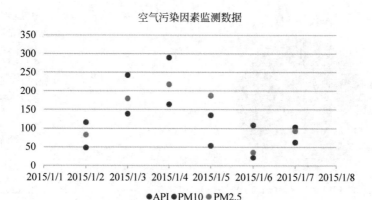

图 1-24 空气污染因素监测数据散点图

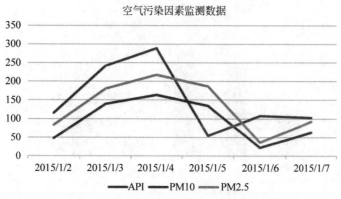

图 1-25 空气污染因素监测数据折线图

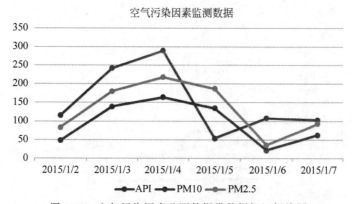

图 1-26 空气污染因素监测数据带数据标记折线图

- 组合图/自定义组合图

组合图是指针对多列的数据采用条形图、折线图进行展示,选择数据 A1:C7→单击"插入"→单击"组合图",即可绘制出图 1-29 所示的空气污染因素监测数据组合图。

创建自定义组合图。针对多序列数据,为每列数据选择图表类型和坐标轴,实现在一幅图上组合显示多种图表类型。选择数据 A1:D7→单击"插入"→单击"自定义组合图",出现图 1-30 所示选项界面,在"图表类型"选项框中,通过下拉菜单选择对应的图表类型后,即可绘制出图 1-31 所示的空气污染因素监测数据自定义组合图。

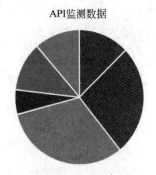

API监测数据

■2015/1/2 ■2015/1/3 ■2015/1/4 ■2015/1/5 ■2015/1/6 ■2015/1/7

图 1-27 空气污染因素监测数据饼图

图 1-28 空气污染因素监测数据雷达图

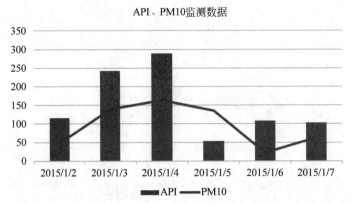

图 1-29 空气污染因素监测数据组合图

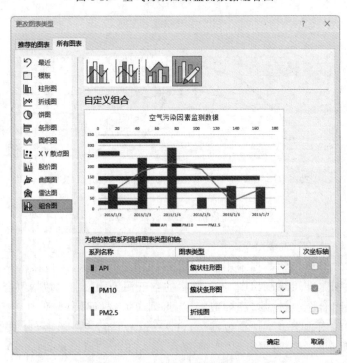

图 1-30 自定义数据组合图选项界面

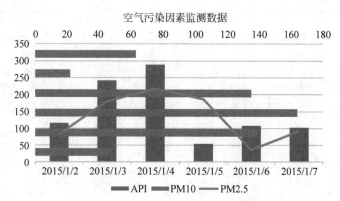

图1-31 空气污染因素监测数据自定义组合图（柱形图、条形图、折线图组合）

1.2.3 统计推断

统计推断是根据带随机性的观测数据（样本）以及问题的条件和假定（模型），而对未知事物作出的，以概率形式表述的推断。统计推断常用的分析方法有：假设检验、线性回归分析、逻辑回归分析、聚类分析、判别分析、生存分析等。

1. 假设检验

假设检验是判断样本与样本，样本与总体的差异是由抽样误差引起的还是本质差别造成的统计推断方法。显著性检验是最常用的一种方法，其基本原理是先对总体的特征作出某种假设，然后通过统计推理得到概率值，判断假设是否成立。常用的假设检验方法有 t 检验、F 检验、卡方检验等。

- t 检验（t test）

又称学生 t 检验（student's t-test），是统计推断的最基本方法。利用 t 分布理论，研究两组均数之间是否存在显著性差异。t 检验的临界值表如图1-32所示。

适用条件：小样本数据的分析，且数据分布需要服从正态分布或者近似正态分布，已知总体和样本均值。

包括：单样本 t 检验、配对样本 t 检验、独立样本 t 检验。

- F 检验（F test）

又称联合假设检验（joint hypotheses test）或者方差检验，用于研究两个及两个以上样本均值差别的统计推断方法，目的是推断两组或多组数据的总体均值是否相同，检验两个或多个样本均值是否存在显著性差异。F 检验的临界值表如图1-33所示。

适用条件：两组及两组以上数据分析，且数据分布需要服从正态分布或者近似正态分布，各组数据具有相同的方差或者标准差。

包括：单因素方差分析、双因素方差分析、多因素方差分析。

- 卡方检验（χ^2 test）

用于判断样本的实际观测值与理论推导值之间的偏离程度。卡方值越大，表明两者的偏离度越大；反之，卡方值越小，表明两者的偏离度越小；卡方值为0时，表明两个值完全相等。

适用条件：针对定类（分类）数据的分析，样本数据是随机的，且理论频数不能太小。一般要求样本量大于40，理论频数大于5。

					*t*检验					
					置信度区间					
	60%	70%	80%	85%	90%	95%	98%	99%	99.8%	99.9%
					显著性水平					
双边	0.40	0.30	0.20	0.15	0.10	0.05	0.02	0.01	0.002	0.001
单边	0.20	0.15	0.10	0.075	0.05	0.025	0.01	0.005	0.001	0.0005
1	1.376	1.963	3.133	4.195	6.320	12.69	31.81	63.67		
2	1.060	1.385	1.883	2.278	2.912	4.271	6.816	9.520	19.65	26.30
3	0.978	1.250	1.637	1.924	2.352	3.179	4.525	5.797	9.937	12.39
4	0.941	1.190	1.533	1.778	2.132	2.776	3.744	4.596	7.115	8.499
5	0.919	1.156	1.476	1.699	2.015	2.570	3.365	4.030	5.876	6.835
6	0.906	1.134	1.440	1.650	1.948	2.447	3.143	3.707	5.201	5.946
7	0.896	1.119	1.415	1.617	1.895	2.365	2.999	3.500	4.783	5.403
8	0.889	1.108	1.397	1.592	1.860	2.306	2.897	3.356	4.500	5.039
9	0.883	1.100	1.383	1.574	1.833	2.262	2.822	3.250	4.297	4.780
10	0.879	1.093	1.372	1.559	1.813	2.228	2.764	3.170	4.144	4.586
11	0.875	1.088	1.363	1.548	1.796	2.201	2.719	3.106	4.025	4.437
12	0.873	1.083	1.356	1.538	1.782	2.179	2.682	3.055	3.930	4.318
13	0.870	1.079	1.350	1.530	1.771	2.160	2.651	3.013	3.852	4.221
14	0.868	1.076	1.345	1.523	1.761	2.145	2.625	2.977	3.788	4.141
15	0.866	1.074	1.341	1.517	1.753	2.131	2.603	2.947	3.733	4.073
16	0.865	1.071	1.337	1.512	1.746	2.120	2.584	2.921	3.687	4.015
17	0.863	1.069	1.333	1.508	1.740	2.110	2.567	2.899	3.646	3.965
18	0.862	1.067	1.330	1.504	1.734	2.101	2.553	2.879	3.611	3.922
19	0.861	1.066	1.328	1.500	1.729	2.093	2.540	2.861	3.580	3.884
20	0.860	1.064	1.325	1.497	1.725	2.086	2.529	2.846	3.552	3.850
21	0.859	1.063	1.323	1.494	1.721	2.080	2.518	2.832	3.528	3.820
22	0.858	1.061	1.321	1.492	1.717	2.074	2.509	2.819	3.505	3.792
23	0.857	1.060	1.319	1.489	1.714	2.069	2.500	2.808	3.485	3.768
24	0.857	1.059	1.318	1.487	1.711	2.064	2.493	2.797	3.467	3.746
25	0.856	1.058	1.316	1.485	1.708	2.060	2.486	2.788	3.451	3.725
26	0.856	1.058	1.315	1.483	1.706	2.056	2.479	2.779	3.435	3.707
27	0.855	1.057	1.314	1.482	1.703	2.052	2.473	2.771	3.421	3.690
28	0.855	1.056	1.313	1.480	1.701	2.048	2.468	2.764	3.409	3.674
29	0.854	1.055	1.311	1.479	1.699	2.045	2.463	2.757	3.397	3.660
30	0.854	1.055	1.310	1.477	1.697	2.042	2.458	2.750	3.386	3.646
40	0.851	1.050	1.303	1.468	1.684	2.021	2.424	2.705	3.307	3.551
50	0.849	1.047	1.299	1.462	1.676	2.009	2.404	2.678	3.262	3.496
60	0.848	1.045	1.296	1.458	1.671	2.000	2.391	2.661	3.232	3.460
70	0.847	1.044	1.294	1.456	1.667	1.994	2.381	2.648	3.211	3.435
80	0.846	1.043	1.292	1.453	1.664	1.990	2.374	2.639	3.196	3.417
90	0.846	1.042	1.291	1.452	1.662	1.987	2.369	2.632	3.184	3.402
100	0.845	1.042	1.290	1.451	1.660	1.984	2.365	2.626	3.174	3.391
⋮										
∞	0.842	1.036	1.282	1.440	1.645	1.960	2.327	2.576	3.091	3.291

图 1-32　*t* 检验临界值表

包括：皮尔逊卡方检验、卡方拟合优度检验等。

2. 常用统计推断概念

- 零假设(H0)：又叫原假设，表明统计分析时预先设定的假设。与其相对的反面则是对立假设(H1)，又称备择假设。

- 小概率原理：小概率事件在一次试验中是几乎不可能发生的，假若在一次试验中小概率事件事实上发生了，则认为零假设不成立。

- 显著性检验：就是事先对总体的分布形式作出一个零假设，然后利用样本信息来判断零假设是否成立，即判断总体的真实情况与零假设是否有显著性差异。

- 显著性水平(α)：在零假设为真时，拒绝零假设的概率边界值。一般将 α 预先设定为 0.05(或 0.01)。

- 显著性概率(p 或 Sig)：根据零假设计算得到的概率值。一般将 p 与 α 的值作比较，当 $p < \alpha$ 时，认为小概率事件不能发生，则拒绝零假设，零假设不成立；反之当 $p > \alpha$ 时，则表示零假设成立。

- 正态性：样本数据的分布符合正态分布。

自由度	1	2	3	4	5	6	8	12	24	∞
1	39.86	49.50	53.59	55.83	57.24	58.20	59.44	60.71	62.00	63.33
2	8.53	9.00	9.16	9.24	9.29	9.33	9.37	9.41	9.45	9.49
3	5.54	5.46	5.36	5.32	5.31	5.28	5.25	5.22	5.18	5.13
4	4.54	4.32	4.19	4.11	4.05	4.01	3.95	3.90	3.83	3.76
5	4.06	3.78	3.62	3.52	3.45	3.40	3.34	3.27	3.19	3.10
6	3.78	3.46	3.29	3.18	3.11	3.05	2.98	2.90	2.82	2.72
7	3.59	3.26	3.07	2.96	2.88	2.83	2.75	2.67	2.58	2.47
8	3.46	3.11	2.92	2.81	2.73	2.67	2.59	2.50	2.40	2.29
9	3.36	3.01	2.81	2.69	2.61	2.55	2.47	2.38	2.28	2.16
10	3.29	2.92	2.73	2.61	2.52	2.46	2.38	2.28	2.18	2.06
11	3.23	2.86	2.66	2.54	2.45	2.39	2.30	2.21	2.10	1.97
12	3.18	2.81	2.61	2.48	2.39	2.33	2.24	2.15	2.04	1.90
13	3.14	2.76	2.56	2.43	2.35	2.28	2.20	2.10	1.98	1.85
14	3.10	2.73	2.52	2.39	2.31	2.24	2.15	2.05	1.94	1.80
15	3.07	2.70	2.49	2.36	2.27	2.21	2.12	2.02	1.90	1.76
16	3.05	2.67	2.46	2.33	2.24	2.18	2.09	1.99	1.87	1.72
17	3.03	2.64	2.44	2.31	2.22	2.15	2.06	1.96	1.84	1.69
18	3.01	2.62	2.42	2.29	2.20	2.13	2.04	1.93	1.81	1.66
19	2.99	2.61	2.40	2.27	2.18	2.11	2.02	1.91	1.79	1.63
20	2.97	2.59	2.38	2.25	2.16	2.09	2.00	1.89	1.77	1.61
21	2.96	2.57	2.36	2.23	2.14	2.08	1.98	1.87	1.75	1.59
22	2.95	2.56	2.35	2.22	2.13	2.06	1.97	1.86	1.73	1.57
23	2.94	2.55	2.34	2.21	2.11	2.05	1.95	1.84	1.72	1.55
24	2.93	2.54	2.33	2.19	2.10	2.04	1.94	1.83	1.70	1.53
25	2.92	2.53	2.32	2.18	2.09	2.02	1.93	1.82	1.69	1.52
26	2.91	2.52	2.31	2.17	2.08	2.01	1.92	1.81	1.68	1.50
27	2.90	2.51	2.30	2.17	2.07	2.00	1.91	1.80	1.67	1.49
28	2.89	2.50	2.29	2.16	2.06	2.00	1.90	1.79	1.66	1.48
29	2.89	2.50	2.28	2.15	2.06	1.99	1.89	1.78	1.65	1.47
30	2.88	2.49	2.28	2.14	2.05	1.98	1.88	1.77	1.64	1.46
40	2.84	2.44	2.23	2.09	2.00	1.93	1.83	1.71	1.57	1.38
60	2.79	2.39	2.18	2.04	1.95	1.87	1.77	1.66	1.51	1.29
120	2.75	2.35	2.13	1.99	1.90	1.82	1.72	1.60	1.45	1.19
∞	2.71	2.30	2.08	1.94	1.85	1.17	1.67	1.55	1.38	1.00

图 1-33 F 检验临界值表

- 方差齐性：不同组的样本方差是否相等,若相等则认为方差齐。
- 自由度：自由度是指当以样本的统计量来估计总体的参数时,样本中独立或能自由变化的数据的个数。
- 频数：又称次数,按照一定规则分组后,组内出现特定值的数目。
- 因变量正态性检验：因变量的分布是否符合正态分布的检验。
- 残差正态性检验：残差即为因变量的观测值与利用回归模型求出的预测值之间的差值,反映了利用回归模型进行预测引起的误差。
- 参数检验：假定数据服从某分布(一般为正态分布),通过样本参数的估计量对总体参数进行检验,如 t 检验、方差分析等。
- 非参数检验：不需要假定总体分布形式,直接对数据的分布进行检验,不涉及总体和样本的参数,如卡方检验。

1.2.4 案例：中国青少年体质数据分析

以"中国青少年体质数据集"为例,对其进行统计推断分析。

1) 观察数据

采用 SPSS"导入数据"方式,将"中国青少年体质数据样例"导入后显示界面如 1-35 所示。观察数据,分别包含：性别、出生年月、民族、年级、身高、体重、肺活量、50 米跑、坐位体前屈、立定跳远、引体向上(男)、1 分钟仰卧起坐(女)、1000 米跑(男)、800 米跑(女),共 14 列数据。

χ^2检验

显著性水平a

自由度	0.995	0.990	0.975	0.950	0.900	0.750	0.500	0.250	0.100	0.050	0.025	0.010	0.005
1	...	...	...	...	0.02	0.10	0.45	1.32	2.71	3.84	5.02	6.63	7.88
2	0.01	0.02	0.02	0.10	0.21	0.58	1.39	2.77	4.61	5.99	7.38	9.21	10.60
3	0.07	0.11	0.22	0.35	0.58	1.21	2.37	4.11	6.25	7.81	9.35	11.34	12.84
4	0.21	0.30	0.48	0.71	1.06	1.92	3.36	5.39	7.78	9.49	11.14	13.28	14.86
5	0.41	0.55	0.83	1.15	1.61	2.67	4.35	6.63	9.24	11.07	12.83	15.09	16.75
6	0.68	0.87	1.24	1.64	2.20	3.45	5.35	7.84	10.64	12.59	14.45	16.81	18.55
7	0.99	1.24	1.69	2.17	2.83	4.25	6.35	9.04	12.02	14.07	16.01	18.48	20.28
8	1.34	1.65	2.18	2.73	3.40	5.07	7.34	10.22	13.36	15.51	17.53	20.09	21.96
9	1.73	2.09	2.70	3.33	4.17	5.90	8.34	11.39	14.68	16.92	19.02	21.67	23.59
10	2.16	2.56	3.25	3.94	4.87	6.74	9.34	12.55	15.99	18.31	20.48	23.21	25.19
11	2.60	3.05	3.82	4.57	5.58	7.58	10.34	13.70	17.28	19.68	21.92	24.72	26.76
12	3.07	3.57	4.40	5.23	6.30	8.44	11.34	14.85	18.55	21.03	23.34	26.22	28.30
13	3.57	4.11	5.01	5.89	7.04	9.30	12.34	15.98	19.81	22.36	24.74	27.69	29.82
14	4.07	4.66	5.63	6.57	7.79	10.17	13.34	17.12	21.06	23.68	26.12	29.14	31.32
15	4.60	5.23	6.27	7.26	8.55	11.04	14.34	18.25	22.31	25.00	27.49	30.58	32.80
16	5.14	5.81	6.91	7.96	9.31	11.91	15.34	19.37	23.54	26.30	28.85	32.00	34.27
17	5.70	6.41	7.56	8.67	10.09	12.79	16.34	20.49	24.77	27.59	30.19	33.41	35.72
18	6.26	7.01	8.23	9.39	10.86	13.68	17.34	21.60	25.99	28.87	31.53	34.81	37.16
19	6.84	7.63	8.91	10.12	11.65	14.56	18.34	22.72	27.20	30.14	32.85	36.19	38.58
20	7.43	8.26	9.59	10.85	12.44	15.45	19.34	23.83	28.41	31.41	34.17	37.57	40.00
21	8.03	8.90	10.28	11.59	13.24	16.34	20.34	24.93	29.62	32.67	35.48	38.93	41.40
22	8.64	9.54	10.98	12.34	14.04	17.24	21.34	26.04	30.81	33.92	36.78	40.29	42.80
23	9.26	10.20	11.69	13.09	14.85	18.14	22.34	27.14	32.01	35.17	38.08	41.64	44.18
24	9.89	10.86	12.40	13.85	15.66	19.04	23.34	28.24	33.20	36.42	39.36	42.98	45.56
25	10.52	11.52	13.12	14.61	16.47	19.94	24.34	29.34	34.38	37.65	40.65	44.31	46.93
26	11.16	12.20	13.84	15.38	17.29	20.84	25.34	30.43	35.56	38.89	41.92	45.64	48.29
27	11.81	12.88	14.57	16.15	18.11	21.75	26.34	31.53	36.74	40.11	43.19	46.96	49.64
28	12.46	13.56	15.31	16.93	18.94	22.66	27.34	32.62	37.92	41.34	44.46	48.28	50.99
29	13.12	14.26	16.05	17.71	19.77	23.57	28.34	33.71	39.09	42.56	45.72	49.59	52.34
30	13.79	14.95	16.79	18.49	20.60	24.48	29.34	34.80	40.26	43.77	46.98	50.89	53.67
40	20.71	22.16	24.43	26.51	29.05	33.66	39.34	45.62	51.80	55.76	59.34	63.69	66.77
50	27.99	29.71	32.36	34.76	37.69	42.94	49.33	56.33	63.17	67.50	71.42	76.15	79.49
60	35.53	37.48	40.48	43.19	46.46	52.29	59.33	66.98	74.40	79.08	83.30	88.38	91.95
70	43.28	45.44	48.76	51.74	55.33	61.70	69.33	77.58	85.53	90.53	95.02	100.42	104.22
80	51.17	53.54	57.15	60.39	64.28	71.14	79.33	88.13	96.58	101.88	106.63	112.33	116.32
90	59.20	61.75	65.65	69.13	73.29	80.62	89.33	98.64	107.56	113.14	118.14	124.12	128.30
100	67.33	70.06	74.22	77.93	82.36	90.13	109.14	118.50	124.34	129.56	135.81	140.17	

图 1-34　卡方检验临界值表

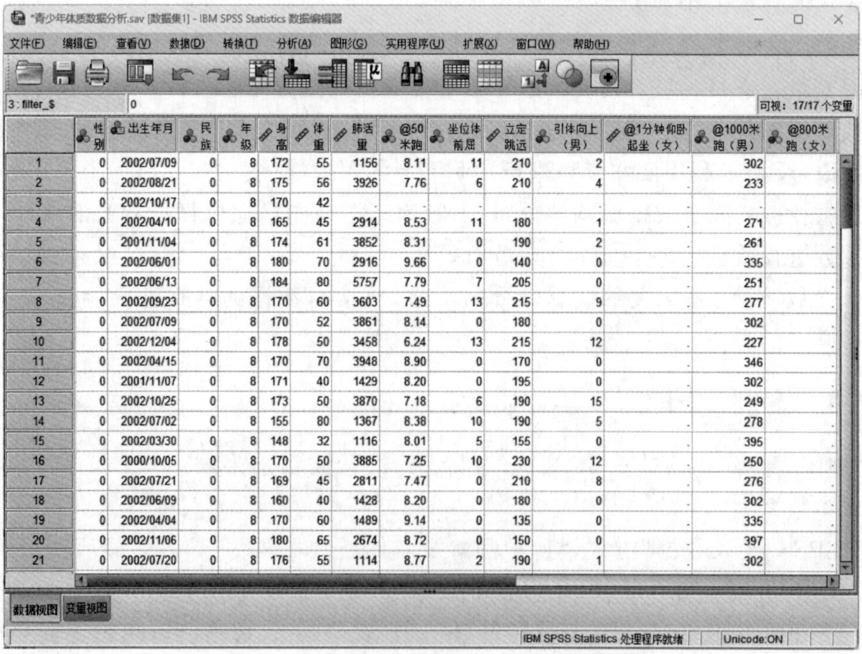

图 1-35　"中国青少年体质数据集"数据视图

在这 14 列数据中,引体向上(男)、1000 米跑(男)是男生特定的项目,而 1 分钟仰卧起坐(女)和 800 米跑(女)是女生特定项目。此外,该数据集共有 9 个样本,其中序号为"3"的样本存在部分测试项数据的缺失。

综合缺失数据重要性、缺失程度、总样本的数据量等因素,缺失数据的处理方法如下。

- 删除:删除个体含有缺失值的样本或者删除含有缺失值的特征。
- 插补:均值插补或者多重插补。

2)数据预处理

打开图 1-36 所示的"变量视图"界面,可以观察到 14 项体质数据的属性参数,其中需要重点关注的属性为"类型"。在该栏目下,"性别、民族、年级、50 米跑、1000 米跑(男)、800 米跑(女)"等 6 项体质因子的"类型"为"字符串";"身高、体重、肺活量、坐位体前屈、立定跳远、引体向上(男)、1 分钟仰卧起坐(女)"等 7 项的"类型"为"数字";出生年月 1 项为"日期"。

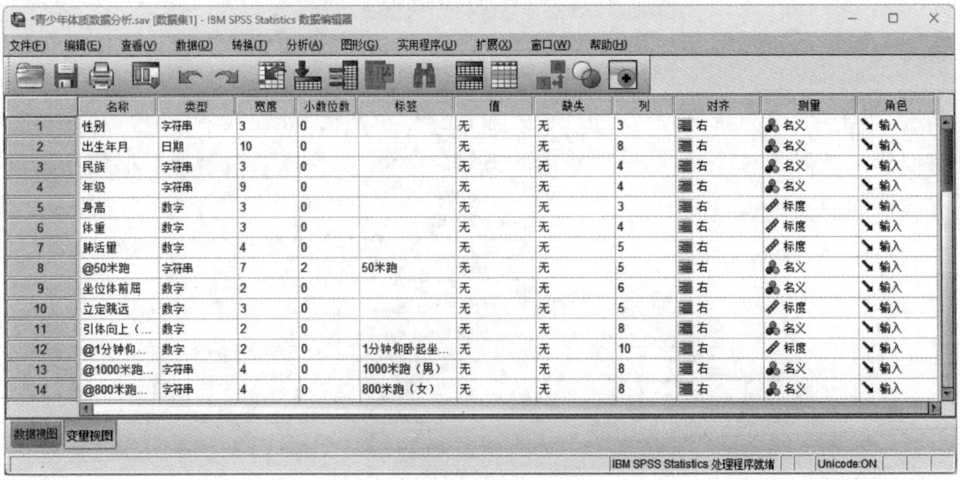

图 1-36　"中国青少年体质数据集"变量视图

由于 SPSS 分析是对"数字"型数据进行分析,因此需要将"字符串""日期"型的数据进行类型变换,采用数字对其原本的内容替换,如表 1-3 所示。

表 1-3　中国青少年体质数据编码变换对应关系

名　称	原 内 容	重 新 赋 值
性别	男	0
	女	1
出生年月	年/月/日	年龄值
民族	汉	0
	其他	1
年级	八年级	8
	九年级	9
50 米跑	分秒	数值(秒)
1000 米跑(男)	分秒	数值(秒)
800 米跑(女)	分秒	数值(秒)

以"性别"因子为例,按照表 1-3 的对应关系,将"男"重新编码为"0","女"为"1"。

具体操作为:首先,依次单击"转换"→"重新编码为相同变量"→选择"性别"到"字符串变量"窗口,出现图 1-37 所示界面。

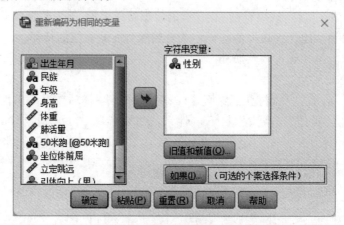

图 1-37　重新编码为相同变量操作界面

其次,单击"旧值和新值"→在"旧值"处输入"男","新值"处输入"0"→单击"添加",就看到一组旧值与新值的对应关系,采用相同的方法,将"女"替换成"1",替换后旧值和新值重新编码对话框如图 1-38 所示。

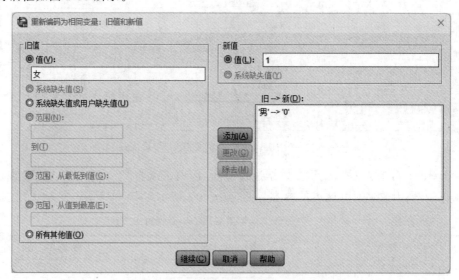

图 1-38　变量重新编码:旧值和新值

再次,依次单击"继续"→"确定",回到"数据视图"界面,此时看到"性别"栏中的内容已经修改为"0,1"。采用相同的方法依次对"民族""年级"变量重新编码,"数据视图"界面如图 1-39 所示。

接着,将"50 米跑""1000 米跑(男)""800 米跑(女)"源数据统一转换为以"秒"为单位,可在 Excel 里面完成数据的计算步骤,之后将这 3 列数据复制到 SPSS 的数据表中,完成替换,重新编码后的"数据视图"界面如图 1-40 所示。

最后,还需要在"变量视图"界面,将变量类型设置为"数字",如图 1-41 所示。

	性别	出生年月	民族	年级	身高	体重	肺活量	@50米跑	坐位体前屈	立定跳远	引体向上（男）	@1分钟仰卧起坐（女）	@1000米跑（男）	@800米跑（女）
11	0	2002/04/15	0	8	170	70	3948	8.90	0	170	0	.	5'46	
12	0	2001/11/07	0	8	171	40	1429	8.20	0	195	0	.	5'02	
13	0	2002/10/25	0	8	173	50	3870	7.18	6	190	15	.	4'09	
14	0	2002/07/02	0	8	155	80	1367	8.38	10	190	5	.	4'38	
15	0	2002/03/30	0	8	148	32	1116	8.01	5	155	0	.	6'35	
16	0	2000/10/05	0	8	170	50	3885	7.25	10	230	12	.	4'10	
17	0	2002/07/21	0	8	169	45	2811	7.47	0	210	8	.	4'36	
18	0	2002/06/09	0	8	160	40	1428	8.20	0	180	0	.	5'02	
19	0	2002/04/04	0	8	170	60	1489	9.14	0	135	0	.	5'35	
20	0	2002/11/06	0	8	180	65	2674	8.72	0	150	0	.	6'37	
21	0	2002/07/20	0	8	176	55	1114	8.77	2	190	1	.	5'02	
22	0	2002/07/14	0	8	175	60	2314	7.94	0	190	3	.	4'56	
23	1	2002/05/16	0	8	165	55	2444	10.51	1	145	.	36		4'26
24	1	2002/11/24	0	8	161	55	2164	9.16	0	160	.	52		3'43
25	1	2002/04/10	0	8	168	52	3264	9.63	2	170	.	30		4'07
26	1	2002/12/12	0	8	162	50	3244	8.51	0	170	.	46		3'38
27	1	2002/11/13	0	8	163	50	1157	10.89	1	120	.	37		4'28
28	1	2002/05/05	0	8	154	42	1642	10.32	2	130	.	29		4'43
29	1	2002/10/31	0	8	160	49	3278	9.24	15	175	.	43		4'05
30	1	2002/09/06	0	8	154	42	2370	10.34	15	120	.	38		4'46
31	1	2002/04/29	0	8	160	46	2375	8.92	13	170	.	50		3'44
32	1	2002/10/29	0	8	170	56	2619	9.61	13	180	.	40		4'25

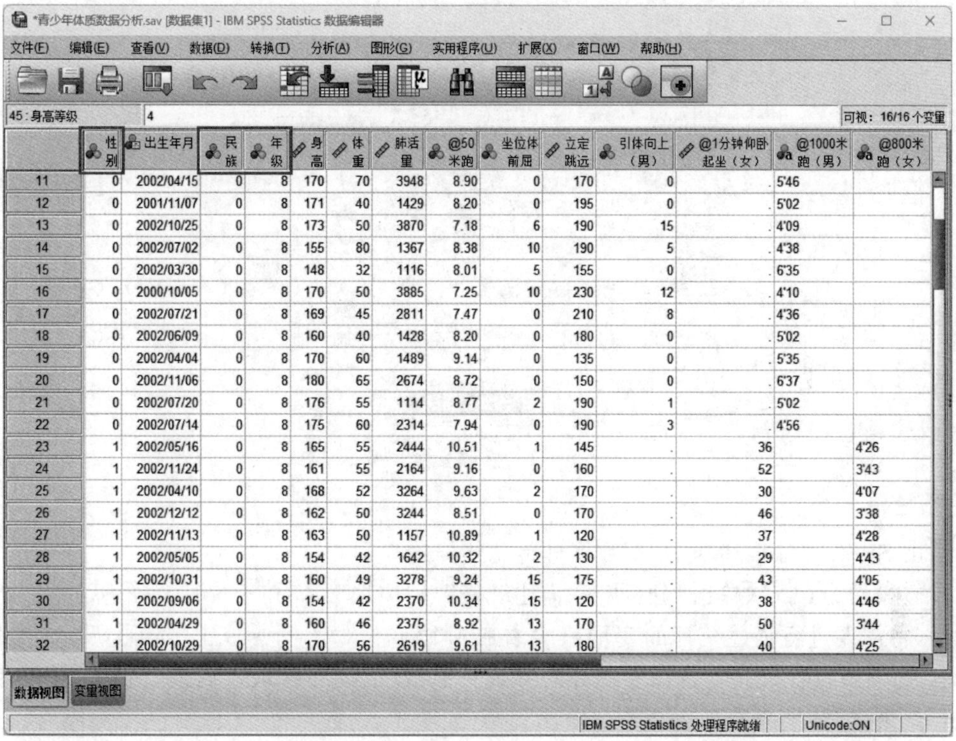

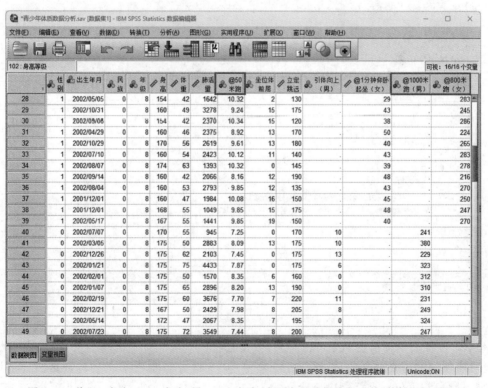

图 1-39 “性别、民族、年级”变量重新编码后的“数据视图”界面

	性别	出生年月	民族	年级	身高	体重	肺活量	@50米跑	坐位体前屈	立定跳远	引体向上（男）	@1分钟仰卧起坐（女）	@1000米跑（男）	@800米跑（女）
28	1	2002/05/05	0	8	154	42	1642	10.32	2	130	.	29	.	283
29	1	2002/10/31	0	8	160	49	3278	9.24	15	175	.	43	.	245
30	1	2002/09/06	0	8	154	42	2370	10.34	15	120	.	38	.	286
31	1	2002/04/29	0	8	160	46	2375	8.92	13	170	.	50	.	224
32	1	2002/10/29	0	8	170	56	2619	9.61	13	180	.	40	.	265
33	1	2002/07/10	0	8	160	54	2423	10.12	11	140	.	43	.	283
34	1	2002/08/07	0	8	174	63	1393	10.32	0	145	.	39	.	278
35	1	2002/09/14	0	8	160	42	2066	8.16	12	190	.	48	.	216
36	1	2002/08/04	0	8	160	53	2793	9.85	12	135	.	43	.	270
37	1	2001/12/01	0	8	160	47	1984	10.08	16	150	.	45	.	250
38	1	2001/12/01	0	8	168	55	1049	9.85	15	175	.	48	.	247
39	1	2002/05/17	0	8	167	55	1441	9.85	19	150	.	40	.	270
40	0	2002/07/07	0	8	170	55	945	7.25	0	170	10	.	241	.
41	0	2002/03/05	0	8	175	50	2883	8.09	13	175	10	.	380	.
42	0	2002/12/26	0	8	175	62	2103	7.45	0	175	13	.	229	.
43	0	2002/01/21	0	8	175	75	4433	7.87	0	175	6	.	323	.
44	0	2002/02/01	0	8	175	50	1570	8.35	6	160	0	.	312	.
45	0	2002/01/07	0	8	175	65	2896	8.20	13	190	0	.	310	.
46	0	2002/02/19	0	8	175	60	3676	7.70	7	220	11	.	231	.
47	0	2002/12/21	0	8	167	50	2429	7.98	8	205	8	.	249	.
48	0	2002/05/14	0	8	172	47	2067	8.35	7	195	0	.	324	.
49	0	2002/07/23	0	8	175	72	3549	7.44	8	200	0	.	247	.

图 1-40 将“50 米跑、1000 米跑(男)、800 米跑(女)”变量重新编码后的“数据视图”界面

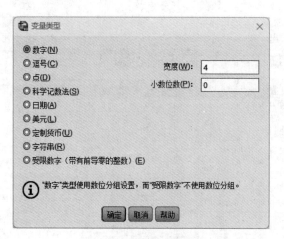

图 1-41　修改变量类型

3）描述统计

采用 SPSS 统计描述功能，对数据进行总体描述。

具体操作为：依次单击"分析"→"描述统计"→"描述"后，出现如图 1-42 所示的"描述"对话框，将需要进行描述统计的变量依次添加到"变量"对话框→单击"选项"后，在出现的"描述：选项"对话框中，勾选需要统计的参数→单击"继续"→单击"确定"，就得 SPSS 的描述统计结果了，该结果自动生成一个输出文档，如图 1-43 所示，该文档中包含全部的描述统计结果，如图 1-44 所示。

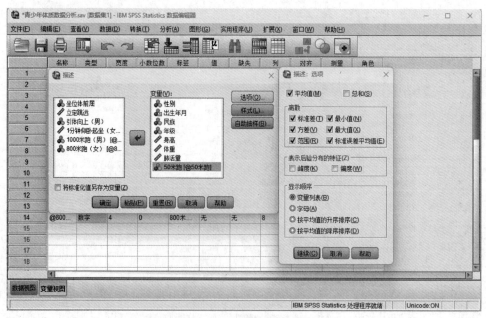

图 1-42　描述统计参数设置界面

从图 1-44 的统计描述结果可以看到，数据是将"男"和"女"进行了合并统计，而实际数据是具有明显的男女差异的，因此若想要以"性别"为区分标准，则需要对源数据按"性别"不同进行拆分后，再分别进行描述统计分析。

具体操作为：依次单击"数据"→"拆分文件"→"比较组"→将"性别"添加到"分组依据"→

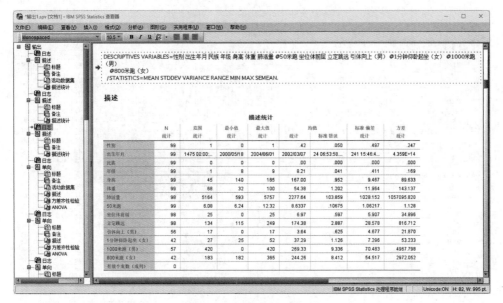

图 1-43 描述统计输出文档

描述统计

	N	范围	最小值	最大值	均值		标准 偏差	方差
	统计	统计	统计	统计	统计	标准 错误	统计	统计
性别	99	1	0	1	.42	.050	.497	.247
出生年月	99	1475 00:...	2000/05/18	2004/06/01	2002/03/07	24 06:53:...	241 15:46:...	4.359E+14
民族	99	0	0	0	.00	.000	.000	.000
年级	99	1	8	9	8.21	.041	.411	.169
身高	99	45	140	185	167.00	.952	9.467	89.633
体重	99	68	32	100	54.38	1.202	11.964	143.137
肺活量	98	5164	593	5757	2277.64	103.859	1028.152	1057095.820
50米跑	98	6.08	6.24	12.32	8.6426	.10748	1.06399	1.132
坐位体前屈	98	25	0	25	6.97	.597	5.907	34.896
立定跳远	98	134	115	249	174.38	2.887	28.578	816.712
引体向上（男）	56	17	0	17	3.64	.625	4.677	21.870
1分钟仰卧起坐（女）	42	27	25	52	37.29	1.126	7.296	53.233
1000米跑（男）	56	193	227	420	297.18	7.284	54.512	2971.568
800米跑（女）	42	169	206	375	269.50	7.314	47.397	2246.500
有效个案数（成列）	0							

图 1-44 描述统计结果

"确定"。之后重复"3）描述统计"步骤，即可看到如图 1-45 所示的区分性别的描述统计结果。

4）选择数据

通过图 1-45 的统计描述结果可以看到，"身高、体重、肺活量、50 米跑、1000 米跑（男）、800 米跑（女）、坐位体前屈、立定跳远、引体向上"等体质因子具有明显的数值特性，并且在男和女之间也存在一定的差异。因此，可以基于上述描述统计的结果，选择出拟分析的数据进行后续的统计推断分析。

5）统计推断

问题一：根据公开记录显示，15 周岁的青少年女童的平均身高为 160 厘米，男童平均身高为 170 厘米，请分析"中国青少年体质数据集"中显示的女童和男童的身高是否与公开记

描述统计

性别		N 统计	范围 统计	最小值 统计	最大值 统计	均值 统计	均值 标准 错误	标准 偏差 统计	方差 统计
0	性别	57	0	0	0	.00	.000	.000	.000
	出生年月	57	952 00:00:00	2000/05/18	2002/12/26	2002/02/02	32 17:06:34.9…	246 23:26:54.215	4.553E+14
	民族	57	0	0	0	.00	.000	.000	.000
	年级	57	1	8	9	8.25	.058	.434	.189
	身高	57	37	148	185	171.98	.971	7.328	53.696
	体重	57	68	32	100	58.56	1.739	13.131	172.429
	肺活量	56	4892	865	5757	2521.61	155.335	1162.418	1351215.116
	50米跑	56	6.08	6.24	12.32	8.1405	.12863	.96258	.927
	坐位体前屈	56	16	0	16	5.25	.633	4.738	22.445
	立定跳远	56	114	135	249	188.63	3.544	26.524	703.548
	引体向上（男）	56	17	0	17	3.64	.625	4.677	21.870
	1分钟仰卧起坐（女）	0							
	1000米跑（男）	56	193	227	420	297.18	7.284	54.512	2971.568
	800米跑（女）	0							
	有效个案数（成列）	0							
1	性别	42	0	1	1	1.00	.000	.000	.000
	出生年月	42	1215 00:00:00	2001/02/02	2004/06/01	2002/04/22	35 09:31:58.2…	229 09:36:07.555	3.928E+14
	民族	42	0	0	0	.00	.000	.000	.000
	年级	42	1	8	9	8.17	.058	.377	.142
	身高	42	34	140	174	160.24	1.191	7.717	59.552
	体重	42	30	35	65	48.71	1.085	7.031	49.429
	肺活量	42	2685	593	3278	1952.36	108.961	706.147	498643.162
	50米跑	42	3.12	8.08	11.20	9.3119	.12269	.79510	.632
	坐位体前屈	42	25	0	25	9.26	1.012	6.560	43.027
	立定跳远	42	75	115	190	155.38	2.852	18.480	341.510
	引体向上（男）	0							
	1分钟仰卧起坐（女）	42	27	25	52	37.29	1.126	7.296	53.233
	1000米跑（男）	0							
	800米跑（女）	42	169	206	375	269.50	7.314	47.397	2246.500
	有效个案数（成列）	0							

图 1-45　描述统计结果（按性别）

录的平均身高一致？

解析：该问题是判断"中国青少年体质数据集"中记录的女童和男童身高的均值与公开记录的均值是否一致的问题，应采用 t 检验的方法进行统计推断分析。

具体操作为：首先按性别选择出要分析的数据，依次单击"数据"→"选择个案"→"如果条件满足"→"如果"，出现如图 1-46 所示"选择个案"窗口，输入"性别＝0"，表示将男性数据选择为需要分析的个案→单击"继续"→"确定"。回到图 1-47 所示"数据视图"界面，可以看到在左侧"性别＝1"的数据被过滤掉。

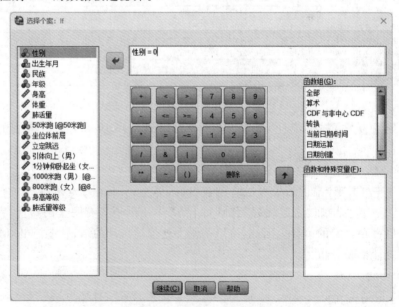

图 1-46　选择个案（数据）窗口

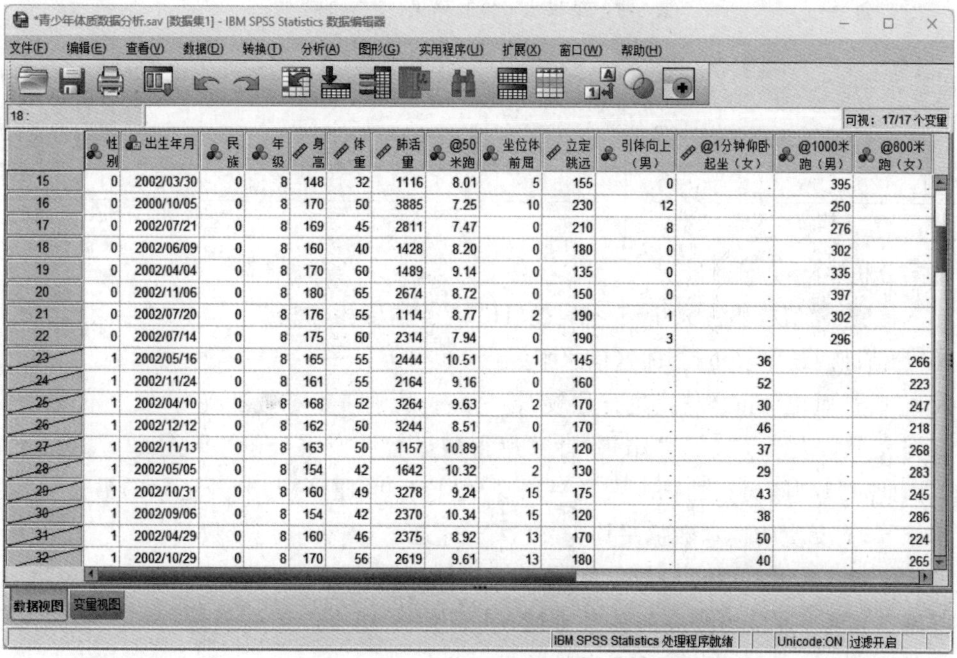

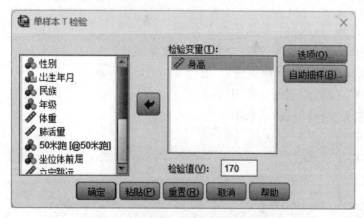

图 1-47 选择个案后数据视图界面

完成个案选择后,依次单击"分析"→"比较平均值"→"单样本 T 检验"后,出现图 1-48
所示界面,在该界面将"身高"添加到"检验变量"栏,并在下方"检验值"处输入需要比较的均
值"170"→单击"确定",得到男童身高单样本 t 检验结果,如表 1-4 所示。采用相同的方法,
得到女童身高单样本 t 检验结果,如表 1-5 所示。

图 1-48 单样本 t 检验参数设置界面

表 1-4 单样本 t 检验结果(男童身高)

单样本检验

检验值 = 170

性别		t	自由度	Sig.(双尾)	平均值差值	差值95%置信区间	
						下限	上限
0	身高	2.043	56	.046	1.982	.04	3.93

表 1-5　单样本 t 检验结果（女童身高）

单样本检验

检验值 = 160

性别		t	自由度	Sig.（双尾）	平均值差值	差值95％置信区间 下限	上限
1	身高	.200	41	.843	.238	-2.17	2.64

结果分析：

- t 检验（均值检验）的 SPSS 零假设（H0）是：均值相等。
- 置信区间设定：95％，即置信水平 $\alpha = 0.05$。
- 显著性概率（Sig.）与 α 进行比较，若 Sig. $> \alpha$，则表示零假设成立，反之不成立。

根据表 1-4、表 1-5 显示的结果，计算所得的显著性概率（Sig.）男童为 0.046，女童为 0.843，因此可以判断男童的样本数据平均身高（171.98 厘米）与公开记录的男童平均身高均值不相等，而女童的样本数据平均身高（160.24 厘米）与公开记录数据一致。或者说男童身高的 t 检验结果（均值相等）不显著，女童身高的 t 检验结果显著。

问题二： 跑步速度与身高的关系密切，请分析"中国青少年体质数据集"中，50 米跑所记录的时间与身高之间是否存在显著性关系？

解析：该问题是判断不同的身高对 50 米跑所用时间是否具有差异，应采用 F 检验的方法进行统计推断分析。

具体操作为：首先将身高进行重新编码，将身高 140～149 厘米、150～159 厘米、160～169 厘米、170～179 厘米以及 180～189 厘米，采用数字 1～5 重新编码为不同变量，并将该变量命名为"身高等级"。

其次，依次单击"转换"→"重新编码为不同变量"→选择"身高"到转换窗口→在"输出变量"窗口的"名称"中输入"身高等级"→单击下方"变化量"→单击"旧值和新值"→在"旧值"窗口"范围"栏输入"180-189"，新值窗口"值"栏输入"5"→单击"添加"（其他区间依次添加完毕）→单击"继续"，完成数据的重新编码，如图 1-49 所示。此时在"数据视图"窗口可以看到新增加了一列名为"身高等级"的数据。

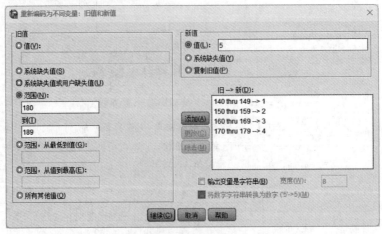

图 1-49　重新编码为不同变量操作界面

完成变量转换后,依次单击"分析"→"比较平均值"→"单因素 ANOVA 检验"后,在出现的界面中将"身高等级"添加到"因子"栏,将"50 米跑"添加到"因变量列表"栏→单击"选项",出现图 1-50 所示界面,在该界面勾选"描述""方差齐性检验""按具体分析排除个案"→单击"继续"→单击"确定",得到如表 1-6、表 1-7 所示的单因素方差分析结果。

图 1-50 单因素 ANOVA)检验设置界面

表 1-6 方差齐性检验结果

方差齐性检验

		莱文统计	自由度 1	自由度 2	显著性
50 米跑	基于平均值	.460	4	93	.765
	基于中位数	.388	4	93	.817
	基于中位数并具有调整后自由度	.388	4	79.191	.817
	基于剪除后平均值	.460	4	93	.765

表 1-7 单因素 F(ANOVA)检验结果

ANOVA

50 米跑

	平方和	自由度	均方	F	显著性
组间	23.180	4	5.795	6.221	.000
组内	86.631	93	.932		
总计	109.811	97			

结果分析:

- F 检验需要满足方差齐性,方差齐性检验的零假设(H0)是:方差相等。
- F 检验的零假设(H0)是:各组均值相等,即不同身高等级的跑步时间均值相同。
- 置信区间设定:95%,即置信水平 $\alpha = 0.05$。
- 显著性概率(Sig.)与 α 进行比较,若 Sig. $> \alpha$,则表示零假设成立,反之不成立。

表 1-6 显示了基于四种方式得到的方差齐性检验结果,以"基于中位数"得到的显著性值为例,该值为 0.817,大于 α,则说明零假设成立,各组数据之间的方差相等,具有显著性,因此符合 F 检验的必要条件。

根据表 1-7 显示的结果,计算得到组间均值的显著性值为 0.000,小于 α,因此可以判断 F 检验的零假设不成立,即不同身高等级的跑速快慢是不同的,或者说身高对跑步速度有影响。

问题三：男性和女性的身体素质存在较大的差异，请分析"中国青少年体质数据集"中，性别不同是否会导致肺活量不同？

解析：该问题是判断男童或者女童的肺活量是不是有差异，可采用卡方检验的方法进行统计推断分析。卡方检验是非参数检验方法，适用于定性变量，因此需要将肺活量数值数据转换成等级数据。

具体操作为：首先将肺活量进行重新编码，500～1000、1000～2000、2000～3000、3000～4000、4000～5000、5000～6000分别对应等级1、2、3、4、5、6，并将重新编码的变量命名为"肺活量等级"。

其次，依次单击"分析"→"描述统计"→"交叉表"，出现图1-51所示界面，在该界面中，添加"性别"到"行"栏，添加"肺活量等级"到"列"栏→单击"统计"→勾选"卡方"→单击"继续"→单击"确定"后，得到表1-8、表1-9所示的结果。

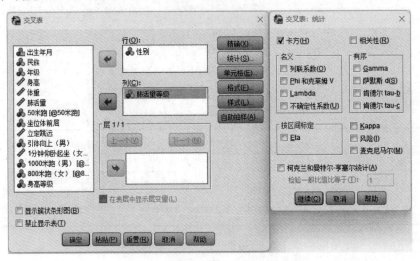

图 1-51　交叉表检验参数设置界面

表 1-8　性别-肺活量等级交叉表

性别 ＊ 肺活量等级 交叉表

计数

		肺活量等级						总计
		1	2	3	4	5	6	
性别	0	2	22	14	14	3	1	56
	1	4	17	17	4	0	0	42
总计		6	39	31	18	3	1	98

表 1-9　卡方检验结果

卡方检验

	值	自由度	渐进显著性（双侧）
皮尔逊卡方	9.344[a]	5	.096
似然比	11.035	5	.051
线性关联	4.827	1	.028
有效个案数	98		

a. 6 个单元格（50.0%）的期望计数小于 5。最小期望计数为 .43。

结果分析：

- 卡方检验是对相关性或者独立性的检验,目的是分析因子与因变量是否存在显著性相关,或者是否是独立的。
- 卡方检验的零假设(H0)是：样本与理论无显著性差异,即性别与肺活量的高低不相关,也即两组(男、女)间的肺活量无差异。
- 置信区间设定：95%,即置信水平 $\alpha = 0.05$。
- 渐进显著性概率(Sig.)与 α 进行比较,若 Sig. $>\alpha$,则表示零假设成立,反之不成立。

表 1-8 显示了性别-肺活量等级交叉表,统计了性别、肺活量等级之间的交叉分组的数值。根据表 1-9 显示的结果,皮尔逊卡方检验的显著性值为 0.096,大于 α,因此可以判断卡方检验的零假设成立,即男童和女童之间的肺活量是无差异的,也就是说肺活量与性别是不具有相关性的。

1.3 统计分析进阶

本节将介绍统计学中的回归分析方法,回归分析指的是确定两种或两种以上变量间相互依赖关系的一种统计分析方法,即采用一定的模型(数学表达式)将变量间的关系进行表示,进而实现对结果的预测。根据变量类型的不同,本节重点介绍线性回归分析和逻辑(logistic)回归分析实战应用。

1.3.1 线性回归分析

1. 基本概念及分类

当自变量和因变量都是定量数据时,自变量和因变量之间的关系能够用线性回归方程的形式进行表示。这个回归方程是一个或多个回归系数的线性组合。

采用线性关系式的形式对自变量和因变量进行数学表达式描述。通用的数学表达式如下：

$$y = \beta_0 + \beta_1 x_1 + \beta_2 x_2 + \cdots + \beta_n x_n + \varepsilon \tag{1-1}$$

式(1-1)是一个包含 n 个自变量的 n 元线性回归模型。其中,y 是因变量,x 是自变量,β 是回归系数,ε 是随机差数。

根据自变量的数量分为如下三种情况：

- 一元线性回归：自变量只有一个。
- 二元线性回归：自变量有两个。
- 多元线性回归：自变量有两个以上。

线性回归分析需要满足的条件：

- 线性趋势：x 和 y 的关系是线性的。如果不是,则不能进行线性回归分析。
- 正态性：因变量 y 的取值呈正态分布,残差呈正态分布。
- 方差齐性：因变量 y 的方差相同。
- 独立性：因变量 y 的取值相互独立,它们之间没有联系。
- 共线性：多个自变量 x 之间不能存在共线性,即一个自变量 x 的变化不能引起另一个 x 的变化。

2. 评价指标

- R^2：表示拟合优度、判定系数,取值在 0~1 间,越接近 1 表示拟合程度越好。

- Sig. F：采用 F 检验分析数学表达式（方程）的显著性。Sig. F 值一般小于 α，值越小方程模型越显著。
- P-value：采用 t 检验分析方程系数的显著性。P-value 值一般小于 α，值越小系数越显著。
- 容差：表示变量间多重共线性的指标。取值范围为 0～1，接近 0 表示多重共线性强，接近 1 表明多重共线性弱。
- 方差膨胀因子（variance inflation factor，VIF）：容差的倒数。取值范围大于等于 1，值越大，表明多重共线性越严重。一般认为 VIF>10，即存在严重的共线性；3<VIF<10，存在中等共线性；VIF<3，则不存在共线性。

1.3.2 案例：中国青少年肺活量与体重数据分析

问题一：体重的多少对肺活量具有一定的影响，请分析"中国青少年体质数据集"中，肺活量与体重之间存在什么相互依赖关系？

解析：该问题为判断体重的大小是否与肺活量的高低存在定量关系，并且要确定这种关系是正向还是负向。该问题可以采用回归分析法来求解。

具体操作：①首先绘制肺活量和体重的散点图，从图形大致判断两者之间的关系。单击"图形"→"图表构建器"，出现图 1-52 所示"图表构建器"界面，在该界面，拖选"图库"中的"散点图"到"图表预览使用示例数据"对话框中→拖选"变量"栏中的"肺活量"到"Y"轴，"体重"到"X"轴→单击"确定"，得到图 1-53 所示肺活量和体重的散点图。

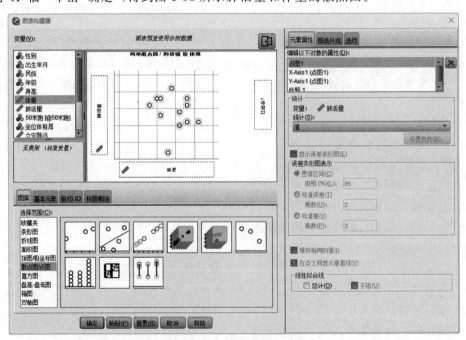

图 1-52 图表构建器设置界面

在 SPSS 的结果输出窗口，"双击"图 1-53 的散点图，出现"图表编辑器"界面，按照图 1-54 所示，依次单击"元素"→"总计拟合线"→在"拟合方法"栏勾选"线性"→单击"应用"→关闭"属性"窗口→关闭"图标编辑器"窗口，得到图 1-55 所示结果。

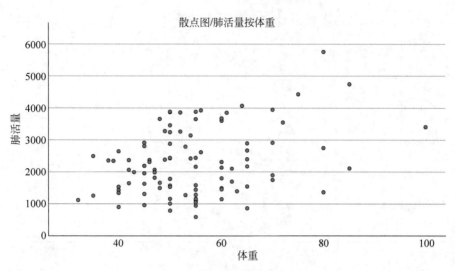

图 1-53 肺活量-体重散点图

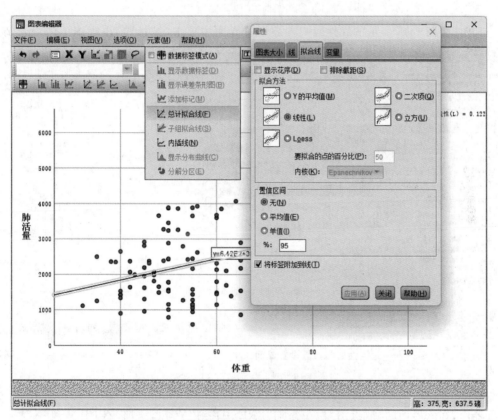

图 1-54 图标编辑器中的拟合线属性设置界面

图 1-55 所示为肺活量-体重的散点图,并且添加了线性拟合曲线的结果,从图中可以看到体重作为自变量,肺活量作为因变量,得到的线性拟合公式为 $y = 642 + 30.01x$, $R^2 = 0.122$。两者之间存在一定的线性关系,符合线性回归分析关于线性关系的基本要求。

② 接下来,进行 SPSS 线性回归分析。依次单击"分析"→"回归"→"线性"→添加"肺活量"到"因变量"栏,添加"体重"到"自变量"栏,如图 1-56 所示。

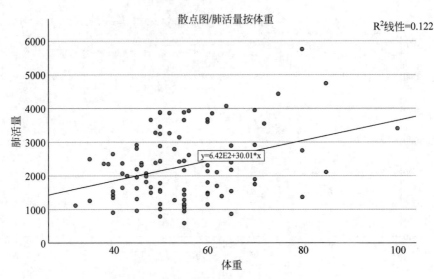

图 1-55　添加拟合线的肺活量-体重散点图

其次,在图 1-56 所示的线性回归参数设置界面中单击"统计"后出现图 1-57 所示统计参数设置界面,在该界面勾选"估算值""置信区间""模型拟合""R 方变化量""描述个案诊断",点选"离群值"→单击"继续"。

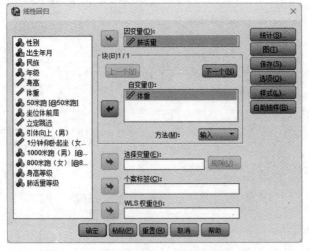

图 1-56　一元线性回归参数设置界面

图 1-57　线性回归:统计参数设置

再次,在图 1-56 所示的线性回归参数设置界面中单击"图"后出现图 1-58 所示图参数设置界面,在该界面的"散点图"栏中添加"ZRESID"到"Y"栏,添加"ZPRED"到"X"栏→勾选"标准化残差图"栏中的"直方图"和"正态概率图"→单击"继续"。同样,在图 1-56 所示的线性回归参数设置界面中单击"选项"后出现图 1-59 所示选项参数设置界面,在该界面中点选"使用 F 的概率"→勾选"在方程中包括常量"→单击"继续"。

最后,将全部参数设置完后,单击图 1-56 所示界面中的"确定",得到如图 1-60～图 1-62,表 1-10～表 1-12 所示的回归分析结果。

图 1-58　线性回归：图参数设置界面

图 1-59　线性回归：选项参数设置界面

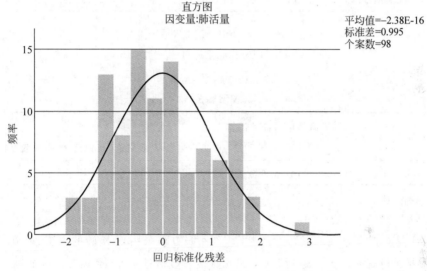

图 1-60　回归标准化残差频率图

③ 假设分析条件判断。因变量的残差需要符合正态分布的假设，通过图 1-60、图 1-61 可以判断，残差的分布与标准线吻合度较好，符合线性回归分析关于正态性的基本要求。图 1-62 是回归标准化预测-残差散点图，不同的预测值对应的残差大致相同，表明因变量的方差基本相同，符合线性回归分析关于方差齐性的基本要求。至此，假设条件的判定满足，可以进行拟合结果的分析。

④ 线性回归显著性分析。表 1-10 是拟合模型的摘要，需要关注的是 R^2 的结果，该值为 0.122，表明有 12.2% 的概率可以解释因变量与自变量之间的关系，该值

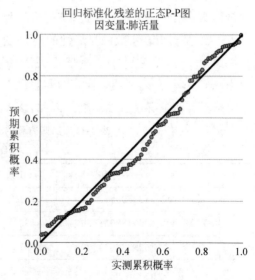

图 1-61　回归标准化残差 P-P 图

越接近 1,表示拟合程度越高,解释性越好。另外,还有调整后的 R^2,该值为 0.113,低于 R^2,是因为去除了自变量个数对结果的影响,准确性更好。

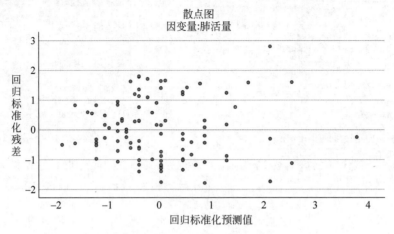

图 1-62　回归标准化预测-残差散点图

表 1-10　拟合模型摘要

模型摘要[b]

模型	R	R 方	调整后 R 方	标准估算的错误	更改统计				显著性 F 变化量
					R 方变化量	F 变化量	自由度 1	自由度 2	
1	.349[a]	.122	.113	968.506	.122	13.316	1	96	.000

a. 预测变量:(常量),体重

b. 因变量:肺活量

表 1-11 是对拟合方程的显著性的判断,该回归方程采用 F 检验的方法,得到了 F 检验值,但是需要通过查表的方式进行判断,因此直接看显著性 P 值能够更直接地判断,该值为 0.000,小于 α,说明 F 检验的零假设不成立,即体重与肺活量之间存在显著性差异,不同的体重会影响肺活量的大小。因此,该拟合方程具有统计学意义。

表 1-12 是对拟合系数的显著性的判断,采用 t 检验的方法,常量 b_0 的值为 642.026,代表自变量为 0 时,因变量的值,一般不关注其显著性数据。系数 b_1 的值为 30.006,显著性 P 值为 0.000,小于 α,说明 t 检验的零假设不成立,即不同体重的肺活量的均值不同,说明体重的确对肺活量有显著性影响。因此,该拟合系数具有统计学意义。

表 1-11　回归方程的 F(ANOVA)检验结果

ANOVA[a]

模型		平方和	自由度	均方	F	显著性
1	回归	12489991.064	1	12489991.064	13.316	.000[b]
	残差	90048303.436	96	938003.161		
	总计	102538294.500	97			

a. 因变量:肺活量

b. 预测变量:(常量),体重

表 1-12　一元回归系数的 t 检验结果

系数[a]

模型		未标准化系数		标准化系数	t	显著性	B 的 95.0% 置信区间	
		B	标准错误	Beta			下限	上限
1	（常量）	642.026	458.785		1.399	.165	-268.655	1552.706
	体重	30.006	8.223	.349	3.649	.000	13.683	46.328

a. 因变量：肺活量

⑤ 确定回归方程。将系数代入方程，可以得到肺活量与体重的线性方程为 $y = 642.026 + 30.006x$，肺活量与体重呈现线性正相关关系。采用相同的方法，得到肺活量与身高之间的回归方程为 $y = -5020.545 + 43.71x$。

问题二：根据问题一的求解结论，可以知道体重和身高都与肺活量具有线性相关性，请分析"中国青少年体质数据集"中，肺活量、体重与身高三者之间具有什么依赖关系？

解析：该问题可以将体重、身高共同作为自变量，肺活量作为因变量，采用二元回归分析的方法进行问题求解。

具体步骤与问题一大致相同，不同之处在于设置线性回归的自变量时，需要将体重、身高都添加进去（图 1-63），并且在"统计"界面，勾选"共线性诊断"（图 1-64），不存在多重共线性是进行多元线性回归的基本条件。

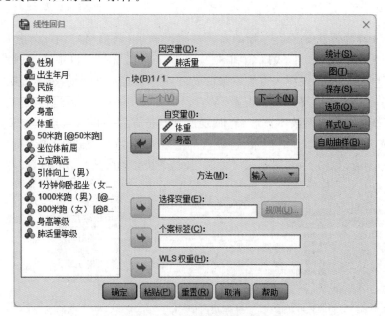

图 1-63　二元线性回归参数设置界面

结果分析：①数据分析结果形式与问题一的一元线性回归类似，不同在于需要分析是否存在共线性的问题。表 1-13 中共线性统计列给出了容差和 VIF，身高或者体重的共线性检验结果中容差为 0.680，VIF 为 1.470，说明数据不存在多重共线性，可以进行二元线性回归分析。

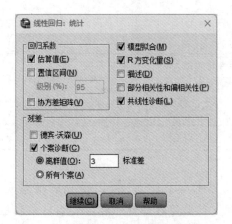

图 1-64　线性回归：统计参数设置界面

表 1-13　二元回归系数的 t 检验及共线性统计结果

系数[a]

模型		未标准化系数		标准化系数	t	显著性	共线性统计	
		B	标准错误	Beta			容差	VIF
1	（常量）	-4043.910	1785.699		-2.265	.026		
	体重	15.213	9.656	.177	1.576	.118	.680	1.470
	身高	32.894	12.141	.304	2.709	.008	.680	1.470

a. 因变量：肺活量

② 线性回归显著性分析。方程的显著性得到验证（此处略），因此方程可以写作 $y = -4043.910 + 15.213x_1 + 32.894x_2$。但是从表 1-13 可以看到系数中体重因素对应的显著性 P 值为 0.118，大于 α，说明 t 检验零假设成立，即体重这一自变量对于影响肺活量而言，在方程中的系数不具有显著性，因此应该从方程中将其去除，再重复进行实验。

③ 上述②中出现的系数不显著（有时候也可能是方程不显著），这是常见的情况，需要把不显著的成分删除，保留显著因素，再进行重复分析。也可以通过设置参数的形式完成把不显著的成分删除，如图 1-65 所示，在"方法"栏的下拉菜单中选择"步进"（或者前进、后退），

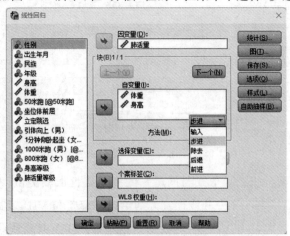

图 1-65　多元线性回归参数设置界面（步进）

通过逐步优化添加的形式,选择出关联性最大的因素,并且对该因素进行结果统计分析。而选择"方法"栏中"输入"的方式,则是强制要求所有添加到"自变量"栏的数据全部代入回归方程进行拟合,不排除任何一个自变量,需要通过分析结果进行人工判定。

④ 结果分析。通过问题一的一元线性回归分析求解,得到的结论是体重和身高都会对肺活量产生影响,但是通过问题二的二元线性回归分析求解,发现身高对肺活量的影响更大,而体重的影响并不显著,需要从回归方程中去除。因此如果想要判断多因素与某一结果的作用大小,可以采用多元线性回归的方法进行因素的甄别,以及通过系数的大小判别影响程度。

1.3.3 逻辑回归分析

1. 基本概念及分类

当因变量是定性数据时,研究自变量和因变量之间的关系采用逻辑回归分析,这也是一种广义的线性回归分析。进行逻辑回归分析时,自变量既可以是定量数据,也可以是定性数据。

根据因变量的特征分为如下三种情况:

- 二元逻辑回归:因变量为定性变量,且只有两个分类。
- 多元逻辑回归:因变量为定性变量,且有两个以上分类。
- 有序逻辑回归:因变量为定性变量,且有序。

逻辑回归分析需要满足的条件:

- 线性趋势:x 和 y 的关系是线性的。如果不是,则不能进行线性回归分析。
- 样本量:总样本量是自变量个数的 10 倍以上。
- 结局变量:阳性结果一般不低于总样本量的 15%。
- 自变量较多时需要进行单因素筛查,自变量少时可不需要。

2. 评价指标

- R^2:表示拟合优度、判定系数,取值在 0～1 间,越接近 1 表示拟合程度越好。
- −2(倍)对数似然:值越小,拟合越好。
- P-value:采用卡方检验分析方程系数的显著性。P-value 值一般小于 α,值越小系数越显著。

1.3.4 案例:脑卒中高危人群筛查数据分析

问题一:诱发脑卒中(FHStroke)的因素很多,如慢性病、不良生活习惯、遗传因素等,请分析"脑卒中高危预警数据集"中,哪些慢性病会促进脑卒中的发生?

解析:慢性病包括冠心病(FHCHD)、高血压(FHHypertension)、糖尿病(FHDM)等,该问题为判断这些疾病的存在是否是脑卒中的重要诱因,该问题可以采用逻辑回归分析法来求解。

具体操作:①筛选原始数据,选择个案,生成新数据集。单击"数据"→"选择个案",出现图 1-66 所示选择个案参数设置界面,点选"如果条件满足",在此处输入"FHStroke～=9 & FHCHD～=9 & FHHypertension～=9 & FHDM～=9",如图 1-67 所示,将统计数据中"未统计"数据选择去掉→单击"继续"→返回图 1-66 所示界面,单击"将选定个案复制到新数据集",并命名数据集名称为"脑卒中实验数据集",至此完成新数据集的生成。

图 1-66　选择个案参数设置界面

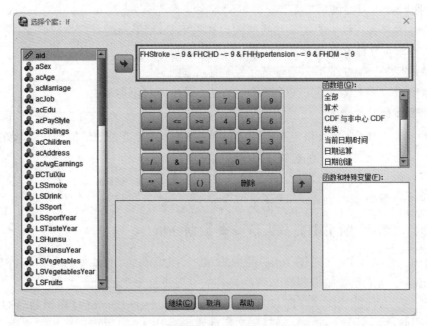

图 1-67　选择个案：If 语句设置界面

② 描述统计,观察数据频数,得到统计结果。单击"分析"→"描述统计"→"频率",出现图 1-68 所示频率界面,将待分析因素"FHStroke""FHCHD""FHHypertension""FHDM"添加到"变量"栏→单击"图表"出现图 1-69 所示图表界面,勾选"直方图"→单击"继续"→"确定",得到如表 1-14、图 1-70 所示的统计结果,用于分析阳性数据频率。

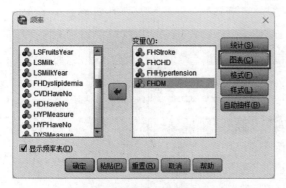
图 1-68　描述统计：频率界面

图 1-69　频率：图表界面

表 1-14　脑卒中（FHStroke）统计描述结果：数据表

FHStroke		频率	百分比	有效百分比	累积百分比
有效	1	3	3.9	3.9	3.9
	2	73	96.1	96.1	100.0
	总计	76	100.0	100.0	

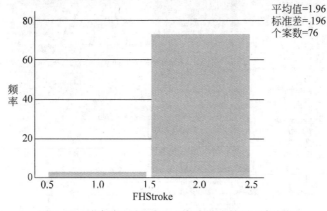
图 1-70　脑卒中（FHStroke）统计描述结果：直方图

③ 进行 SPSS 逻辑回归分析。依次单击"分析"→"回归"→"二元 Logistic"，出现图 1-71 所示逻辑回归参数设置界面，添加"FHStroke"到"因变量"栏，"FHCHD""FHHypertension""FHDM"到"协变量"栏→"方法"栏默认为"输入"，也可修改为其他方式，如图 1-72 所示。

其次，单击图 1-71 所示界面中的"分类"后出现图 1-73 所示定义分类变量参数设置界面"更改对比"栏中"对比"有 7 种方式可选，默认为"指示符"→"参考类别"默认为"最后一个"，也可选择其他选项值→单击"继续"。

再次，单击图 1-71 所示界面中的"保存"后出现图 1-74 所示保存参数设置界面，勾选"概率""未标准化""包括协方差矩阵"，也可选择其他选项值→单击"继续"。

同样，单击图 1-71 所示界面中的"选项"后出现图 1-75 所示选项参数设置界面，勾选"霍斯默-莱梅肖拟合优度""Exp(B)的置信区间""在模型中包括常量"，也可选择其他选项值→单击"继续"。

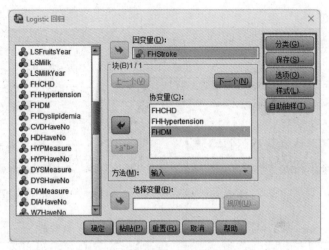

图 1-71　二元逻辑回归参数设置界面

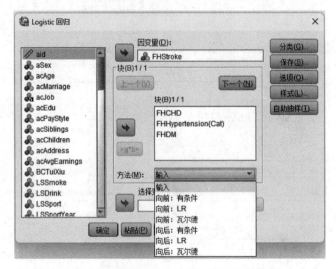

图 1-72　逻辑回归：协变量"方法"参数设置

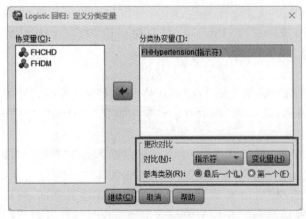

图 1-73　逻辑回归：定义分类变量参数设置

图 1-74　逻辑回归：保存参数设置界面

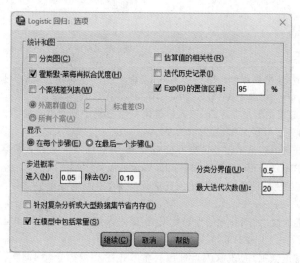

图 1-75 Logistic 回归：选项参数设置界面

最后，将全部参数设置完后，单击图 1-71 所示界面中的"确定"，得到如表 1-15～表 1-17 所示的回归分析结果。

④ 逻辑回归显著性分析。表 1-15 是拟合模型的摘要，需要关注的是 -2 对数似然和 R^2 的结果。-2 对数似然值越小，拟合越好；伪 R^2 值越接近 1，模型拟合越好。

表 1-16 是对拟合方程的显著性的判断，该回归方程采用卡方检验的方法，得到了卡方检验值，但是需要通过查表的方式进行判断，因此直接看显著性 P 值能够更直接地判断，该值为 0.508，大于 α，说明卡方检验的零假设成立，即样本数据与理论数据一致。因此，该拟合方程具有统计学意义。

表 1-17 是对拟合系数的显著性的判断，采用卡方检验的方法，显著性 P 值为 0.048，小于 α，说明卡方检验的零假设不成立，即不同体重的肺活量的均值不同，说明体重的确对肺活量有显著性影响。因此，该拟合系数具有统计学意义。

表 1-15 拟合模型摘要

步骤	-2 对数似然	考克斯-斯奈尔 R 方	内戈尔科 R 方
1	17.353[a]	.099	.350

a. 由于参数估算值的变化不足 .001，因此估算在第 7 次迭代时终止。

表 1-16 霍斯默-莱梅肖拟合优度检验

步骤	卡方	自由度	显著性
1	.439	1	.508

表 1-17 模型系数 Omnibus 似然比检验

		卡方	自由度	显著性
步骤 1	步骤	7.920	3	.048
	块	7.920	3	.048
	模型	7.920	3	.048

参考文献

［1］　成都信息工程大学.共享杯版——空气污染数据.国家人口健康科学数据中心数据仓储 PHDA[DB/OL].https://doi.org/10.12213/11.A000Q.202008.5.V1.0,2020.

［2］　山东大学.青少年健康主题数据库.国家人口健康科学数据中心数据仓储 PHDA[DB/OL].https://doi.org/10.12213/11.A0031.202107.209.V1.0,2021.

［3］　国家卫生健康委脑卒中防治工程委员会办公室.脑卒中高危人群筛查数据集.国家人口健康科学数据中心数据仓储 PHDA[DB/OL].https://doi.org/,2019.

［4］　中国人民解放军总医院.糖尿病并发症预警数据集.国家人口健康科学数据中心数据仓储 PHDA[DB/OL].https://doi.org/10.12213/11.A0005.202006.001018,2022.

［5］　中国人民解放军总医院.前列腺肿瘤预警数据集.国家人口健康科学数据中心数据仓储 PHDA[DB/OL].https://doi.org/10.12213/11.A0005.201905.000531,2022.

［6］　空气污染与人群健康数据库.国家人口健康科学数据中心数据仓储 PHDA[DB/OL].https://doi.org/10.12213/11.Z058F.202201.110.V2.0,2022.

［7］　薛薇.基于 SPSS 的数据分析[M].4 版.北京:中国人民大学出版社,2021.

［8］　刘尚辉,刘佳,马佳明.医学数据分析方法与技术研究[M].北京:科学出版社,2021.

［9］　陈方樱,沈思.数据分析方法及 SPSS 应用[M].北京:科学出版社,2016.

［10］　赵耐青,尹平.医学数据分析[M].5 版.上海:复旦大学出版社,2014.

第2章

文本数据分析

本章主要涉及文本数据分析的相关概念、方法和典型案例。第 2.1 节首先介绍了医学文本数据分析的概念、数据类型、主题方向和主要难点。第 2.2 节~第 2.6 节,针对文本表示、文本相似、文本信息抽取、文本分类和文本聚类这五个主题,从概念、方法分类、典型方法和实践案例等方面作了系统且全面的阐述。最后,第 2.7 节介绍了医学文本分析与挖掘的综合案例。

本章重点掌握以下要点:文本表示、文本相似、信息抽取、文本分类、文本聚类的概念以及典型分析方法,动手完成本章提供的实践案例。

2.1 医学文本数据分析概述

医学文本数据分析是指利用计算机技术和自然语言处理技术,对医学文本数据进行分析和挖掘,以提取有用的医学信息,实现有价值的科学发现。医学文本数据涵盖了病历文本、影像检查报告、医疗健康文件、专业医学网站和医学文献等多种形式的数据。医学文本数据分析包括文本表示、文本相似、信息抽取、文本分类、文本聚类等相关内容。医学文本数据分析具有重要的研究意义和应用价值,但在实际操作中也面临着一些挑战和难点,例如同义词、缩写词、新词等问题。

2.1.1 什么是医学文本数据

医学文本数据是指与医学相关的各种文本形式的数据,主要包括病历描述文本、影像检查报告、医疗健康文件、专业医学网站、医学文献数据等。这些数据包含医学专业术语、医学知识和医学诊疗过程中所涉及的各种信息。医学文本数据对于医学发现、医疗保健和药物研发等方面都具有重要意义。随着医疗技术的不断发展和数字化转型的加速,医学文本数据的数量和种类也在迅速增加,对数据的处理和分析也越来越受到重视。

1. 病历描述文本

病历描述文本是医学文本数据的一种形式,是指医生在临床诊疗实践过程中记录的关于患者病情、病史、体征、诊断、治疗方案、随访情况等信息的文本数据。这些文本通常包含患者的个人信息,如姓名、年龄、性别、住址等,还包含病人的病历史、家族史、既往史、过敏史等信息。病历描述文本是医生进行临床诊疗的重要依据,也是医学研究的重要数据来源。

为了保护患者隐私,这些数据通常需要经过严格的脱敏处理和保密管理。门诊病历记录示例见图 2-1。

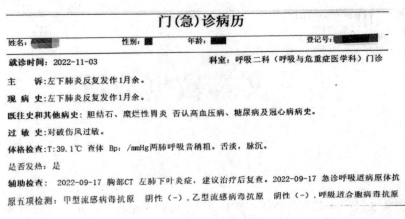

图 2-1　门诊病历文本示例

2. 影像检查报告

影像检查报告是指医学影像检查(如 X 光片、CT 扫描、MRI 等)结果的记录文本,包含了对影像检查结果的描述、解释和分析,可以帮助医生了解患者病情、诊断疾病并制定治疗方案。彩超检查报告单和 CT 报告单示例见图 2-2。

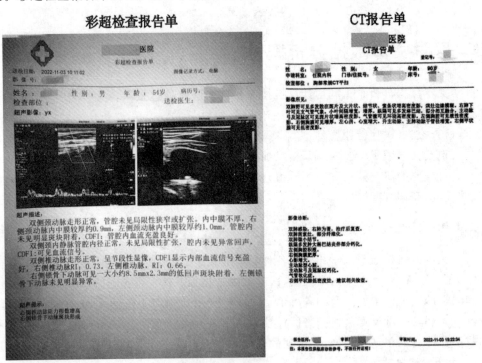

图 2-2　影像检查报告单示例

3. 医疗健康文件

为了规范医疗卫生行业的管理、服务和质量,保障公众健康和权益,促进医疗卫生事业的发展,政府、卫生部门或其他相关机构会发布关于医疗卫生健康领域的法律、政策、指南、标准、规定等文件,如世界卫生组织发布的医疗服务质量标准、传染病预防控制指南等。医疗健康文件示例见图 2-3。

图 2-3　医疗健康文件示例

4. 专业医学知识网站

专业医学网站是为医务人员、研究人员、学生和医疗机构提供医学信息和服务的在线平台,通常由专业的医学团体、卫生组织、学术机构、医院或医学出版社等机构运营。这些机构通过网站向医学从业者和其他用户提供可靠的、最新的、全面的医学信息,包含各种医学资讯、医学研究、医学教育、医疗信息管理和医疗服务等方面的内容。医学知识网站(丁香园)的示例见图 2-4。

图 2-4　医学知识网站示例

5. 医学文献数据

医学文献数据是指与医学相关的出版物和文献信息,包括期刊论文、专业书籍、研究报告、会议论文、学位论文等。这些文献包含了医学领域的各种研究成果、临床实践、医学理论、医疗管理、药物研发等信息,是医学研究、教学和临床实践不可或缺的数据来源。医学文献数据通常由医学数据库、学术出版商、图书馆等机构提供,例如中国知网、中国生物医学文献服务系统、万方数据、PubMed、EMBASE、Web of Science 等。这些数据库提供了广泛的文献检索和管理工具,帮助医学专业人员快速准确地找到所需的文献数据。医学文献数据库 PubMed 示例见图 2-5。

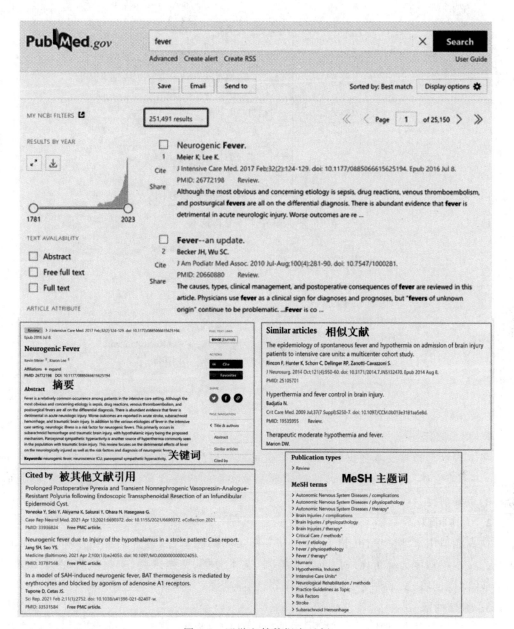

图 2-5 医学文献数据库示例

2.1.2 医学文本数据分析

　　医学文本数据分析是指对医学领域内的各种文本数据进行处理、挖掘和分析的过程,通过数据处理与分析,挖掘潜在的医学知识、疾病特征、治疗效果等信息。医学文本数据分析技术主要涉及文本表示、文本相似、信息抽取、文本分类和文本聚类等内容(见图 2-6)。例如,通过文本信息抽取技术,可以提取病例文本中字段名及值信息,如图 2-7 所示,病例文本为"胃小弯及胃体后壁溃疡型低分化腺癌,肿瘤大小约为 $8cm \times 8cm \times 1.8cm$……",可以提取出字段名为肿瘤部位,值为胃小弯,胃体。

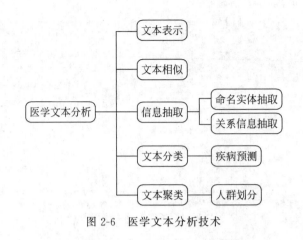

图 2-6 医学文本分析技术

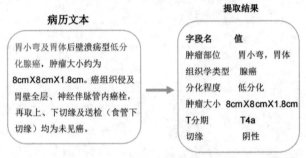

图 2-7 文本数据提取示例

1.文本表示

文本表示是指将文本数据转换为计算机可以处理和计算的向量,具体是将文本(字、词、短语、句子或文档)进行向量表示,通过向量表示文本的内在含义。文本表示是数据处理与分析的重要前提。

2.文本相似

文本相似用来评估单词、句子、段落和文档之间的相似性,包含词汇相似和语义相似两大类。文本相似度计算可以应用于文本检索、文本分类、文档聚类、主题检测、主题跟踪、问题生成、问题回答、文章评分、简短回答评分、机器翻译、文本摘要等任务中。

3.信息抽取

信息抽取是从非结构化文本数据中抽取信息的过程,主要涉及命名实体抽取和关系抽取两大类技术。命名实体抽取指从文本数据中自动识别实体的过程;关系抽取是从文本数据中抽取出两个或者多个实体及其语义关系,语义关系通常用于连接两个实体,并与实体一起表达文本含义。

4.文本分类

文本分类是指用计算机对文本按照一定的分类体系或标准进行自动分类标记的过程。常见的应用场景有情感分析、主题分类、意图识别、疾病诊断等。

5.文本聚类

文本聚类是利用聚类算法将相似的文本数据自动分组到同一个簇的过程。聚类算法会根据文本之间的相似性,将特征或语义相似的文本样本归为同一类别,将特征与语义不相似的文本样本归为不同类别。

6. 医学文本数据分析的难点

医学文本数据在进行处理和分析时存在一些难点,包括:

1) 同义词

医学领域的概念和术语非常丰富,同一概念可能有多个不同的术语表达,而这些术语之间可能存在语义相似,甚至是同义关系的问题。例如,"先天性胆管扩张症"和"先天性胆总管囊肿"是一对同义词。这给数据分析带来了一定的困难,因为如果没有处理好同义词,就可能导致文本分析结果出现偏差。

2) 缩写词

由于医学文本中存在大量的缩写词,这些缩写词往往具有多种含义,有些甚至在不同领域之间也有不同的解释。例如冠心病、冠状动脉粥样硬化性心脏病、冠状动脉疾病(coronary artery disease,CAD)都是同一个概念。因此,在医学文本分析中如果不能正确识别和解析缩写词,可能会导致不准确的分析结果。

3) 新词

由于医学领域在不断发展和创新,新的医学术语和专业词汇不断涌现,这些新词往往没有被纳入到已有的词典或者词表中。例如,"症状性动脉粥样硬化性椎动脉起始部狭窄"这个词长达 18 个字,它是通过不同的词"症状性""动脉粥样硬化性""椎动脉""起始部""狭窄"拼接成的长词。因此,这些新词对医学文本分析会带来一定的难度。

2.2 文本表示

本节将对医学文本表示涉及到的相关技术进行介绍,主要包括数据预处理,文本分词、文本向量表示,最后将文本分词与文本表示技术应用到具体案例中。

2.2.1 文本预处理

文本预处理是指在进行文本分析前,对原始文本数据进行一系列的清洗和处理,以消除文本数据的噪声、规范文本格式和提取有用信息等。文本预处理是文本分析的重要前置步骤,它可以有效地提高后续文本分析的准确性和效率。常见的文本预处理包括文本清洗、文本规范化、停用词过滤、去重和归一化。

1. 文本清洗

文本清洗包括去除 HTML 标签、URL 链接、特殊字符、标点符号等非文本内容,例如,去除 $、#、@、&、*、()、《》、【】、{}、~等特殊字符。

2. 文本规范化

文本规范化包括将文本数据转换为小写字母、去除数字、转换为标准词形(如将动词变为基本形式)等操作,以便进行后续的统计和分析。

3. 停用词过滤

停用词是将那些出现频率很高但没有实际意义的词语,例如"的""了""是"等,或"即使""但是"等转折词,这些词语不会为文本分析带来实际的帮助,需要将其去除。

4. 去重和归一化

去重和归一化是指对某些重复的文本数据进行去重操作,以减少数据冗余。另外,对于同一术语的多种表述,可以进行归一化处理,将它们转换为同一种形式,便于后续处理。

以上方法是文本预处理的常用方法。最后,需要指明,不同的文本分析任务可能需要采用不同的预处理方法和步骤。

2.2.2　文本分词

1. 定义

文本分词是将长文本分解为以字词为单位的结构,方便后续的处理分析工作。文本分词是自然语言处理和文本分析的重要前置步骤。例如,对于文本"文本分词是自然语言处理的重要步骤",按字拆分为"文/本/分/词/是/自/然/语/言/处/理/的/重/要/步/骤",按词拆分为"文本/分词/是/自然语言处理/的/重要/步骤"。再例如,对于医学文本"双踝、双膝关节肿胀 2 级,压痛 2 级,伴活动受限",按词拆分为"双踝/双膝/关节/肿胀/2 级/压痛/2 级/伴/活动/受限"。

2. 方法分类

文本分词方法主要分为词典方法、统计方法、深度方法三大类。

词典方法是基于已知的词典或字典,将文本中的词语与词典中的词汇逐一对比匹配,从而实现对文本的分词处理。该方法适用于词汇比较规范、语言较为标准的场景,例如新闻报道等。词典方法包含正向最大匹配、逆向最大匹配、双向最大匹配、最小切分和 N-最短路径法等。

统计方法是基于统计学的理论和方法,通过计算词语在大量文本中出现的频率、组合搭配等信息实现对文本的分词处理。该方法适用于大规模、多样性的文本数据处理,例如,社交网络文本。统计方法包含 N 元文法(N-gram)、隐马尔可夫模型(hidden markov model, HMM)、条件随机场(conditional random field, CRF)和最大熵模型(maximum entropy model, ME)等。

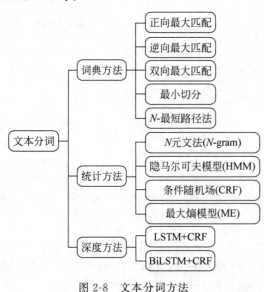

图 2-8　文本分词方法

深度方法是通过深度神经网络,实现大量数据的学习和模型训练,自动识别出文本中的词语和词语之间的关系,实现对文本的分词处理。该方法适用于处理语言表达形式多样、语言风格多变的文本数据,例如评论、短信、微博等。这类方法也适合于处理医学文本数据。深度方法包含长短期记忆网络(long short term memory, LSTM)和 CRF 结合的方法、双向长短期记忆网络(bi-directional long short-term memory, BiLSTM)和 CRF 结合的方法。图 2-8 展示了主要的文本分词方法。

3. 正向最大匹配与逆向最大匹配

本节重点介绍词典方法中的正向最大匹配方法和逆向最大匹配方法。

正向最大匹配(forward maximum matching,FMM)是对于输入的一段文本从左至右、以贪心的方式切分出当前位置上长度最大的词,单词的颗粒度越大,所能表示的含义越确切,比如“北京”和“北京交通大学”,后者的颗粒度更大,表示的含义也更确切。图 2-9 展示了对文本“帕金森病是一种常见的神经系统变性疾病”采用正向最大匹配进行文本分词的过程。

0	1	2	3	4	5	6	7	8	9	10	11	12	13	14	15	16	17
帕	金	森	病	是	一	种	常	见	的	神	经	系	统	变	性	疾	病

词典
帕子
帕金森病
是
一
一种
常见的
…

位置	剩余字符串	开始字符	最大匹配
0	帕金森病是一种常见的神经系统变性疾病	帕	帕金森病
4	是一种常见的神经系统变性疾病	是	是
5	一种常见的神经系统变性疾病	一	一种
7	常见的神经系统变性疾病	常	常见的
10	…	…	…

■ 分词结果：帕金森病/是/一种/常见的/神经系统/变性/疾病

图 2-9　正向最大匹配示例

逆向最大匹配(backward maximum matching,BMM)是对于输入的一段文本从右至左、以贪心的方式切分出当前位置上长度最大的词。由于中文的性质,一般而言,逆向最大匹配的分词性能优于正向最大匹配。图 2-10 展示了对文本“帕金森病是一种常见的神经系统变性疾病”采用逆向最大匹配进行文本分词的过程。

0	1	2	3	4	5	6	7	8	9	10	11	12	13	14	15	16	17
帕	金	森	病	是	一	种	常	见	的	神	经	系	统	变	性	疾	病

词典
疾病
患病
变性
总统
神经系统
的
…

位置	剩余字符串	开始字符	最大匹配
17	帕金森病是一种常见的神经系统变性疾病	病	疾病
15	帕金森病是一种常见的神经系统变性	性	变性
13	帕金森病是一种常见的神经系统	统	神经系统
9	帕金森病是一种常见的	的	的
8	…	…	…

■ 分词结果：帕金森病/是/一种/常见的/神经系统/变性/疾病

图 2-10　逆向最大匹配示例

词典方法的不足是难以处理歧义词。例如,文本“结婚的和尚未结婚的”,正向最大匹配可能分成“结婚/的/和尚/未/结婚/的”；文本“为人民办公益”,逆向最大匹配可能分成“为人/民办/公益”,这两个分词结果都会导致歧义。

4. 文本分词的难点

中文文本分词主要包含以下三个难点。

(1) 分词规范。词的概念一直是汉语语言学界纠缠不清又挥之不去的问题,即对于词的抽象定义和具体界定迄今拿不出一个公认的、具有权威性的词表。

（2）歧义切分。汉语分词中存在大量的歧义字段，处理这类问题需要进行复杂的上下文语义分析，甚至韵律分析（语气、重音和停顿等）。

（3）未登录词识别。未登录词又叫生词，即在已有的词表中没有收录的词，以及已有训练语料中未曾出现过的词（称为集外词），未登录词的识别也是一个难题。

5. 经典文本分词库

随着文本分词的不断发展，目前已经形成了多个经典中文分词库，主要包含 jieba、SnowNLP、THULAC、NLPIR、StanfordCoreNLP 和 HanLP 等，表 2-1 展示了各个分词库的名称、来源、统一资源定位系统（uniform resource locator，URL）、支持的编程语言和主要功能。

表 2-1 分词库展示

库　名　称	来　源	URL	支持的编程语言	主　要　功　能
jieba	开源项目	https://github.com/fxsjy/jieba	Python、Java、C++等	中文分词、词性标注、文本分类、情感分析等
SnowNLP	开源项目	https://github.com/isnowfy/snownlp	Python	中文分词、情感分析、文本分类、转换拼音等
THULAC	清华大学自然语言处理与社会人文计算实验室	https://github.com/thunlp/THULAC	Python、Java、C++等	中文分词、词性标注、命名实体识别等
NLPIR	科大讯飞股份有限公司	https://github.com/tsroten/pynlpir	C/C++、Java、C#、Python 等	中文分词、词性标注、命名实体识别、文本分类等
StanfordCoreNLP	斯坦福大学	https://github.com/Lynten/stanford-corenlp	Java、Python、Ruby、Perl 等	中文分词、词性标注、句法分析、依存关系分析等
HanLP	开源项目	https://github.com/hankcs/pyhanlp	Java、Python	中文分词、词性标注、命名实体识别、文本分类等

2.2.3 案例：医学文本分词

本节将利用正向最大匹配、逆向最大匹配和 jieba 分词等，以部分中文示例以及医学文本示例进行代码实现。代码如下所示。

```
1.   import pandas as pd
2.   import jieba
3.   import re
4.   import tqdm
5.
6.   def FMM_func(user_dict, sentence):
7.       # 功能:实现正向最大匹配(FMM)
8.       # 参数:user_dict:用户自定义词典,sentence:待分词句子
9.       # 输出:分词结果
10.      max_len = max([len(item) if type(item) == str else 0 for item in user_dict])
11.      start = 0
```

```
12.              result_str = ''
13.              while start != len(sentence):
14.                      index = start + max_len
15.                      if index > len(sentence):
16.                          index = len(sentence)
17.                      for i in range(max_len):
18.                          if (sentence[start:index] in user_dict) or (len(sentence
     [start:index]) == 1):
19.                              result_str += '/'
20.                              result_str += sentence[start:index]
21.                              start = index
22.                              break
23.                          index += -1
24.              return result_str
25.
26.      def BMM_func(user_dict, sentence):
27.              # 功能:实现逆向最大匹配(BMM)
28.              # 参数:user_dict:用户自定义词典,sentence:待分词句子
29.              # 输出:分词结果
30.              max_len = max([len(item) if type(item) == str else 0 for item in user_dict])
31.              res = []
32.              sentence = sentence
33.              len_sentence = len(sentence)
34.              while len_sentence > 0:
35.                      word = sentence[-max_len:]
36.                      while word not in user_dict:
37.                          if len(word) == 1:
38.                              break
39.                          word = word[-(len(word) - 1):]
40.                      res.append(word)
41.                      sentence = sentence[:-len(word)]
42.                      len_sentence = len(sentence)
43.              result_str = ''
44.              for i in res[::-1]:
45.                      result_str += '/'
46.                      result_str += i
47.              return result_str
48.
49.      def example_FMM():
50.              # 功能:正向最大匹配示例
51.              print("\n ******* example_FMM ******* ")
52.              user_dict = ['我们', '在', '在野', '生动', '野生', '动物园', '野生动物园', '物',
     '园', '玩']    # user_dict:自定义词典
53.              sentence = '我们在野生动物园玩'    # sentence: 待分词的语句
54.              # 正向最大匹配:调用 FMM_func 对语句进行分词,并返回分词结果
55.              print(FMM_func(user_dict, sentence))
56.
57.      def example_BMM():
58.              # 功能:逆向最大匹配示例
59.              print("\n ******* example_BMM ******* ")
60.              user_dict = ['我们', '在', '在野', '生动', '野生', '动物园', '野生动物园', '物',
     '园', '玩']    # user_dict:自定义词典
61.              sentence = '我们在野生动物园玩'    # sentence: 待分词的语句
62.              # 逆向最大匹配:调用 BMM_func 对语句进行分词,并返回分词结果
63.              print(BMM_func(user_dict, sentence))
64.
65.      def  Generate_symptom_dict():
66.              # 功能:利用 jieba 生成症状词典
```

```
67.              # 输出：症状词典文件
68.              print("\n ******* Generate Symptom Dict ******* ")
69.              # 读取数据
70.              data = pd.read_excel("data\\data.xlsx")
71.              # 选取相关列
72.              symptom_data = data[['病人 ID', '症状']]
73.              # 形成症状词典
74.              all_list = []
75.              out_sym_list = []
76.              for row in symptom_data.itertuples():
77.                      temp_sym = getattr(row, '症状')
78.                      # 剔除异常字符
79.                      re_temp = re.sub("[^a-zA-Z0-9\u4e00-\u9fa5]", '', temp_sym)
80.                      # 结合 jieba 进行分词
81.                      temp_cut = list(jieba.cut(re_temp))
82.                      # 保存分词结果
83.                      all_list.append(temp_cut)
84.                      out_sym_list = out_sym_list + temp_cut
85.              symptom_data['分词'] = all_list
86.              print("词典包含词语个数为: ", len(set(out_sym_list)))
87.              cut_df = pd.value_counts(out_sym_list)
88.              cut_df.to_csv("output\\Symptom_dict_jieba.csv", header = False, encoding =
    'utf_8_sig')
89.
90.  def example_Jieba_WordSeg():
91.              # 功能：利用 jieba 进行分词
92.              # 输出：分词结果
93.              print("\n ******* example_Jieba_WordSeg ******* ")
94.              sentence = '行走不稳,不能上楼,纳食差,1 岁后仍不能爬行,舌红,苔白腻,走平路
    时正常,上楼费力,下楼需扶物'         # 示例
95.              # 1. 直接进行分词(不使用自定义词典)
96.              wordlist_jieba = jieba.cut(sentence)
97.              print("/".join(wordlist_jieba))
98.              # 2. 使用自定义症状词典进行分词
99.              jieba.load_userdict('data\\Symptom_dict.txt')
100.             word_use_dict = jieba.cut(sentence)
101.             print("/".join(word_use_dict))
102.
103. def WordSeg_FMM():
104.             # 功能：利用形成的症状词典进行正向最大匹配
105.             print("\n ******* WordSeg_FMM ******* ")
106.             user_dict = pd.read_csv("output\\Symptom_dict_jieba.csv").values[:, 0].
    tolist()      # user_dict: 自定义词典
107.
108.             # 实例 1：单条句子进行分词操作
109.             sentence = '行走不稳,不能上楼,纳食差,1 岁后仍不能爬行,舌红,苔白腻,走平路
    时正常,上楼费力,下楼需扶物'         # sentence: 待分词的语句
110.             # 正向最大匹配：调用 FMM_func 对语句进行分词,并返回分词结果
111.             print("FMM result: ", FMM_func(user_dict, sentence))
112.
113.             # 实例 2：读取症状数据文件,对若干条症状数据分别分词处理,并保存分词结果
114.             input_file = pd.read_excel("data\\data.xlsx")[['病人 ID', '症状']]
115.             result_list = []
116.             for row in tqdm.tqdm(input_file.itertuples(), total = len(input_file)):
117.                     # 获得单条数据
118.                     temp_str = getattr(row, '症状')
119.                     # 保留切分结果
120.                     result_list.append(FMM_func(user_dict, temp_str))
```

```
        input_file['分词'] = result_list
        # 将切分结果保存成文件
        input_file.to_csv('output\\FMM_output.csv', index = False, encoding = 'utf_8_sig')

def WordSeg_BMM():
        # 功能:利用形成的症状词典进行逆向最大匹配
        print("\n ******* WordSeg_BMM ******* ")
        user_dict = pd.read_csv("output\\Symptom_dict_jieba.csv").values[:, 0].
tolist()                              # user_dict: 自定义词典

        # 实例 1:单条句子进行分词操作
        sentence = '行走不稳,不能上楼,纳食差,1 岁后仍不能爬行,舌红,苔白腻,走平路
时正常,上楼费力,下楼需扶物'
        # 逆向最大匹配:调用 BMM_func 对语句进行分词,并返回分词结果
        print("BMM result: ", BMM_func(user_dict, sentence))

        # 实例 2:读取症状数据文件,对若干条症状数据分别分词处理,并保存分词结果
        input_file = pd.read_excel("data\\data.xlsx")[['病人 ID', '症状']]
        result_list = []
        for row in tqdm.tqdm(input_file.itertuples(), total = len(input_file)):
                temp_str = getattr(row, '症状')
                result_list.append(BMM_func(user_dict, temp_str))
        input_file['分词'] = result_list
        input_file.to_csv('output\\BMM_output.csv', index = False, encoding = 'utf_8_sig')

if __name__ == '__main__':
        # 正向最大匹配实例
        example_FMM()
        # 逆向最大匹配实例
        example_BMM()
        # jieba 分词实例
        example_Jieba_WordSeg()
        # 利用 jieba 形成症状词典
        Generate_symptom_dict()
        # 根据形成的症状词典进行 FMM 分词
        WordSeg_FMM()
        # 根据形成的症状词典进行 BMM 分词
WordSeg_BMM()
```

如程序运行正常,将展示结果如图 2-11 所示。

```
 ******* example_FMM *******
/我们/在野/生动/物/园/玩

 ******* example_BMM *******
/我们/在/野生动物园/玩

 ******* example_Jieba_WordSeg *******
Loading model cost 0.746 seconds.
Prefix dict has been built successfully.
行走/不/稳/,/不能/上楼/,/纳食/差/,/1/岁/后/仍/不能/爬行/,/舌红/,/苔白腻/,/走平路/时/正常/,/上楼/费力/,/下楼/需扶物
行走不稳/,/不能上楼/,/纳食差/,/1/岁/后/仍/不能/爬行/,/舌红/,/苔白腻/,/走平路时正常/,/上楼费力/,/下楼需扶物

 ******* Generate Symptom Dict *******
词典包含词语个数为:  490

 ******* WordSeg_FMM *******
FMM result:  /行/走/不/稳/,/不/能/上/楼/,/纳食/差/,/1/岁/后/仍/不/能/爬/行/,/舌红/,/苔/白/腻/,/走/平/路/时/正/常/,/上/楼/费/力/,/下/楼/需/扶/物
100%|██████████| 50/50 [00:00<00:00, 738.82it/s]

 ******* WordSeg_BMM *******
BMM result:  /行/走/不/稳/,/不/能/上/楼/,/纳食/差/,/1/岁/后/仍/不/能/爬/行/,/舌红/,/苔/白/腻/,/走/平/路/时/正/常/,/上/楼/费/力/,/下/楼/需/扶/物
100%|██████████| 50/50 [00:00<00:00, 647.17it/s]
```

图 2-11 程序结果展示

2.2.4　文本表示

文本表示又称为文本向量化,是指将文本表示成一系列表达文本语义的向量,即在尽可能保留文本语义的前提下,将文本转换为可以用于计算的向量形式,以便开展后续的文本挖掘分析。本节以独热编码(one-hot encoding,one-hot)、词嵌入编码两种经典向量化方法为例,介绍文本的向量化过程。

1. 基于独热编码的文本向量化

独热编码又称一位有效编码,是实现文本向量化的一种方式。该编码方式是使用 N 维向量对字符或词语序列进行编码,每个字符或词语对应向量中的一维,并且在对单独的字符或者词语进行向量化表示时,N 维向量中只有一位有效,也即只有一位是 1,其余的都为 0。临床文本数据中的特征并不总是连续值,很多特征可能是离散值,因此可以使用独热编码将数据中的特征变量,比如患者症状、用药等特征,转换为后续数据分析时易于使用的向量形式。

独热编码向量化的构建过程比较简单,主要包含三步:特征字典构建;单个特征向量化表示;多个特征向量化表示。下面以患者症状文本为例,对独热编码的过程进行介绍。需要说明,对患者的症状文本进行独热编码的前提是已经通过手工规范或者医学命名实体识别算法,得到了比较规范的症状字词。

(1) 特征字典构建。这部分需要将所有出现过的特征值(即症状词)进行去重,构建以特征为关键词,从 1 开始的、非重复、连续的编号为值的字典。以图 2-12(a)所示的两个患者为例,首先需要找到所有非重复的症状(图 2-12(b)),最后构建症状字典,按照从 1 开始、非重复、连续的原则进行编号,得到图 2-12(c)中的结果。需要注意,字典中的症状顺序不是固定的,可以自由调整,例如可以按照图 2-12(c)的症状顺序,也可以按照图 2-12(d)的症状顺序,但是一旦确定编号后,在后续的步骤中就不能再改变。

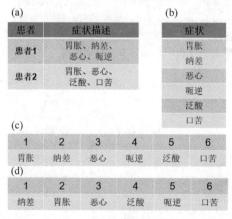

图 2-12　构建特征字典

(2) 单个特征的独热向量表示。根据构建的特征字典长度(记为 L),对每个特征形成一个长度为 L,只有一个值为 1,其他值全为 0 的向量。特征字典中该特征的编号与向量中值为 1 的位置相对应。例如,"恶心"特征的编号为 3,那么在头痛的独热向量中,第三个位置的值为 1,其他位置的值全为 0,即 $[0,0,1,0,0,0]$。

(3) 多个特征的向量化表示。一般一个病人有多个症状,那么很多情况就需要根据一个患者的多个症状信息以及每个症状的独热向量,将一个患者用向量表示出来。计算方式相对简单,将多个特征对应位置的值进行相加(如图 2-13 所示),便可以得到一个患者的症状特征向量。

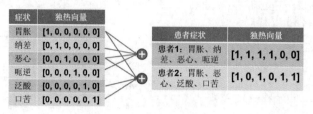

图 2-13 构建患者独热向量

基于独热编码的文本向量化方法构造简单,易于使用。同时,独热编码也存在一些不足,主要包含以下三点。

(1)维度过高。当字典中特征不断增加时,编码后的向量维度也会随之增大,会导致编码维度较高。

(2)矩阵稀疏。对每一个特征进行编码时,编码后的向量只有 1 维有数值,其他维度上的数值都为 0。即便是对一个多个特征(例如,一个患者包含多个症状)进行编码,相比于字典中的特征总数目,这些特征仍然是小数目,即编码向量中有数值的维度仍然有限,大多数维度上的数值仍然为 0。

(3)不能保留语义信息以及词语在句子中的位置信息。使用独热编码虽然能够以较为直观的方式形成文本表示,但形成文本表示的过程中并未结合文本间蕴含的语义信息,同时形成的文本表示也未能充分体现文本在语义层面的关联。例如,对于上述示例中,"恶心"和"泛酸"的编码向量分别为[0,0,1,0,0,0]和[0,0,0,0,1,0],从这两个向量来看,不能获得"恶心"和"泛酸"在语义层面的关系信息,但实际上这两个词存在较高的语义相似度,而独热编码向量并不能表达这些含义。另外,使用独热编码向量对自然语言数据中的某些句子进行表示时,也不能保留词语在句子中的位置信息。例如,在语料库中有两个句子,即"我/吃/苹果"和"苹果/吃/我",对这两个句子进行独热编码向量化会得到如图 2-14 所示结果,即会得到一样的向量特征,从而丢失了句子中词语的位置信息。但是,在医学文本中的症状特征向量化过程中,由于症状的顺序没有含义上的区别,不需要刻意保留症状的顺序信息,使用独热编码进行一个患者的多个症状向量编码仍然可行。

示例	独热向量		示例	独热向量
我	[1, 0, 0]		我吃苹果	[1, 1, 1]
吃	[0, 1, 0]		苹果吃我	[1, 1, 1]
苹果	[0, 0, 1]			

图 2-14 对"我吃苹果"和"苹果吃我"构建独热向量

2. 基于词嵌入的文本向量化

词嵌入(word embedding)是自然语言处理中的一种表示技术,它将词语或短语从词汇表映射到向量的实数空间中,这样词义的语义信息就能以数值的形式表达。词嵌入的典型方法是谷歌公司于 2013 年提出的词嵌入模型 word2vec,它本质上是一个浅层的神经网络模型。word2vec 包含两种模型实现结构,即连续词袋模型(continues bag of words,CBOW)和跳字模型(skip-gram)。这两种模型的神经网络结构类似,都是由输入层、投影层和输出层组成,如图 2-15 所示。

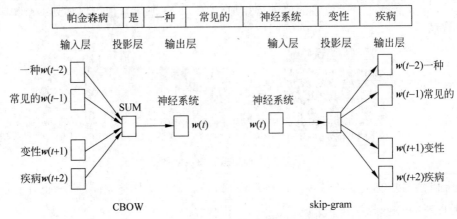

图 2-15　CBOW 模型结构(左)和跳字模型结构(右)

从图 2-15 可知,CBOW 模型是根据输入的上下文来对目标词进行预测,即根据"神经系统"的上下文"一种""常见的""变性""疾病"对"神经系统"进行预测,而跳字模型则是根据输入一个中心词语,来对中心词语的上下文进行预测,即根据"神经系统"对其上下文"一种""常见的""变性""疾病"进行预测。在使用 word2vec 实现文本向量化的过程中,往往需要的不是训练好的模型,而是需要模型训练过程中所产生的模型参数作为词语向量化的结果。

word2vec 的输入是包含大量句子的文本语料信息。应用 word2vec 对临床文本进行向量化表示时,模型的输入不是命名实体抽取后的结果,而是原始的病历文本,一个患者的症状描述文本可以看作是一个句子。最终,通过模型训练,可以得到每个词语的向量特征。

基于每个词的向量特征,还可以通过特征聚合的方式对一个患者进行向量表示。常用的特征聚合方式有累加法、平均法和最大值法等。下面以累加法和平均法为例进行介绍。

1) 累加法

累加法是将句子中所有非停用词的词向量进行叠加,假设句子中有 n 个非停用词,一个词的向量为 $\boldsymbol{W}_{\text{vec}}$,这个词的第 i 个位置的值为 $\boldsymbol{W}_{\text{vec}_i}$,一个句子的向量为 $\boldsymbol{S}_{\text{vec}}$,这个向量的第 i 个位置的值为 $\boldsymbol{S}_{\text{vec}_i}$,则 $\boldsymbol{S}_{\text{vec}_i}$ 的计算式如下。

$$\boldsymbol{S}_{\text{vec}_i} = \sum_{i=1}^{n} \boldsymbol{W}_{\text{vec}_i} \tag{2-1}$$

2) 平均法

平均法是将句子中所有非停用词的词向量进行叠加后再除以句子中非停用词的个数,假设句子中有 n 个非停用词,一个词的向量为 $\boldsymbol{W}_{\text{vec}}$,这个词的第 i 个位置的值为 $\boldsymbol{W}_{\text{vec}_i}$,一个句子的向量为 $\boldsymbol{S}_{\text{vec}}$,这个向量的第 i 个位置的值为 $\boldsymbol{S}_{\text{vec}_i}$,则 $\boldsymbol{S}_{\text{vec}_i}$ 的计算式如下。

$$\boldsymbol{S}_{\text{vec}_i} = \frac{\sum_{i=1}^{n} \boldsymbol{W}_{\text{vec}_i}}{n} \tag{2-2}$$

为了更加清晰地展示临床文本的 word2vec 向量化,以两个句子(句子 1:"患者纳食差";句子 2:"患者舌红苔白腻")进行展示。使用 word2vec 学习到的 5 维词向量如表 2-2 所示。获取到每个词语的词向量后,进行特征聚合即可得到句子的特征向量,如表 2-3 所示。

表 2-2　基于 word2vec 的词向量

词　语	词　向　量
患者	$[1.5, 1.1, 0.3, 2.0, 0.9]$
纳食差	$[0.3, 1.4, 1.0, 2.2, 0.7]$
舌红	$[0.1, 0.9, 1.2, 0.2, 1.7]$
苔白腻	$[0.3, 1.2, 0.8, 0.5, 1.0]$

表 2-3　基于 word2vec 的句向量

句　子	累加法得到的句向量	平均法得到的句向量
患者纳食差	$[1.8, 2.5, 1.3, 4.2, 1.6]$	$[0.9, 1.25, 0.7, 2.1, 0.8]$
患者舌红苔白腻	$[1.9, 3.2, 2.3, 2.7, 3.6]$	$[0.63, 1.07, 0.77, 0.9, 1.2]$

基于 word2vec 的文本向量化较好解决了独热编码方式所导致的高维度稀疏矩阵的问题,此外 word2vec 也考虑到了语料库中上下文的语义信息。

3. 离散式表示和分布式表示

文本表示方式可以分为离散式表示和分布式(连续式)表示两类。

1) 离散式表示

离散式表示方式除了上文提及的独热编码外,还有词袋模型、词频-逆文件频率(term frequency-inverse document frequency,TF-IDF)、N 元文法(N-gram)等。

词袋模型。词袋模型最早出现在自然语言处理(natural language processing,NLP)和信息检索(information retrieval)领域。该模型忽略文本的词序、语法等信息,简单地将文本看成词语集合,文本中出现的每个词语都是独立的。其具体做法与独热编码相似,但是与独热编码不同的是,独热编码是统计词语在文本中出现与否,而词袋模型是统计词语在文本中出现的次数。也就是说,词袋模型相对于独热编码来说,考虑到了文本中的词频信息。

TF-IDF 编码表示。TF-IDF 是一种统计方法,用以评估字词对于文本的重要性,也是离散式表示方式之一。其思想是如果某个词语在文本中出现的频率较高(也即 TF 值较高),并且这个词在语料库中其他文本出现的次数少(也即 IDF 值高),则认为该词对其所在的文本来说具有较好的区分能力。TF-IDF 的计算式如下。

$$\text{TF-IDF}_{i,j} = \text{TF}_{i,j} \times \text{IDF}_i \tag{2-3}$$

其中,TF 的计算式如下,

$$\text{TF}_{i,j} = \frac{n_{i,j}}{\sum_k n_{k,j}} \tag{2-4}$$

式中,$n_{i,j}$ 是词语 t_i 在文档 d_j 中的出现次数;分母为文本 d_j 中所有词语的总数。

IDF 的计算式如下:

$$\text{IDF}_i = \log \frac{|D|}{|j: t_i \in d_j|} \tag{2-5}$$

式中,$|D|$ 是语料库中所有文本总数;分母为包含词语 t_i 的所有文本数。

相比于词袋模型,TF-IDF 不仅考虑到了词频信息,同时也考虑了词语对文本的重要性。此外,使用 TF-IDF 实现文本向量化与独热编码相似,但区别是句向量中词语对于位置的值为 TF-IDF。

N-gram 模型。N-gram 是一种基于统计的语言模型,它被用于计算一段文本序列的出现概率,也可以用于文本向量化表示。N-gram 是将文本里面的内容按照字进行大小为 N 的滑动窗口操作,形成长度为 N 的字片段序列。每一个字片段称为 gram,对所有 gram 的出现频度进行统计,并且按照事先设定好的阈值进行过滤,形成关键 gram 列表。然后,基于关键 gram 列表生成字典,进而按照词袋模型的方式进行编码,从而实现文本的向量化表示。从原理来看,N-gram 在词袋模型的基础上考虑了文本的局部上下文信息。然而,N-gram 实现文本向量化表示也有可能造成高维、矩阵稀疏的问题,因为当 N-gram 的 N 值增大,产生的词表也会快速增大,从而使得文本向量化结果出现高维、矩阵稀疏的问题。

2)分布式表示

分布式表示方式除上文提到的 word2vec 以外,还有共现矩阵(co-occurrence matrix)、神经网络语言模型(neural network language model,NNLM)、GloVe(global vectors for word representation)模型等。

共现矩阵。共现矩阵是文本分布式表示的一种,是统计指定大小的上下文窗口中词语出现的次数,并将共现次数作为词的向量化表示结果。假设上下文窗口大小为 n,则构建步骤如下。

(1)对语料库中的文本进行分词;

(2)基于分词结果构造词语词典;

(3)基于词典中的词语构造共现矩阵;

(4)逐一统计词语上下 n 个单词与词语共现的次数,并填入共现矩阵。

为了更加清晰地展示共现矩阵的构建过程,给出一个示例,假设语料库中有两个句子,"患者纳食差""患者舌红苔白腻",并且设置上文窗口大小为 1。首先,对句子进行分词,得到"患者/纳食差""患者/舌红/苔白腻"。然后,构造词语字典〔患者,纳食差,舌红,苔白腻〕。最后,逐一统计每个词在上下文窗口中与其他词语的共现次数,并填入共现矩阵,最终得到共现矩阵如表 2-4 所示。

表 2-4　共现矩阵

	患者	纳食差	舌红	苔白腻
患者	0	1	1	0
纳食差	1	0	0	0
舌红	1	0	0	1
苔白腻	0	0	1	0

得到共现矩阵后,将共现矩阵中的行或列作为词向量,如表 2-5 所示。

表 2-5　基于共现矩阵的词向量

词　　语	词　向　量
患者	[0, 1, 1, 0]
纳食差	[1, 0, 0, 0]
舌红	[1, 0, 0, 1]
苔白腻	[0, 0, 1, 0]

得到词向量后,对句中所有词语的词向量进行特征聚合(如叠加法)可得到句向量,如表 2-6 所示。

表 2-6 基于共现矩阵的句向量

句 子	句 向 量
患者纳食差	[1, 1, 1, 0]
患者舌红苔白腻	[1, 1 ,2, 1]

NNLM 模型。NNLM 模型是由 Bengio 等在 2003 年提出一种语言模型。它通过搭建神经网络语言模型实现词的预测任务,NNLM 模型结构是由输出层、映射层、隐藏层构成。模型输入的是前 $n-1$ 个词,输出的是第 n 个词。在文本向量化的表示问题上,并不是使用训练好的模型去完成预测词语,而是使用在训练模型的过程中产生的参数作为词向量,进而实现文本向量化表示的任务。NNLM 模型的神经网络结构如图 2-16 所示。

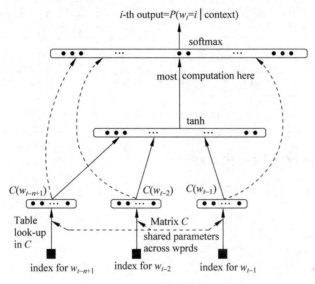

图 2-16 NNLM 模型结构示意图

Glove 模型。Glove 模型最早由斯坦福大学的 Jeffrey Pennington 于 2014 年提出,是一种可以用于实现文本向量化的模型。Glove 模型是基于共现矩阵来获得词的分布式表示,也就是说 Glove 模型在对参数进行训练和优化之前,需要构建共现矩阵,然后基于共现矩阵实现参数学习和优化,参数优化完成后,便可作为词向量,进而实现文本向量化。

总体而言,离散式表示虽然简单快捷,但是也有一些缺陷,如无法衡量词向量之间的关系、无法保留文本的语义信息等。分布式表示大多能够避免这种问题,因此,在很多数据分析与机器学习的场景中,更多地使用分布式表示方式,从而获取更好的文本特征。

4. 医学其他数据表示

临床患者的性别、血型、年龄等特征,也可以通过独热向量进行编码,但是一般很少这么做。例如,患者 A 是男性,患者 B 是女性,设置独热向量中第一个位置为男性特征,第二个位置为女性特征,那么患者 A 可以用[1, 0]表示,患者 B 可以用[0, 1]表示。但是,一般情况下,不会这样特征编码,因为性别、血型、年龄等特征的取值很少(性别一般有两个取值:男和女;血型一般有四个取值:A、B、AB、O;年龄一般有小于 100 个取值),只用一个特征位置就能表示,例如,男性记为 1,女性记为 2,那么患者 A 为[1],患者 B 为[2]。

其实,对于症状和药物特征信息,因为患者在一次患病过程中,一般情况下不会出现只有一个症状，或者医生给开的处方中仅有一个药物的情况，也就是说，患者会有多个症状，其治疗处方也有多个药物。在这种情况下，使用一个特征位置来表示症状或药物就会变得不现实，需要每个症状或每个药物都分别使用一个特征位置来表示。

最后，进行举例说明。表 2-7 包含两个患者以及他/她们的性别、血型、症状、用药等特征信息，对于这些特征分别进行独热编码，最终得到的结果如表 2-8 所示。

表 2-7　患者举例

患者	性别	血型	症　　状	用　　药
1	男	B	乏力、下肢发胀、下肢无力、视物模糊、夜尿频、小便有泡沫	车前子、知母、黄柏、生地、红曲、赤芍、天麻
2	女	A	乏力、下肢发胀、小便有泡沫、夜尿频、怕热、无汗	赤芍、红曲、黄连、大黄、黄芪、荷叶、生姜、茵陈、知母

表 2-8　形成对应数字后的患者表示

患者	男	女	血型 A	血型 B	乏力	下肢发胀	下肢无力	…	怕热	知母	车前子	…	赤芍
1	1	0	0	1	1	1	1	…	0	1	1	…	0
2	0	1	1	0	1	1	0	…	1	1	0	…	1

2.2.5　案例：文本向量化表示

本节将通过医学文本示例，进行文本向量化表示（独热编码与 word2vec 词嵌入）的展示。代码如下所示。

```
1.   import pandas as pd
2.   from gensim.test.utils import common_texts
3.   from gensim.models import Word2Vec
4.
5.   def example_onehot_sentence():
6.       # 功能:实现独热编码表示
7.       print(" ******* example_onehot_sentence ******* ")
8.       example_texts = [
9.           ['human', 'interface', 'computer'],
10.          ['survey', 'user', 'computer', 'system', 'response', 'time'],
11.          ['eps', 'user', 'interface', 'system'],
12.          ['graph', 'minors', 'survey']
13.       ]
14.       # 形成词语列表
15.       example_list = []
16.       for row in example_texts:
17.           for col in row:
18.               example_list.append(col)
19.       example_list = list(set(example_list))
20.       # 获得词语维度
21.       dim = len(example_list)
22.       index = 0
23.       # 形成单个词语独热编码表示
24.       embedding_list = []
25.       for _ in example_list:
26.           embedding_list.append([1 if index == i else 0 for i in range(dim)])
27.           index += 1
28.       # 输出词语表示结果
```

```
29.            onehot_embedding = pd.DataFrame()
30.            onehot_embedding['word'] = example_list
31.            onehot_embedding['embedding'] = embedding_list
32.            onehot_embedding.to_csv("output\\example_onehot_word.csv", index = False,
    encoding = 'utf_8_sig')
33.            # 形成句子独热编码表示
34.            result_list = []
35.            for sample in example_texts:
36.                    temp_list = [1 if example_list[i] in sample else 0 for i in range(dim)]
37.                    result_list.append(temp_list)
38.            # 输出句子表示结果
39.            result_df = pd.DataFrame(columns = ['data', 'embedding'])
40.            result_df['data'] = example_texts
41.            result_df['embedding'] = result_list
42.            result_df.to_csv('output\\example_onehot_sentence.csv', index = False,
    encoding = 'utf_8_sig')
43.
44.    def onehot_sentence_func(example_texts, output_text):
45.            # 功能:结合已形成的症状分词结果,形成症状独热编码表示
46.            print(f" ******* onehot_sentence {output_text} ******* ")
47.            example_list = []
48.            for row in example_texts:
49.                    for col in row:
50.                            example_list.append(col)
51.            example_list = list(set(example_list))
52.            dim = len(example_list)
53.            index = 0
54.            embedding_list = []
55.            for _ in example_list:
56.                    embedding_list.append([1 if index == i else 0 for i in range(dim)])
57.                    index += 1
58.            onehot_embedding = pd.DataFrame()
59.            onehot_embedding['word'] = example_list
60.            onehot_embedding['embedding'] = embedding_list
61.            onehot_embedding.to_csv(f"output\\embedding_onehot_word_{output_text}.csv",
    index = False, encoding = 'utf_8_sig')
62.
63.            result_list = []
64.            for sample in example_texts:
65.                    temp_list = [1 if example_list[i] in sample else 0 for i in range(dim)]
66.                    result_list.append(temp_list)
67.
68.            result_df = pd.DataFrame(columns = ['data', 'embedding'])
69.            result_df['data'] = example_texts
70.            result_df['embedding'] = result_list
71.            result_df.to_csv(f'output\\embedding_onehot_sentence_{output_text}.csv',
    index = False, encoding = 'utf_8_sig')
72.
73.    def embedding_onehot_sentence():
74.            # 功能:形成症状 One - hot 函数入口
75.            print(" ******* embedding_onehot_sentence ******* ")
76.            # 读取症状分词列表
77.            bmm_seg, fmm_seg = process_segdata()
78.            # 进行独热编码表示
79.            onehot_sentence_func(bmm_seg, 'BMM')
80.            onehot_sentence_func(fmm_seg, 'FMM')
81.
82.    def example_word2vec():
```

```
83.            # 功能:示例实现 word2vec
84.            print(" ****** example_word2vec ****** ")
85.            # 构建模型
86.            model = Word2Vec(sentences = common_texts, vector_size = 10, window = 5, min_
      count = 1, workers = 4)
87.            # 保存模型
88.            model.save("output\\example_model_w2c.model")
89.            model.wv.save_word2vec_format('output\\example_word2vec.txt', binary = False)
90.            # 输出某个词语的向量结果
91.            vec1 = model.wv['computer']
92.            vec2 = model.wv['time']
93.            print("Vector 'computer': ", vec1, "\nVector 'time': ", vec2)
94.
95.  def embedding_word2vec():
96.            # 功能:结合已形成的症状分词结果,形成症状 word2vec 表示
97.            print(" ****** embedding_word2vec ****** ")
98.            # 读取症状分词列表
99.            bmm_seg, fmm_seg = process_segdata()
100.           # 进行 word2vec 表示
101.           # BMM 分词结果进行表示
102.           model_bmm = Word2Vec(sentences = bmm_seg, vector_size = 10, window = 5, min_
      count = 1, workers = 4)
103.           model_bmm.save("output\\embedding_model_BMM.model")
104.            model_bmm.wv.save_word2vec_format('output\\embedding_word2vec_BMM.txt',
      binary = False)
105.           # FMM 分词结果进行表示
106.           model_fmm = Word2Vec(sentences = bmm_seg, vector_size = 10, window = 5, min_
      count = 1, workers = 4)
107.           model_fmm.save("output\\embedding_model_FMM.model")
108.            model_fmm.wv.save_word2vec_format('output\\embedding_word2vec_FMM.txt',
      binary = False)
109.           # 结果示例
110.           vec1 = model_bmm.wv['纳差']
111.           vec2 = model_fmm.wv['纳差']
112.           print("Vector '纳差' of BMM: ", vec1, "\nVector '纳差' of FMM: ", vec2)
113.
114.  def process_segdata():
115.            # 功能:处理前面形成的分词数据,方便后续形成表示
116.           bmm_segdata = pd.read_csv("data\\BMM_output.csv")
117.           fmm_segdata = pd.read_csv("data\\FMM_output.csv")
118.
119.           bmm_segdata_list = []
120.           for row in bmm_segdata.itertuples():
121.                   temp_str = getattr(row, '分词')
122.                   temp_list = temp_str.split("/")
123.                   while ';' in temp_list:
124.                           temp_list.remove(';')
125.                   bmm_segdata_list.append(temp_list)
126.
127.           fmm_segdata_list = []
128.           for row in fmm_segdata.itertuples():
129.                   temp_str = getattr(row, '分词')
130.                   temp_list = temp_str.split("/")
131.                   while ';' in temp_list:
132.                           temp_list.remove(';')
133.                   fmm_segdata_list.append(temp_list)
134.
135.           return bmm_segdata_list, fmm_segdata_list
```

```
136.
137.    if __name__ == '__main__':
138.            print("\n************* Examples *************")
139.            # 1. 独热编码示例
140.            example_onehot_sentence()
141.            # 2. word2vec 示例
142.            example_word2vec()
143.
144.            print("\n************* Samples *************")
145.            # 3. 独热编码案例
146.            embedding_onehot_sentence()
147.            # 4. word2vec 案例
148.    embedding_word2vec()
```

执行上述程序,如运行正常,应得到类似图 2-17 所示的结果。

```
************* Examples *************
******* example_onehot_sentence *******
******* example_word2vec *******
Vector 'computer': [ 0.01631949  0.00189972  0.03474648  0.0021784   0.09621626  0.05062876
 -0.08919987 -0.07043611  0.00901718  0.06394394]
Vector 'time': [-0.01577654  0.00321372 -0.0414063  -0.07682689 -0.01508009  0.02469795
 -0.00888028  0.05533662 -0.02742977  0.02260065]

************* Samples *************
******* embedding_onehot_sentence *******
******* onehot_sentence BMM *******
******* onehot_sentence FMM *******
******* embedding_word2vec *******
Vector '纳差' of BMM: [-0.07419711 -0.00977068  0.09721211 -0.07341024 -0.02244126 -0.01928254
  0.08082942 -0.05861   -0.00139581 -0.04912294]
Vector '纳差' of FMM: [-0.07419711 -0.00977068  0.09721211 -0.07341024 -0.02244126 -0.01928254
  0.08082942 -0.05861   -0.00139581 -0.04912294]
```

图 2-17　程序运行结果

2.3　文本相似度

文本相似度是指两个文本的相似程度,具体可以分为词语相似度、句子相似度和文档相似度等。

词语相似度。在自然语言领域,词语相似度主要评估两个词语的语义相似度,例如"电脑"和"笔记本","土豆"和"马铃薯"是否相似,相似度是多少? 对应到医学问题中,可以分别评估疾病间、症间、基因/蛋白间等多种实体的相似度,例如,评估新型冠状肺炎和慢性阻塞性肺炎两种疾病的相似度,评估脚痛和腿疼两个症状的相似度。

句子相似度。在自然语言领域,句子相似度主要是评估两个句子的语义相似度,例如,句子"我今天刚做了核酸"和"我今天刚好没做核酸"之间的相似度。临床文本问题中,可以评估患者之间的症状相似度或用药相似度等。一个患者通常有多个症状,可以将多个症状的组合类比于自然语言问题中的"句子",那么,评估患者的症状相似度也就是评估两个"句子"的相似度。

文档相似度。在自然语言领域,文档相似度主要是评估两个文档的语义相似度,例如评估针对同一个事件的两篇新闻报道之间的相似度。临床文本问题中,可以评估两个临床查房记录的相似度等。

2.3.1　文本相似度计算方法

相似度计算方法有很多种,包括余弦相似度(cosine similarity)、欧几里得距离(Eucledian distance)、杰卡德系数(Jaccard coefficient)、曼哈顿距离(Manhattan distance)、皮尔森相关性系数(Pearson correlation coefficient)等。下面以患者临床症状相似度计算为例,介绍几种典型的相似度计算方法。

1. 余弦相似度

余弦相似度是用向量空间中两个向量夹角的余弦值来衡量两个对象之间的相似度。对于给定的两个向量 $A=[x_1,x_2,\cdots,x_n]$,$B=[y_1,y_2,\cdots,y_n]$,它们的余弦相似度计算式如下。

$$\text{Sim}(A,B)=\cos(\Theta)=\frac{AB}{\|A\|\|B\|}=\frac{\sum_{i=1}^{n}(x_iy_i)}{\sqrt{\sum_{i=1}^{n}(x_i)^2}\sqrt{\sum_{i=1}^{n}(y_i)^2}} \tag{2-6}$$

比如,当 $A=[2,3,1]$,$B=[3,2,3]$,A 和 B 的余弦相似度为 0.8547,计算式如下。

$$\text{Sim}(A,B)=\frac{2\times3+3\times2+1\times3}{\sqrt{2^2+3^2+1^2}\times\sqrt{3^2+2^2+3^2}}=0.8547 \tag{2-7}$$

2. 欧几里得距离

欧几里得距离(简称欧氏距离)是用多维空间中两个点之间的绝对距离来衡量两个对象之间的相似度。对于给定两个向量 $A=[x_1,x_2,\cdots,x_n]$,$B=[y_1,y_2,\cdots,y_n]$,它们的欧氏距离计算式如下。

$$\text{Eu}(A,B)=\sqrt{\sum_{i=1}^{n}(x_i-y_i)^2} \tag{2-8}$$

一般情况下,期望两个对象之间的相似度取值区间能够在 0～1 之间,同时,期望值越大,相似度越高。然而,欧氏距离的取值区间是 0～$+\infty$,并且值越大,代表两个点的距离越大。因此,使用欧氏距离评估两个对象相似度时,通常会取欧氏距离的倒数,计算式如下所示。

$$\text{Sim}(A,B)=\frac{1}{1+\sqrt{\sum_{i=1}^{n}(x_i-y_i)^2}} \tag{2-9}$$

比如,当 $A=[2,3,1]$,$B=[3,2,3]$,A 和 B 的欧氏距离 $\text{Eu}(A,B)$ 为 2.449,相似度 $\text{Sim}(A,B)$ 为 0.2899,计算式如下。

$$\text{Eu}(A,B)=\sqrt{(2\text{-}3)^2+(3-2)^2+(1-3)^2}=2.449 \tag{2-10}$$

$$\text{Sim}(A,B)=\frac{1}{1+2.449}=0.2899 \tag{2-11}$$

3. 杰卡德系数

杰卡德系数是用交集的大小与并集的大小的比值来衡量两个对象之间的相似度。给定两个集合 $A=\{x_1,x_2,\cdots,x_n\}$,$B=\{y_1,y_2,\cdots,y_n\}$,那么它们的杰卡德相似度计算式如下。

$$\text{Jaccard}(\boldsymbol{A},\boldsymbol{B}) = \frac{|\boldsymbol{A} \bigcap \boldsymbol{B}|}{|\boldsymbol{A} \bigcup \boldsymbol{B}|} = \frac{\text{Intersection}(\boldsymbol{A},\boldsymbol{B})}{\text{Union}(\boldsymbol{A},\boldsymbol{B})} \tag{2-12}$$

式中，Intersection($\boldsymbol{A}$,$\boldsymbol{B}$)表示两个集合中交集元素的个数；Union($\boldsymbol{A}$,$\boldsymbol{B}$)表示两个集合中并集元素的个数。

例如，当 $\boldsymbol{A}=\{1,2,3,4\}$，$\boldsymbol{B}=\{2,3,5,6,7\}$，$\boldsymbol{A}$ 和 B 的杰卡德相似度为 0.286，计算式如下。

$$\text{Jaccard}(\boldsymbol{A},\boldsymbol{B}) = \frac{2}{7} = 0.286 \tag{2-13}$$

4. 曼哈顿距离

曼哈顿距离是使用两个向量的曼哈顿距离的倒数来衡量两个对象之间的相似度，给定两个向量 $\boldsymbol{A}=[x_1,x_2,\cdots,x_n]$，$\boldsymbol{B}=[y_1,y_2,\cdots,y_n]$，它们基于曼哈顿距离的相似度计算式如下。

$$\text{Sim}(\boldsymbol{A},\boldsymbol{B}) = \frac{1}{1+\sum\limits_{i=1}^{n}|x_i-y_i|} \tag{2-14}$$

比如，当 $\boldsymbol{A}=[2,3,1]$，$\boldsymbol{B}=[3,2,3]$，它们的曼哈顿距离为 4，基于曼哈顿距离的相似度为 0.2，计算式如下。

$$\text{Sim}(\boldsymbol{A},\boldsymbol{B}) = \frac{1}{1+\sum\limits_{i=1}^{n}|x_i-y_i|}$$

$$d(\boldsymbol{A},\boldsymbol{B}) = |2-3|+|3-2|+|1-3| = 4 \tag{2-15}$$

$$\text{Sim}(\boldsymbol{A},\boldsymbol{B}) = \frac{1}{1+d(A,B)} = 0.2 \tag{2-16}$$

以上是几种较为经典的文本相似度评估方法。然而，在使用这些方法来评估实际场景中的两个对象的相似度时，例如，计算两个患者的临床症状相似度，需要注意以下几个问题。

其一，因为独热编码一位有效的特性，因此文本进行独热编码后，不能使用余弦相似度、欧氏距离和杰卡德系数等评估词语之间的相似度（只有一位为 1，会导致相似度结果为 0），但是可以评估句子的相似度（每个词语对应的编码都为 1，不会出现相似度都为 0 的情况）。

其二，因为 word2vec 形成的为低维稠密向量，因此可以使用余弦相似度、欧氏距离等多种方式评估词语或句子的相似度，但是不能使用杰卡德系数评估相似度（因为几乎所有位置上的值都不相同，所以相似度值也基本为 0）。

最后，文本相似度评估有着重要的意义，例如，在医学临床数据分析研究中，对患者临床症状、临床药物的相似度分析不仅能够帮助挖掘患者的症状特征、用药规律等，也为构建患者关系网络以及划分临床人群提供数据准备。

2.3.2　案例：医学文本相似度计算

本节将对相似度计算功能（包括欧氏距离、曼哈顿距离、闵可夫斯基距离、杰卡德系数和余弦相似度等）、以随机向量和前述的患者表示向量为示例进行代码实现。代码如下。

```
1.  from math import *
2.  import numpy as np
3.  from gensim.models import Word2Vec
4.  import pandas as pd
5.
6.  def conversion(x):
7.      # 将距离转换为相似度
8.      return 1 / (1 + x)
9.
10. def euclidean_sim(x, y):
11.     # 功能:计算两个向量之间基于欧氏距离的相似度
12.     # 输出:向量 x 与向量 y 之间基于欧氏距离的相似度
13.     eculid = sqrt(sum(pow(a - b, 2) for a, b in zip(x, y)))
14.     return conversion(eculid)
15.
16. def manhattan_dis(x, y):
17.     # 功能:计算两个向量之间基于曼哈顿距离的相似度
18.     # 输出:向量 x 与向量 y 之间基于曼哈顿距离的相似度
19.     manhattan = sum(abs(a - b) for a, b in zip(x, y))
20.     return conversion(manhattan)
21.
22. def minkowski_dis(x, y, p):
23.     # 功能:计算两个向量之间基于闵可夫斯基距离的相似度
24.     # 输出:向量 x 与向量 y 之间基于闵可夫斯基距离的相似度(p 为公式中指数)
25.     sumvalue = sum(pow(abs(a - b), p) for a, b in zip(x, y))
26.     mi = 1/float(p)
27.     return conversion(round(sumvalue ** mi, 3))
28.
29. def cos_sim(x, y):
30.     # 功能:计算两个向量之间余弦相似度
31.     # 输出:向量 x 与向量 y 之间余弦相似度
32.     vector_a = np.mat(x)
33.     vector_b = np.mat(y)
34.     num = float(vector_a * vector_b.T)
35.     denom = np.linalg.norm(vector_a) * np.linalg.norm(vector_b)
36.     cos = num / denom
37.     # 将 cos 取值从[-1, 1]上转换到[0, 1]区间
38.     sim = 0.5 + 0.5 * cos
39.     return sim
40.
41. def jaccard_similarity(x, y):
42.     # 功能:计算两个相同维数的向量间杰卡德相似度
43.     # 输出:向量 x 与向量 y 之间杰卡德相似度
44.     if len(x) != len(y):
45.         print('两向量维度应相同!')
46.         jaccard_sim = 100
47.     else:
48.         assert len(x) == len(y)
49.         cnt = 0
50.         dim = len(x)
51.         for i in range(len(x)):
52.             if x[i] == y[i] and x[i] != 0:
53.                 cnt += 1
54.             if x[i] == y[i] == 0:
55.                 dim -= 1
56.         jaccard_sim = cnt / dim
```

```
57.          return jaccard_sim
58.
59.  def calculate_similarities(vector1, vector2):
60.          # 功能:相似度计算函数入口
61.          euclidean = euclidean_sim(vector1, vector2)
62.          manhattan = manhattan_dis(vector1, vector2)
63.          minkouski = minkowski_dis(vector1, vector2, 3)
64.          cosine = cos_sim(vector1, vector2)
65.          jaccard = jaccard_similarity(vector1, vector2)
66.          return euclidean, manhattan, minkouski, cosine, jaccard
67.
68.  def example_onehot_similarities():
69.          # 相似度计算示例(独热向量)
70.          print(" ********* example_calculate_similarities ********* ")
71.          # 向量示例
72.          vector1 = [1, 1, 1, 1, 0, 0, 0, 0]
73.          vector2 = [1, 0, 1, 0, 1, 1, 0, 0]
74.          # 计算相似度
75.           euclidean, manhattan, minkouski, cosine, jaccard = calculate_similarities
     (vector1, vector2)
76.          # 输出结果
77.          print("          Similarity result\n"
78.                    "Euclidean sim: {:.4} \n"
79.                    "Manhattan sim: {:.4}\n"
80.                    "Minkouski sim: {:.4}\n"
81.                    "Cosine sim: {:.4}\n"
82.                      "Jaccard sim: {:.4}".format(euclidean, manhattan, minkouski,
     cosine, jaccard))
83.
84.  def example_w2v_similarities():
85.          # 相似度计算示例(word2vec 向量)
86.          print(" ********* sample_w2v_similarities ********* ")
87.          # 加载症状表示数据
88.          model_name = 'data\\embedding_model_FMM.model'
89.          model = Word2Vec.load(model_name)
90.          # 选取症状示例
91.          vec1 = model.wv['舌质淡']
92.          vec2 = model.wv['舌苔白']
93.          # 计算相似度
94.           euclidean, manhattan, minkouski, cosine, jaccard = calculate_similarities
     (vec1, vec2)
95.          # 输出结果
96.          print("          Similarity result\n"
97.                    "Euclidean sim: {:.4} \n"
98.                    "Manhattan sim: {:.4}\n"
99.                    "Minkouski sim: {:.4}\n"
100.                   "Cosine sim: {:.4}\n"
101.                     "Jaccard sim: {:.4}".format(euclidean, manhattan, minkouski,
     cosine, jaccard))
102.
103. def sample_onehot_similarities():
104.         # 功能:基于形成的独热编码表示计算患者间症状相似度
105.         print(' ********* sample_onehot_similarities ********* ')
106.         # 加载患者独热编码表示
107.         data = pd.read_csv("data\\embedding_onehot_sentence_FMM.csv")['embedding'].tolist()
108.         # 初始化结果存储空间
109.         Result_df = pd.DataFrame()
```

```
110.        people1_list = []
111.        people2_list = []
112.        euclidean_list = []
113.        manhattan_list = []
114.        minkowski_list = []
115.        cosine_list = []
116.        jaccard_list = []
117.        # 计算患者症状相似度
118.        for i in range(len(data)):
119.            for j in range(i):
120.                # 数据读取
121.                people1 = [int(ele) for ele in data[j].replace("[", '').
     replace("]", '').replace(" ", '').split(',')]
122.                people2 = [int(ele) for ele in data[i].replace("[", '').
     replace("]", '').replace(" ", '').split(',')]
123.                # 计算各种相似度
124.                temp_euclidean, temp_manhattan, temp_minkouski, temp_cosine,
     temp_jaccard = calculate_similarities(
125.                    people1, people2
126.                )
127.                people1_list.append(j + 1)
128.                people2_list.append(i + 1)
129.                euclidean_list.append(temp_euclidean)
130.                manhattan_list.append(temp_manhattan)
131.                minkowski_list.append(temp_minkouski)
132.                cosine_list.append(temp_cosine)
133.                jaccard_list.append(temp_jaccard)
134.        # 输出结果
135.        Result_df['people1_id'] = people1_list
136.        Result_df['people2_id'] = people2_list
137.        Result_df['euclidean'] = euclidean_list
138.        Result_df['manhattan'] = manhattan_list
139.        Result_df['minkouski'] = minkowski_list
140.        Result_df['cosine'] = cosine_list
141.        Result_df['jaccard'] = jaccard_list
142.        Result_df.to_csv(f"output\\sample_onehot_similarities.csv", index = False)
143.
144.    def sample_w2v_integration():
145.        # 功能:根据症状 word2vec 编码,生成对于患者的症状向量表示
146.        print(' ******** sample_w2v_integration ******** ')
147.        # 加载数据
148.        people_data = pd.read_excel("data\\data.xlsx")['症状'].tolist()
149.        symptom_w2v = Word2Vec.load('data\\embedding_model_FMM.model')
150.        # 根据症状词表示形成患者表示
151.        people_vector = []
152.        people_id = [i + 1 for i in range(len(people_data))]
153.        embed_list = symptom_w2v.wv.index_to_key
154.        for cnt in range(len(people_data)):
155.            people_syms = people_data[cnt].split(';')
156.            people_syms_vectors = [symptom_w2v.wv[sym].tolist() for sym in
     people_syms if sym in embed_list]
157.            temp_df = pd.DataFrame(people_syms_vectors)
158.            people_add_vec = temp_df.apply(lambda x: x.sum()).tolist()
159.            people_vector.append(people_add_vec)
160.        # 输出结果
161.        result_df = pd.DataFrame()
162.        result_df['people_id'] = people_id
```

```
163.                  result_df['symptom_vec'] = people_vector
164.                  result_df.to_csv(f"output\\sample_w2v_integration.csv", index = False)
165.
166.     def sample_w2v_similarities():
167.            # 功能:基于形成的患者 word2vec 表示计算患者间症状相似度
168.            print(' ********* sample_w2v_similarities ********* ')
169.            # 加载数据
170.            data = pd.read_csv("output\\sample_w2v_integration.csv")['symptom_vec'].
      tolist()
171.            Result_df = pd.DataFrame()
172.            people1_list = []
173.            people2_list = []
174.            euclidean_list = []
175.            manhattan_list = []
176.            minkowski_list = []
177.            cosine_list = []
178.            jaccard_list = []
179.            # 计算相似度
180.            for i in range(len(data)):
181.                    for j in range(i):
182.                            people1 = [float(ele) for ele in data[j].replace("[", '').
      replace("]", '').replace(" ", '').split(',')]
183.                            people2 = [float(ele) for ele in data[i].replace("[", '').
      replace("]", '').replace(" ", '').split(',')]
184.                            temp_euclidean, temp_manhattan, temp_minkouski, temp_cosine,
      temp_jaccard = calculate_similarities(
185.                                    people1, people2
186.                                    )
187.                            people1_list.append(j + 1)
188.                            people2_list.append(i + 1)
189.                            euclidean_list.append(temp_euclidean)
190.                            manhattan_list.append(temp_manhattan)
191.                            minkowski_list.append(temp_minkouski)
192.                            cosine_list.append(temp_cosine)
193.                            jaccard_list.append(temp_jaccard)
194.            # 输出结果
195.            Result_df['people1_id'] = people1_list
196.            Result_df['people2_id'] = people2_list
197.            Result_df['euclidean'] = euclidean_list
198.            Result_df['manhattan'] = manhattan_list
199.            Result_df['minkouski'] = minkowski_list
200.            Result_df['cosine'] = cosine_list
201.            Result_df['jaccard'] = jaccard_list
202.            Result_df.to_csv(f"output\\sample_w2v_similarities.csv", index = False)
203.
204.     if __name__ == '__main__':
205.            # 1.相似度计算示例(独热向量)
206.            example_onehot_similarities()
207.            # 2.相似度计算示例(word2vec 向量)
208.            example_w2v_similarities()
209.            # 3.根据患者独热编码结果,计算患者间的症状相似度
210.            sample_onehot_similarities()
211.            # 4.根据症状 w2v 编码结果,形成患者的症状编码向量
212.            sample_w2v_integration()
213.            # 5.根据患者症状向量,计算患者间症状相似度
214.     sample_w2v_similarities()
```

执行上述程序,如运行正常,应得到类似图 2-18 所示的结果。

```
********* example_calculate_similarities *********
    Similarity result
Euclidean sim: 0.3333
Manhattan sim: 0.2
Minkouski sim: 0.3865
Cosine sim: 0.75
Jaccard sim: 0.3333
 ********* sample_w2v_similarities *********
    Similarity result
Euclidean sim: 0.8138
Manhattan sim: 0.6178
Minkouski sim: 0.8554
Cosine sim: 0.6475
Jaccard sim: 0.0
 ********* sample_onehot_similarities *********
 ********* sample_w2v_integration *********
 ********* sample_w2v_similarities **********
```

图 2-18　程序运行结果

2.4　文本信息抽取

首先来看临床电子病历数据中的一段文本,如图 2-19 所示。

今日查房,患者神志清,精神可,纳眠可,二便调。自诉咳嗽、咳痰症状明显好转,仍有胸闷、气喘。听诊两肺可闻及散在湿罗音。辅助检查:TSPOT:淋巴细胞数 0.55 个 PBMC/m,A 抗原刺激 γ 干扰素测定 0SFCs/10,B 抗原刺激 γ 干扰素测定 0SFCs/10。敏筛试验阴性。给予患者异丙托溴铵、布地奈德压缩雾化吸入治疗,其余治疗不变,续观疗效。同时给予活血化瘀中药外用以促进炎症吸收具体方药如下:

炒桃仁 50g	红花 50g	当归 50g	川芎 50g
丹参 50g	赤芍 50g	新疆紫草 50g	皂角刺 50g
冰片 6g	三七粉 9g		

煎服法:浓煎外用

图 2-19　临床电子病历

对于以上一段话,若想提取出病人的症状、用药等信息,最直接的方式是找一位有经验的临床医生手工标注出病人症状、用药等信息。然而,在面对医院成百上千万的临床文本数据时,使用人工方式进行所需信息的手工标注就变得极为困难。自然语言处理技术中的信息抽取模型便是为了解决文本数据自动标注产生的一门技术。

文本信息抽取主要是从数据中抽取后续分析所需要的关键信息的过程,主要涉及命名实体抽取和关系抽取两大技术。

2.4.1　命名实体抽取

1. 定义

命名实体识别(named entities recognition,NER)是指对文本中的具有特定意义的实体进行识别,NER 的任务主要包含实体边界的识别和实体类型的识别两部分。其中,实体边界识别是用于判断字符序列中是否有具有特定意义的实体以及该实体在字符序列的范围边界;而实体类型的识别则是将字符序列中的实体划分到不同的类别中,在通用领域中实体的类一般包括机构名称、人名、地名等。医学 NER 则是指对医学领域上的一些专有名词进行识别,如对医学临床文本中的临床病症、理化指标、临床用药等实体类型的识别。

2. 方法分类

目前,NER 方法主要包含三大类,即基于字典和规则的方法、基于传统机器学习的方法和基于深度学习的方法。

1)基于字典和规则的 NER 方法

基于字典的 NER 方法。字典是大量命名实体的集合,用作特定实体类的条目。将条目与文本完全匹配简单而精确,但是它的召回率较低。为了解决这个问题,用户可以使用不完全匹配技术,也可以通过自动为每个条目生成典型的拼写替代项来对字典进行模糊处理,例如,Segura 等提出了一个从文本中识别和分类药物名称的算法和系统。

基于规则的 NER 方法。此类模型使用大量的规则来识别不同的实体。在早期基于规则的研究中,常见的做法是手工建立规则,用来识别命名实体及其上下文的组成。例如,Hanisch 等实现了一个基于规则的生物学实体识别算法 ProMiner,它包括词典生成、出现检测和匹配过滤三部分。第一部分涵盖了实体词典的生成和管理,它将每个生物实体与所有已知的同义词相关联。第二部分是一个近似搜索程序,它为每个同义词类接收不同的参数设置。应用过滤器以增加搜索结果的特异性。通过有机体过滤器,匹配识别特定实体。

2)基于传统机器学习的 NER 方法

基于传统机器学习的 NER 模型通过集成各种复杂的机器学习模型实现命名实体抽取,其性能优于基于字典和规则的 NER 方法。这类方法不需要进行复杂的特征工程,还可以缓解未登录词(out of vocabulary,OOV)的问题。这类方法包含支持向量机(support vector machine,SVM)、最大熵模型、HMM、CRF、最大熵马尔可夫模型(maximum entropy markov models,MEMM)等。

以经典模型 HMM 和 CRF 为例进行讲解。

HMM 是基于序列的生成式模型,假设 x 是输入字符序列,y 是输出标签序列。生成式模型通过计算概率 $p(x, y)$ 寻找最佳的标签序列。HMM 一般会受到两个限制,第一个源自于朴素贝叶斯假设,该假设基于标准 NER 规则,这将受益于观察结果的丰富表示,包括许多重叠的特征,如大写、词缀、词性标记和词特征,然而,由于这些特征相互依赖,这违反了朴素贝叶斯假设。第二个问题是设置参数来最大化观察序列的可能性,但 NER 任务是预测状态序列,也即,HMM 不恰当地使用了生成联合模型来解决条件问题。

NER 通常被视为一个朴素的序列标注问题,即每个单词都是序列中的一个标记,并被赋予一个标签。CRF 是一种无向统计图模型,其特殊情况是对应于有限状态机的线性链。具体而言,CRF 是一种鉴别训练的序列标记和分割模型,它结合了过去和未来任意、重叠和聚集的观测特征,参数估计保证了全局最优解的存在。

3)基于深度学习的 NER 方法

递归神经网络及其变体,如门控循环单元(gated recurrent unit,GRU)和 LSTM,在序列数据建模方面表现出了预测性能。特别的是,BiLSTM 有效利用了过去的信息(通过前向状态)和未来的信息(通过后向状态),将 BiLSTM 与 CRF 结合,可以在 NER 任务中达到较佳的标注性能,其框架图如图 2-20 所示。

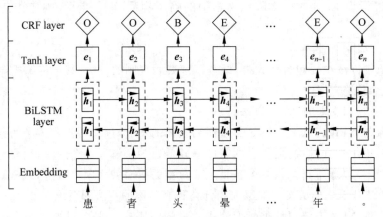

图 2-20　基本的 BiLSTM-CRF 模型的架构

近年来,相关研究者提出了通过大量未标注数据来提高 NLP 任务性能的预训练模型。例如,经典的预训练语言模型双向 Transformer 编码器(bidirectional encoder representation from transformers,BERT)是一种预训练模型,它通过无监督学习从大量语料库中学习单词的特征。BERT 的预训练任务不是某种具体的语言预测任务,而是通过遮蔽语言模型(masked language model,MLM)和下句预测(next sentence prediction,NSP)来实现模型训练。鲁棒优化 BERT 的方法(robustly optimized BERT approach,RoBERTa)与 BERT 思想类似,模型结构相同,只是它改变了屏蔽策略并删除了下句预测任务,并将屏蔽策略从静态改为动态。

知识整合增强表达(enhanced representation through knowledge integration,ERNIE)也是一种预训练模型。ERNIE 使用了三种屏蔽策略:基础级屏蔽、短语级屏蔽和实体级屏蔽。基础级屏蔽是隐藏一个字符并训练模型去预测它,短语级屏蔽和实体级屏蔽是分别遮蔽短语或实体并预测这部分,这可以帮助模型获得知识增强的语言表示。此外,ERNIE 还通过 13 个对话语言模型(dialogue language model,DLM)任务来判断一个多回合会话的真假。

预训练模型也被应用于下游的 NER 任务中。经过预训练过程后,预训练模型通过无监督学习从未标注的预训练语料库中获取丰富的语义知识,然后,使用微调方法在下游任务中应用。例如,Qiao 等、Li 等分别使用 BERT 和基于语言模型的词向量(embedding from language models,ELMo)提高了中文临床病历的 NER 性能。Alsentzer 等、Yao 等和 Huang 等在模型结构和预训练任务不变时,使用领域特定语料库训练 BERT,并将该模型用于领域特定任务,得到最佳结果(state of the art,SOTA)。如图 2-21 所示,在预训练模型输出后,添加全连接层和 CRF 层,可以使得模型应用于 NER 任务中。

2.4.2　案例:医学命名实体抽取

本节将利用 BiLSTM-CRF 模型实现医学命名实体抽取功能,实现代码如下。

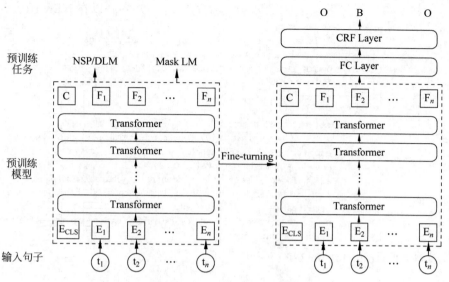

图 2-21　预训练模型的微调

2. BiLSTM-CRF 模型(bilstm_crf.py)

```
1.   import torch
2.   import torch.nn as nn
3.   from torchcrf import CRF
4.
5.   class BiLSTMCRF(nn.Module):
6.       def __init__(self, batch_size, char2id, tag2id, embed_dim, hidden_num):
7.           super(BiLSTMCRF, self).__init__()
8.           self.hidden_num = hidden_num      # LSTM 中隐藏层维度参数
9.           self.device = torch.device('cuda') if torch.cuda.is_available() else 'cpu
    '
10.          self.embed = nn.Embedding(len(char2id), embed_dim)   # 词嵌入(单词
    总数量,嵌入维度)
11.          self.lstm = nn.LSTM(embed_dim, hidden_num // 2, num_layers = 1,
    bidirectional = True)      # 双向的 LSTM
12.          self.hidden = self.init_hidden(batch_size)
13.          self.linear = nn.Linear(hidden_num, len(tag2id))      # 全连接层
14.          self.crf = CRF(len(tag2id))                           # CRF 层
15.
16.      def init_hidden(self, batch_size):
17.          return (torch.randn(2, batch_size, self.hidden_num // 2).to(self.device),
18.                  torch.randn(2, batch_size, self.hidden_num // 2).to
    (self.device))
19.
20.      def forward(self, batch_chars, batch_tags):
21.          # S: 句子长度, B: 批量大小, E: 嵌入维度
22.          mask = (batch_chars != 0).type(torch.ByteTensor).permute(1, )   # S * B
23.          batch_tags = batch_tags.permute(1, 0)      # S * B
24.          # 词嵌入
25.          embeds = self.embed(batch_chars)            # B * S * E
26.          embeds = embeds.permute(1, 0, 2)            # S * B * E
27.          # BiLSTM 编码
28.          self.hidden = self.init_hidden(batch_chars.shape[0])
29.          # LSTM 输入维度(S, B, E) -> 输出维度(S * B * H) H:为 LSTM 隐藏层维度
30.          lstm_out, self.hidden = self.lstm(embeds, self.hidden)
31.          # 全连接层 (S * B * H) -> (S * B * C)      C:为标签数量
```

```
32.              lstm_feat = self.linear(lstm_out)      # S * B * C
33.              # CRF 解码
34.              loss = - self.crf(lstm_feat, batch_tags, mask = mask.to(self.
     device), reduction = 'token_mean')
35.              output_tags = self.crf.decode(lstm_feat, mask = mask.to(self.device))
                                                        # 标签解码
36.              return loss, output_tags
37.
38.         def predict(self, batch_chars):                # 预测函数
39.              mask = (batch_chars != 0).type(torch.ByteTensor).permute(1, 0)
40.              embeds = self.embed(batch_chars)
41.              embeds = embeds.permute(1, 0, 2)
42.              self.hidden = self.init_hidden(batch_chars.shape[0])
43.              lstm_out, self.hidden = self.lstm(embeds, self.hidden)
44.              lstm_feat = self.linear(lstm_out)
45.              output_tags = self.crf.decode(lstm_feat, mask = mask.to(self.device))
46.              return output_tags
```

2. 模型训练(train_bilstm_crf.py)

```
1.    import os
2.    import time
3.    import torch
4.    import datetime
5.    import torch.optim as optim
6.    from utils.tools import set_log
7.    from collections import Counter
8.    from torchsummary import summary
9.    from prettytable import PrettyTable
10.   from utils.eval import get_batch_entity, metric
11.   from bilstm_crf import BiLSTMCRF
12.   from utils.load_data import LSTMDataSet, get_tag2id, get_char2id_lstm
13.
14.   now = datetime.datetime.now()
15.   os.environ["CUDA_VISIBLE_DEVICES"] = "1"
16.   device = torch.device('cuda') if torch.cuda.is_available() else 'cpu'
17.
18.   def train_bilstm_crf(args):
19.        # 初始化日志
20.        logger = set_log(f"log/{args.method}_{args.dataset}_{now.strftime('%Y%m%
     d-%H%M%S')}.log")
21.        # 构建映射字典
22.        char2id, id2char = get_char2id_lstm(f'data/{args.dataset}')
23.        tag2id, id2tag = get_tag2id(f'data/{args.dataset}')
24.        # 加载训练、验证、测试集
25.        train_data = LSTMDataSet(f'data/{args.dataset}/train.txt', char2id, tag2id,
     256, True)
26.        dev_data = LSTMDataSet(f'data/{args.dataset}/dev.txt', char2id, tag2id, 256, True)
27.        test_data = LSTMDataSet(f'data/{args.dataset}/test.txt', char2id, tag2id,
     256, False)
28.        logger.info('Build model...')
29.        # 构建模型
30.        model = BiLSTMCRF(args.batch_size, char2id, tag2id, 300, 256).to(device)
31.        print(model)
32.        for row in str(summary(model, input_size = (3, 256, 256))).split('\n'):
33.             logger.info(row)
34.        # 定义优化器 lr:学习率,weight_decay:权重衰减
35.        optimizer = optim.Adam(model.parameters(), lr = args.lr, weight_decay = args.
     weight_decay)
```

```
36.          epoch = 0
37.          step = 0
38.          start_time = time.time()
39.          best_dev_f1 = 0
40.          model.train()
41.          epoch_loss = 0
42.          model_name = args.method + "_" + args.dataset + ".model"
43.          while epoch < args.epochs:
44.              (chars_seq_batch, tags_seq_batch) = train_data.get_batch(args.batch_size)
                 # 获取一个 batch 的数据
45.              step += 1
46.              model.zero_grad()                    # 梯度清零
47.              loss, output = model(chars_seq_batch, tags_seq_batch)   # 前向传播
48.              loss.backward()                      # 梯度更新
49.              optimizer.step()                     # 更新参数
50.              epoch_loss += loss.item()            # 计算总损失
51.              if (step + 1) % 100 == 0:
52.                  end_time = time.time()
53.                  step_loss = epoch_loss / (step + 1)
54.                  logger.info('Step: %d\tLoss: %.4f\tTime: %.2fs' % (step +
     1, step_loss, end_time - start_time))
55.              if train_data.end_flag:             # 验证模型
56.                  dev_loss, dev_f1, tag_list, result_table = dev(args, logger,
     model, dev_data, id2tag, 'Dev')
57.                  end_time = time.time()
58.                  logger.info('Epoch: %d\tVal loss: %.4f\tTime: %.2fs' %
     (epoch + 1, dev_loss, end_time - start_time))
59.                                  # 保存最好的模型
60.                  if dev_f1 > best_dev_f1:
61.                      best_dev_f1 = dev_f1
62.                      logger.info('Saving the best model')
63.                      model_status = {
64.                          'model': model.state_dict(),
65.                          'max_len': args.max_len,
66.                          'char2id': char2id,
67.                          'id2char': id2char,
68.                          'tag2id': tag2id,
69.                          'id2tag': id2tag,
70.                          'tag_list': tag_list,
71.                          'method': args.method,
72.                          'result': '\n'.join(result_table) + '\n',
73.                          'online_status': True}
74.                      torch.save(model_status, args.save_path + model_name)
75.                  train_data.refresh()
76.                  step = 0
77.                  epoch += 1
78.                  epoch_loss = 0
79.                  model.train()
80.          test(args, logger, model, test_data, id2tag, model_name)     # 测试模型
81.
82.  def test(args, logger, model, test_loader, id2tag, filename):
83.          checkpoint = torch.load(args.save_path + filename)
84.          model.load_state_dict(checkpoint['model'])
85.          test_loss, test_f1, tag_list, result_table = dev(args, logger, model, test_
     loader, id2tag, 'Test')                       # 测试结果
86.          checkpoint['result_table'] = '\n'.join(result_table) + '\n'
87.          torch.save(checkpoint, args.save_path + filename)
88.
```

```
89.   def dev(args, logger, model, data_loader, id2tag, dataset):
90.       same_dict, gold_dict, pred_dict = Counter(), Counter(), Counter()
91.       model.eval()
92.       step = 0
93.       with torch.no_grad():      # 验证模型不需要梯度更新
94.           dev_loss = 0
95.           while True:
96.               step += 1
97.               (chars_seq_batch, tags_seq_batch) = data_loader.get_batch
    (args.batch_size)
98.               loss, output = model(chars_seq_batch, tags_seq_batch)
99.               dev_loss += loss.item()
100.              # 统计 预测正确的标签、真实标签、预测标签
101.               batch_same_dict, batch_gold_dict, batch_pred_dict = get_
    batch_entity(tags_seq_batch, output, id2tag)
102.              same_dict += batch_same_dict
103.              gold_dict += batch_gold_dict
104.              pred_dict += batch_pred_dict
105.              if data_loader.end_flag:
106.                  data_loader.refresh()
107.                  break
108.       # 计算精确率 P、召回率 R 和 F1 值
109.       table = PrettyTable()
110.       table.field_names = ['Tag', 'Precision', 'Recall', 'F1 - Score', 'Support']
111.       tag_list = []
112.       for tag in gold_dict:
113.           tag_list.append(tag)
114.           precision, recall, f1score = metric(same_dict[tag], gold_dict[tag],
    pred_dict[tag])
115.           table.add_row([tag, f'{precision} % ', f'{recall} % ', f'{f1score} % ',
    gold_dict[tag]])
116.       total_same = sum(list(same_dict.values()))
117.       total_gold = sum(list(gold_dict.values()))
118.       total_pred = sum(list(pred_dict.values()))
119.       precision, recall, f1score = metric(total_same, total_gold, total_pred)
120.        table.add_row([f'{dataset} Total', f'{precision} % ', f'{recall} % ', f'
    {f1score} % ', total_gold])
121.       result_table = []
122.       for row in str(table).split('\n'):
123.           logger.info(row)
124.           result_table.append(row)
125.       return dev_loss / step, f1score, tag_list, result_table
```

3. 模型测试(predict_bilstm_crf.py)

```
1.   import re
2.   import torch
3.   from bilstm_crf import BiLSTMCRF
4.
5.   device = torch.device('cuda') if torch.cuda.is_available() else 'cpu'
6.
7.   def bilstm_crf_extract(args):
8.       model_path = args.save_path + args.method + "_" + args.dataset + ".model"
9.       model_status = torch.load(model_path)      # 加载模型及其参数
10.      # 字典映射
11.      char2id, id2char = model_status['char2id'], model_status['id2char']
12.      tag2id, id2tag = model_status['tag2id'], model_status['id2tag']
13.      model = BiLSTMCRF(args.batch_size, char2id, tag2id, 300, 256).to(device)
14.      model.load_state_dict(model_status['model'])
```

```python
15.          tag_list = model_status['tag_list']
16.          print("本模型可以预测的实体类型:", tag_list)
17.          result_table = model_status['result']
18.          print("本模型的训练结果:\n", result_table)
19.          # 需要预测的文本
20.          test_sentences = "患者 2001 年因咳嗽就诊于本医院,病理示:(左)肺细支气管肺
     泡癌。后于医院行左肺腺癌手术切除术,后行四次化疗(具体方案不详)。"
21.          char_list = re.findall(".|\n", test_sentences)       # 将文本转换为字符列表
22.          char_list_id = [char2id[char] if char in char2id else char2id['[UNK]'] for char
     in char_list]                    # 将字符列表转换为字符 id 列表
23.          chars_seq_batch = torch.tensor([char_list_id], dtype = torch.long, device = device)
                         # 将数据打包成模型需要的格式
24.          text_tags = []
25.          model.eval()
26.          with torch.no_grad():
27.                  output = model.predict(chars_seq_batch)
28.                  for sentence in output:
29.                      text_tags.extend([id2tag[num] for num in sentence])
30.          try:
31.                  assert len(char_list) == len(text_tags)
32.          except AssertionError:
33.                  print("预测结果长度与原始结果长度不一致,请检查!")
34.          entities_list = extract_entities(char_list, text_tags)
35.          print("原文:", "".join(char_list))
36.          print("预测结果:", entities_list)
37.
38.    def extract_entities(words, tags):
39.          entities = []
40.          entity = []
41.          entity_type = None
42.          for word, tag in zip(words, tags):
43.                  if tag.startswith("B-"):
44.                      if entity: entities.append(("".join(entity), entity_type))
45.                      entity = [word]
46.                      entity_type = tag[2:]
47.                  elif tag.startswith("I-"):
48.                      entity.append(word)
49.                  elif tag.startswith("E-"):
50.                      entity.append(word)
51.                      entities.append(("".join(entity), entity_type))
52.                      entity = []
53.                      entity_type = None
54.                  elif tag.startswith("S-"):
55.                      if entity:
56.                          entities.append(("".join(entity), entity_type))
57.                          entity = []
58.                          entity_type = None
59.                      entities.append((word, tag[2:]))
60.                  else:     # 当 tag == "O"
61.                      if entity:
62.                          entities.append(("".join(entity), entity_type))
63.                          entity = []
64.                          entity_type = None
65.          return entities
```

4. 主函数(main.py)

```python
1.    import torch
2.    import argparse
```

```
3.   from train_bilstm_crf import train_bilstm_crf
4.   from predict_bilstm_crf import bilstm_crf_extract
5.   import warnings
6.   warnings.filterwarnings("ignore")
7.
8.   # 超参数
9.   parser = argparse.ArgumentParser(description = 'NER task')
10.  parser.add_argument('-- mode', type = str, default = 'train', help = '任务形式 train/test')
11.  parser.add_argument('-- method', type = str, default = 'BiLSTM - CRF', help = '模型')
12.  parser.add_argument('-- max_len', type = int, default = 256, help = 'Max length')
13.  parser.add_argument('-- batch_size', type = int, default = 16, help = 'Batch size')
14.  parser.add_argument('-- lr', type = float, default = 1e - 2, help = '学习率')
15.  parser.add_argument('-- weight_decay', type = float, default = 1e - 4, help = '权重衰减')
16.  parser.add_argument('-- epochs', type = int, default = 30, help = 'epochs')
17.  parser.add_argument('-- save_path', type = str, default = 'ckpt/', help = '保存模型')
18.  parser.add_argument('-- embedding', type = str, default = 'random', help = '向量')
19.  parser.add_argument('-- dataset', type = str, default = 'CCKS - 19', help = '数据集',)
20.  args = parser.parse_args()
21.
22.  torch.manual_seed(4)              # 设置随机种子数
23.
24.  if __name__ == '__main__':
25.          if args.mode == 'train':
26.                  train_bilstm_crf(args)
27.          if args.mode == 'test':
28.                  bilstm_crf_extract(args)
```

2.4.3　关系信息抽取

1. 定义

关系抽取(relation extraction,RE)是指从非结构化文本数据中抽取出两个或者多个实体之间的语义关系。语义关系通常用于连接两个实体,并与实体一起表达文本的主要含义。关系抽取的概念是在 1998 年 MUC 大会(Message Understanding Conference)上被首次提出。

关系抽取是信息抽取的基本任务之一,是构建知识图谱的重要技术环节。常见的关系抽取结果可以用 SPO 结构的三元组(主语(subject),谓语(predication),宾语(object)表示,例如,中国的首都是北京可以表示为(中国,首都,北京)。

2. 方法分类

根据是否有确定的关系集合,将关系抽取的方法分为两类:限定关系抽取和开放式关系抽取。限定关系抽取指事先确定好所有需要抽取的关系集合,将关系抽取看作是一种关系判断问题(即分类问题)。开放式关系抽取指需要抽取的关系集合是不确定的,一般关系的指代词是在文本中存在的,因此不需要限定关系类型。

根据训练方式的差异,可以将关系抽取方法分为三类:有监督学习、半监督学习和无监督学习。有监督学习指关系集合通常确定,关系抽取看作是分类问题,主要分为两小类:流水线(pipeline)抽取和联合(joint Model)抽取。半监督学习指利用少量标注信息作为种子模板,从非结构化数据中抽取大量新实例构建新训练数据,主要包括拔靴法(bootstrapping)以及远程监督学习等方法。无监督学习指利用语料中存在的大量冗余信息作聚类,在聚类结果的基础上预测关系,但聚类方法存在难以描述关系和低频实例召回率低等问题,因此无监督学习一般难以得到很好的抽取效果。

关系抽取方法的总览如图 2-22 所示。下面详细介绍基于规则的关系抽取方法和有监督关系抽取方法。

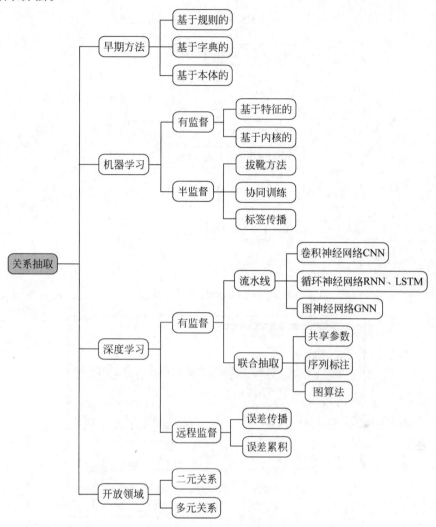

图 2-22　关系抽取方法总览

3. 基于规则的关系抽取方法

基于规则的关系抽取方法主要包括基于触发词模式的方法和基于依存关系的方法。

基于触发词模式的方法指通过总结的手工模式来提取,对于要抽取的三元组 (X,α,Y),X,Y 是实体,α 是实体之间的单词。比如,句子"Paris is in France"中,α 是"is",可以用正则表达式来提取。

基于依存关系(语法树)的方法指以动词为起点构建规则,对节点上的词性和边上的依存关系进行限定,如图 2-23 所示。

以句子"小红现身国家博物馆看展优雅端庄大方"为例,使用基于依存关系的方法进行关系抽取(图 2-24),规则抽取结果为(小红,现身,国家博物馆),可以简单推导出(小红,位于,国家博物馆)。

通过基于规则的关系抽取方法,人类可以创造出具有高准确率的模式,可以为特定领域

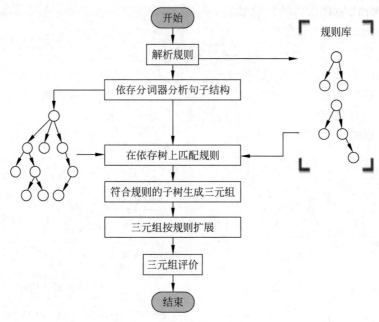

图 2-23　基于依存关系的方法

词顺序	词	词性	依存关系路径	依存关系
0	小红	人名	1	定语
1	现身	动词	-1 Root一般是谓语动词	核心词
2	国家博物馆	地名	1	宾语
3	看	动词	1	顺承
4	展	动词	3	补语
5	优雅	形容词	7	定语
6	端庄	形容词	7	定语
7	大方	形容词	4	宾语

（小红现身国家博物馆看展优雅端庄大方／依存分析结果）

图 2-24　依存结果分析

进行个性化定制。但仍存在一些不足,如召回率仍然很低(语言种类太多),需要大量人工来创建所有可能的规则,必须为每个关系类型创建规则。

4. 有监督关系抽取方法

有监督关系抽取是指事先准备好带标签的数据集,将新来的数据集中实体对之间的关系归属于已经事先定义好的标签中。目前流行的是有监督神经网络方法,这类方法采用深度学习技术在大规模有监督数据集上训练模型,也能够取得很好的抽取效果。因为数据集中已经标注了主语实体和宾语实体,有监督关系抽取任务并没有实体识别这一子任务,所以有监督的关系抽取任务更像是分类任务。模型的主体结构大多是特征提取器+关系分类器,常见的特征提取器包括卷积神经网络(convolutional neural networks,CNN),LSTM,图神经网络(graph neural networks,GNN),Transformer 和 BERT 等。本节以 CNN+SoftMax 实现的有监督学习模型为例进行详细介绍。

CNN+SoftMax(图2-25)模型是基于深度学习的流水线(pipline)关系抽取模型,由曾道建等于2014年提出,该模型将关系抽取转化成关系分类问题。

模型输入是带两个标记名词的句子,模型包含三层结构,第一层是词表示(word representation)层,词标记通过词嵌入转化成词向量;第二层是特征提取(feature extraction)层,提取词汇级别和句子级别特征,将两者串联作为最终特征;第三层是输出(output)层,将特征通过一层SoftMax分类器,得到各种关系的置信度,置信度高的就是两个标记名词的关系。

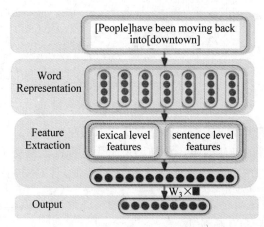

图2-25　CNN+SoftMax模型结构示意图

其中,特征提取层(第二层)包含两种词汇级别和句子级别的特征提取。词汇级别特征(lexical level features)是对于文本中的实体对(e_1,e_2),包含5种特征:e_1的词嵌入向量(简称词向量)、e_2的词向量、e_1左右两边词的词向量、e_2左右两边词的词向量、WordNet中e_1和e_2上位词的词向量。其中,WordNet上位词特征指的是e_1和e_2同属于哪一个上位词,如"狗"和"猫"的上位词可以是"动物"或"宠物",具体需要参考已经构建好的WordNet词典。获得上述5种向量后,直接串联构成词汇级别的特征向量。以图2-26为例,句子"People have been moving back into downtown."的实体对为(People,downtown),则获得"People"的词向量、"downtown"的词向量、"People"右边词"have"的词向量、"downtown"左边词"into"的词向量以及"People"和"downtown"的上位词的词向量,直接串联构成词汇级别的特征向量。

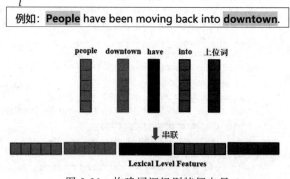

图2-26　构建词汇级别特征向量

句子级别特征(sentence level features)为本方法的新颖点,包含词特征(word features)和位置特征(position features),词特征指结合单词及上下文词的向量表示,构建每个词的特征表示。位置特征指描述当前词相对于两个标记名词的距离,对于句子中的每个词分别计算当前词到标记名词的距离。以图 2-27 为例,"moving"相对于"people"和"downtown"的距离是 3 和 -3,将距离值映射成一个低维向量 d_1 和 d_2,最后将两者串联得到最终特征 $PF=[d_1, d_2]$。将上述词汇级特征与位置特征拼接,输入到 CNN,再连接一个激活函数为 tanh 的全连接层,得到最终的句子级特征向量。

$$S:[people]_0 \quad have_1 \quad been_2 \quad moving_3 \quad back_4 \quad into_5 \quad [downtown]_6$$

$$\Downarrow$$

$$(x_0, x_1, x_2, x_3, x_4, x_5, x_6)$$

$$\Downarrow$$

$$\{[x_s, x_0, x_1], [x_0, x_1, x_2], \cdots, [x_5, x_6, x_e]\}^T$$

图 2-27　构建句子级别特征向量

与传统方法相比,该模型只需要将整个句子以及简单的词信息作为输入,而不需要人为构造特征,就能得到较好的标注效果。该模型虽然一定程度上避免了传统方法的误差累积,但不足的是,仍然有词汇级别特征这个人工构造的特征,且 CNN 中的卷积核大小是固定的,抽取到的特征较为单一。

2.4.4　案例:医学关系抽取

本节将利用 CNN+SoftMax 实现医学关系抽取功能,核心实现代码如下。(本节主要代码的参考链接是 https://github.com/onehaitao/CNN-relation-extraction)

1. 模型构建函数(model.py)

```
1.   import torch
2.   import torch.nn as nn
3.   from torch.nn import init
4.
5.   class CNN(nn.Module):
6.       def __init__(self, word_vec, class_num, config):
7.           super().__init__()
8.           self.word_vec = word_vec
9.           self.class_num = class_num
10.          # hyper parameters and others
11.          self.max_len = config.max_len
12.          self.word_dim = config.word_dim
13.          self.pos_dim = config.pos_dim
14.          self.pos_dis = config.pos_dis
15.          self.dropout_value = config.dropout
16.          self.filter_num = config.filter_num
17.          self.window = config.window
18.          self.hidden_size = config.hidden_size
19.          self.dim = self.word_dim + 2 * self.pos_dim
20.          # net structures and operations
21.          self.word_embedding = nn.Embedding.from_pretrained(embeddings =
     self.word_vec, freeze = False,)
22.          self.pos1_embedding = nn.Embedding(num_embeddings = 2 * self.pos_
     dis + 3, embedding_dim = self.pos_dim)
23.          self.pos2_embedding = nn.Embedding(num_embeddings = 2 * self.pos_
```

```
            dis + 3, embedding_dim = self.pos_dim)
24.                    self.conv = nn.Conv2d(
25.                        in_channels = 1,
26.                        out_channels = self.filter_num,
27.                        kernel_size = (self.window, self.dim),
28.                        stride = (1, 1),
29.                        bias = True,
30.                        padding = (1, 0),      # same padding
31.                        padding_mode = 'zeros'
32.                    )
33.                    self.maxpool = nn.MaxPool2d((self.max_len, 1))
34.                    self.tanh = nn.Tanh()
35.                    self.dropout = nn.Dropout(self.dropout_value)
36.                    self.linear = nn.Linear(in_features = self.filter_num, out_features =
            self.hidden_size, bias = True)
37.                    self.dense = nn.Linear(in_features = self.hidden_size, out_features =
            self.class_num, bias = True)
38.                    # initialize weight
39.                    init.xavier_normal_(self.pos1_embedding.weight)
40.                    init.xavier_normal_(self.pos2_embedding.weight)
41.                    init.xavier_normal_(self.conv.weight)
42.                    init.constant_(self.conv.bias, 0.)
43.                    init.xavier_normal_(self.linear.weight)
44.                    init.constant_(self.linear.bias, 0.)
45.                    init.xavier_normal_(self.dense.weight)
46.                    init.constant_(self.dense.bias, 0.)
47.
48.          def encoder_layer(self, token, pos1, pos2):
49.                  word_emb = self.word_embedding(token)       # B * L * word_dim
50.                  pos1_emb = self.pos1_embedding(pos1)        # B * L * pos_dim
51.                  pos2_emb = self.pos2_embedding(pos2)        # B * L * pos_dim
52.                  emb = torch.cat(tensors = [word_emb, pos1_emb, pos2_emb], dim = -1)
53.                  return emb       # B * L * D, D = word_dim + 2 * pos_dim
54.
55.          def conv_layer(self, emb, mask):
56.                  emb = emb.unsqueeze(dim = 1)                 # B * 1 * L * D
57.                  conv = self.conv(emb)                        # B * C * L * 1
58.                  # mask, remove the effect of 'PAD'
59.                  conv = conv.view(-1, self.filter_num, self.max_len)     # B * C * L
60.                  mask = mask.unsqueeze(dim = 1)               # B * 1 * L
61.                  mask = mask.expand(-1, self.filter_num, -1)  # B * C * L
62.                  conv = conv.masked_fill_(mask.eq(0), float('-inf'))     # B * C * L
63.                  conv = conv.unsqueeze(dim = -1)              # B * C * L * 1
64.                  return conv
65.
66.          def single_maxpool_layer(self, conv):
67.                  pool = self.maxpool(conv)                    # B * C * 1 * 1
68.                  pool = pool.view(-1, self.filter_num)        # B * C
69.                  return ool
70.
71.          def forward(self, data):
72.                  token = data[:, 0, :].view(-1, self.max_len)
73.                  pos1 = data[:, 1, :].view(-1, self.max_len)
74.                  pos2 = data[:, 2, :].view(-1, self.max_len)
75.                  mask = data[:, 3, :].view(-1, self.max_len)
76.                  emb = self.encoder_layer(token, pos1, pos2)
77.                  emb = self.dropout(emb)
```

```
78.                conv = self.conv_layer(emb, mask)
79.                pool = self.single_maxpool_layer(conv)
80.                sentence_feature = self.linear(pool)
81.                sentence_feature = self.tanh(sentence_feature)
82.                sentence_feature = self.dropout(sentence_feature)
83.                logits = self.dense(sentence_feature)
84.                return logits
```

2. 模型评估函数（evaluate.py）

```
1.   import numpy as np
2.   import torch
3.   import math
4.
5.   def semeval_scorer(predict_label, true_label, class_num = 10):
6.        assert true_label.shape[0] == predict_label.shape[0]
7.        confusion_matrix = np.zeros(shape = [class_num, class_num], dtype = np.float32)
8.        xDIRx = np.zeros(shape = [class_num], dtype = np.float32)
9.        for i in range(true_label.shape[0]):
10.           true_idx = math.ceil(true_label[i]/2)
11.           predict_idx = math.ceil(predict_label[i]/2)
12.           if true_label[i] == predict_label[i]:
13.                confusion_matrix[predict_idx][true_idx] += 1
14.           else:
15.                if true_idx == predict_idx:
16.                     xDIRx[predict_idx] += 1
17.                else:
18.                     confusion_matrix[predict_idx][true_idx] += 1
19.        col_sum = np.sum(confusion_matrix, axis = 0).reshape( - 1)
20.        row_sum = np.sum(confusion_matrix, axis = 1).reshape( - 1)
21.        f1 = np.zeros(shape = [class_num], dtype = np.float32)
22.        for i in range(0, class_num):
23.           try:
24.                p = float(confusion_matrix[i][i]) / float(col_sum[i] + xDIRx[i])
25.                r = float(confusion_matrix[i][i]) / float(row_sum[i] + xDIRx[i])
26.                f1[i] = (2 * p * r / (p + r))
27.           except:
28.                pass
29.        actual_class = 0
30.        total_f1 = 0.0
31.        for i in range(1, class_num):
32.           if f1[i] > 0.0:
33.                actual_class += 1
34.                total_f1 += f1[i]
35.        try:
36.           macro_f1 = total_f1 / actual_class
37.        except:
38.           macro_f1 = 0.0
39.        return macro_f1
40.
41.   class Eval(object):
42.        def __init__(self, config):
43.           self.device = config.device
44.
45.        def evaluate(self, model, criterion, data_loader):
46.           predict_label = []
47.           true_label = []
```

```
48.                        total_loss = 0.0
49.                        with torch.no_grad():
50.                            model.eval()
51.                            for _, (data, label) in enumerate(data_loader):
52.                                data = data.to(self.device)
53.                                label = label.to(self.device)
54.                                logits = model(data)
55.                                loss = criterion(logits, label)
56.                                total_loss += loss.item() * logits.shape[0]_,
57.                                pred = torch.max(logits, dim = 1)
58.                                pred = pred.cpu().detach().numpy().reshape((-1,1))
59.                                label = label.cpu().detach().numpy().reshape((-1, 1))
60.                                predict_label.append(pred)
61.                                true_label.append(label)
62.                            predict_label = np.concatenate(predict_label, axis = 0).reshape(-1).astype(np.int64)
63.                            true_label = np.concatenate(true_label, axis = 0).reshape(-1).astype(np.int64)
64.                            eval_loss = total_loss / predict_label.shape[0]
65.                            f1 = semeval_scorer(predict_label, true_label)
66.                            return f1, eval_loss, predict_label
```

3. 主函数(main.py)

```
1.  import os
2.  import torch
3.  import torch.nn as nn
4.  import torch.optim as optim
5.  from config import Config
6.  from utils import WordEmbeddingLoader, RelationLoader, SemEvalDataLoader
7.  from model import CNN
8.  from evaluate import Eval
9.
10. def print_result(predict_label, id2rel, start_idx = 8001):
11.     with open('./output/predicted_result.txt', 'w', encoding = 'utf-8') as fw:
12.         for i in range(0, predict_label.shape[0]):
13.             fw.write('{}\t{}\n'.format(
14.                 start_idx + i, id2rel[int(predict_label[i])]))
15.
16. def print_train_loss(trainloss):
17.     with open("output/train_loss.txt", 'w') as train_los:
18.         train_los.write(str(trainloss))
19.
20. def train(model, criterion, loader, config):
21.     train_loader, dev_loader, _ = loader
22.     optimizer = optim.Adam(model.parameters(), lr = config.lr, weight_decay = config.L2_decay)
23.     print(model)
24.     print('traning model parameters:')
25.     for name, param in model.named_parameters():
26.         if param.requires_grad:
27.             print('%s :  %s' % (name, str(param.data.shape)))
28.     print('---------- start to train the model ----------')
29.     eval_tool = Eval(config)
30.     max_f1 = -float('inf')
31.     trainloss = []
32.     for epoch in range(1, config.epoch + 1):
```

```
33.                for step, (data, label) in enumerate(train_loader):
34.                    model.train()
35.                    data = data.to(config.device)
36.                    label = label.to(config.device)
37.                    optimizer.zero_grad()
38.                    logits = model(data)
39.                    loss = criterion(logits, label)
40.                    loss.backward()
41.                    optimizer.step()
42.                _, train_loss, _ = eval_tool.evaluate(model, criterion, train_loader)
43.                f1, dev_loss, _ = eval_tool.evaluate(model, criterion, dev_loader)
44.                trainloss.append(train_loss)
45.                print('[%03d] train_loss: %.3f | dev_loss: %.3f | micro f1 on dev:
        %.4f' % (epoch, train_loss, dev_loss, f1), end=' ')
46.                if f1 > max_f1:
47.                    max_f1 = f1
48.                    torch.save(model.state_dict(), os.path.join(
49.                        config.model_dir, 'model.pkl'))
50.        return trainloss
51.
52.    def test(model, criterion, loader, config):
53.        _, _, test_loader = loader
54.        model.load_state_dict(torch.load(
55.                os.path.join(config.model_dir, 'model.pkl')))
56.        eval_tool = Eval(config)
57.        f1, test_loss, predict_label = eval_tool.evaluate(
58.                model, criterion, test_loader)
59.        print('test_loss: %.3f | micro f1 on test:  %.4f' % (test_loss, f1))
60.        return predict_label
61.
62.    if __name__ == '__main__':
63.        config = Config()
64.        print('------------ some config ------------ ')
65.        config.print_config()
66.        print('----------- start to load data ----------- ')
67.        word2id, word_vec = WordEmbeddingLoader(config).load_embedding()
68.        rel2id, id2rel, class_num = RelationLoader(config).get_relation()
69.        loader = SemEvalDataLoader(rel2id, word2id, config)
70.        train_loader, dev_loader = None, None
71.        if config.mode == 1:    # train mode
72.                train_loader = loader.get_train()
73.                dev_loader = loader.get_dev()
74.        test_loader = loader.get_test()
75.        loader = [train_loader, dev_loader, test_loader]
76.        model = CNN(word_vec=word_vec, class_num=class_num, config=config)
77.        model = model.to(config.device)
78.        criterion = nn.CrossEntropyLoss()
79.        if config.mode == 1:    # train mode
80.                trainloss = train(model, criterion, loader, config)
81.        print('\n------------ start test -------------- ')
82.        predict_label = test(model, criterion, loader, config)
83.        print_result(predict_label, id2rel)
84.        print_train_loss(trainloss)
```

其余部分的代码可以参考上文给出的链接。程序正常运行后，在不同学习率参数下运行得到的 F1-score 结果如图 2-28 所示。

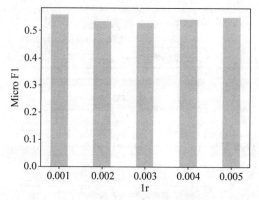

图 2-28　不同学习率下运行得到的 F1-score 结果

2.5　文本分类

2.5.1　定义

文本分类指用计算机对文本(或其他实体)按照一定的分类体系或标准进行自动分类标记。随着技术的进步,文本分类已应用于许多领域,如医学、社会科学、心理学、法律和工程等。下面是文本分类技术的一些应用场景。

情感分析(sentiment analyse)。对于电子商务、社交媒体等网站上的用户评论或者社交网络上的微博、推特等文本信息,可以使用文本分类算法分析情感倾向(积极、消极、中性),为企业提供客户满意度分析、产品质量评估等功能。

主题分类(topic labeling)。对于新闻网站、博客等,可以使用文本分类算法将新闻分类到不同的类别(如金融、体育、军事和社会等),方便用户快速浏览、检索所感兴趣的内容。

疾病诊断(disease diagnosis)。根据患者提供的病情文本描述,判断患者是否某种特定疾病,实现患病情况进行自动分类。

2.5.2　文本分类方法

文本分类包含诸多方法,主要分为两大类:浅层学习模型和深度学习模型,如图 2-29所示。

常见的浅层学习模型包括朴素贝叶斯(naive bayes,NB)、SVM、K 近邻模型(K-nearest neighbors,KNN)、随机森林(random forest,RF)。浅层学习模型结构简单,依赖于人工提取的文本特征,虽然模型参数相对较少,但是在复杂任务中往往能够表现出较好的效果,具有很好的领域适应性。常见的深度学习模型包括规则嵌入神经网络(rule-embedded neural network,ReNN)、多层感知机(multilayer perceptron,MLP)、循环神经网络(recurrent neural network,RNN)、CNN、基于注意力的神经网络(如 Transformer)和 GNN。深度学习模型结构相对复杂,不依赖人工构建的文本特征,可以直接对文本内容进行学习和建模,但是对于数据的依赖性较高,存在领域适应性不强的问题。

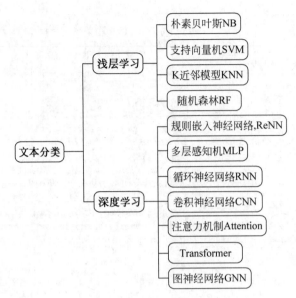

图 2-29　文本分类方法

2.5.3　基于循环神经网络的文本分类

本节以 RNN 为例进行讲解。

RNN 是一类以序列数据为输入,在序列的演进方向进行递归且所有节点(循环单元)按链式连接的递归神经网络。RNN 的"循环"概念来源于序列当前的一个输出与前面的输出也有关,具体表现为网络会对前面的信息进行记忆并应用于当前输出的计算中,即隐藏层之间的节点不再是无连接的而是有连接的,并且隐藏层的输入不仅包括输入层的输出还包括上一时刻隐藏层的输出。

图 2-30 展示了一个简单的 RNN 结构,它由输入层、一个隐藏层和一个输出层组成。

若把图 2-30 中带 W 的圈去掉,它就变成全连接神经网络。X 是一个向量,表示输入层的值;S 是一个向量,表示隐藏层的输出值;U 是输入层到隐藏层的权重矩阵;O 也是一个向量,表示输出层的值;V 是隐藏层到输出层的权重矩阵。RNN 的隐藏层的输出值 S 不仅取决于当前这次的输入 X,还取决于上一时刻隐藏层的输出值 S。权重矩阵 W 就是隐藏层上一时刻的值作为当前时刻的输入权重。

将 RNN 简单结构进行展开,可以得到更详细的结构,如图 2-31 所示。

图 2-31 展示了一个标准的 RNN 结构,每个箭头代表作一次变换,也就是说箭头连接处带有权值。左侧是折叠的结构,右侧是展开后的结构,左侧 h 旁边的箭头代表"循环"结构在神经网络的隐藏层。在展开的标准 RNN 结构中,隐藏层的神经元之间也带有权值,也就是随着序列的不断推进,前面的隐藏层将会影响后面的隐藏层。图中 o 代表输出,y 代表样本给出的确定值,L 代表损失函数,可以看到"损失"也是随着序列的推进不断

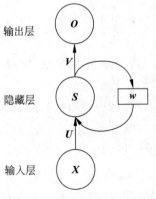

图 2-30　简单的 RNN 结构

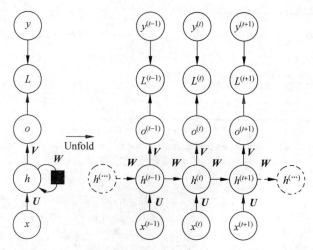

图 2-31　RNN 展开

积累。标准 RNN 结构还有三个特点：第一，权值共享，图中的 **W** 全是相同的，**U** 和 **V** 也一样；第二，每一个输入值都只与它本身的那条路线建立权连接，不会和别的神经元连接；第三，隐藏状态可以理解为现有的输入与过去记忆的总和。

2.5.4　案例：医学文本分类

本节将利用 LSTM 模型实现医学文本分类功能，核心代码如下。

1. 模型构建（model. py）

```
1.    import torch
2.    from torch import nn
3.    import torch.nn.functional as F
4.
5.    class MyLSTM(nn.Module):
6.        def __init__(self, input_size, hidden_size, output_size):
7.            # input_size：输入数据维度，hidden_size：隐藏状态维度，output_size：
      输出数据维度
8.            super().__init__()
9.            self.lstm = nn.LSTM(input_size, hidden_size, 1, batch_first = True)
10.           self.tanh1 = nn.Tanh()
11.           self.w = nn.Parameter(torch.zeros(hidden_size))
12.           self.tanh2 = nn.Tanh()
13.           self.fc = nn.Linear(hidden_size, output_size)
14.
15.       def forward(self, x):
16.           # x：输入数据(症状向量序列)
17.           output, (hidden, cell) = self.lstm(x)
18.           M = self.tanh1(output)
19.           out = torch.sum(M, 1)
20.           out = F.relu(out)
21.           out = self.fc(out)
22.           return out
```

2. 数据预处理（dataset. py）

```
1.    import torch.utils.data as data
2.    import pandas as pd
```

```
3.    import tqdm
4.    import jieba
5.    import re
6.
7.    def text_split(data_df: pd.DataFrame):
8.            processed_text = []
9.            processed_text_len = []
10.           processed_word_list = []
11.           for row in tqdm.tqdm(data_df.itertuples(), total = data_df.shape[0]):
12.               origin_word = getattr(row, 'Symptom')          # 读取原始症状文本
13.               clean_word = re.sub('\W*', '', origin_word)     # 去除异常字符
14.               cut_word = jieba.lcut(clean_word)               # 分词
15.               processed_text.append(cut_word)                 # 保存分词结果
16.               processed_text_len.append(len(cut_word))        # 记录分词列表长度
17.               processed_word_list += cut_word                 # 存储分词列表
18.           processed_word_set = set(processed_word_list)
19.           return processed_text, processed_text_len, processed_word_set
20.
21.    # 定义数据集类
22.    class my_Dataset(data.Dataset):
23.            def __init__(self, features, labels):
24.                self.X = features
25.                self.y = labels
26.
27.            def __getitem__(self, index):
28.                return self.X[index], self.y[index]
29.
30.            def __len__(self):
31.                return self.X.shape[0]
```

3. 模型训练(train. py)

```
1.    import torch
2.
3.    def my_train_epoch(net, data_loader, device, optimizer, criterion):
4.            net.train()                              # 指定当前为训练模式
5.            train_batch_num = len(data_loader)       # 记录共有多少个 batch
6.            total_loss = 0                           # 记录 Loss
7.            correct = 0                              # 记录共有多少个样本被正确分类
8.            sample_num = 0                           # 记录样本总数
9.            # 遍历每个 batch 进行训练
10.           for batch_idx, (data, target) in enumerate(data_loader):
11.               data = data.to(device).float()       # 将 word 表示(特征)放入指定的
                                                       # device 中
12.               target = target.to(device).long()    # 将疾病诊断(标签)放入指定的
                                                       # device 中
13.               optimizer.zero_grad()                # 将当前梯度清零
14.               output = net(data)                   # 使用模型计算出结果
15.               loss = criterion(output, target)     # 计算损失
16.               loss.backward()                      # 进行反向传播
17.               optimizer.step()
18.               total_loss += loss.item()            # 累加 Loss
19.               prediction = torch.argmax(output, 1)       # 找出每个样本值最大的
              idx,即代表预测此样本属于哪个类别
20.               correct += (prediction == target).sum().item()     # 统计预测正确
              的类别数量
21.               sample_num += len(prediction)        # 累加当前的样本总数
```

```
22.                    mean_loss = total_loss / (batch_idx + 1)      # 计算一个 batch 的平
       均训练损失
23.                    mean_acc = correct / sample_num      # 计算一个 batch 的平均准确率
24.
25.            # 计算平均的 loss 与准确率
26.            loss = total_loss / train_batch_num      # 计算一轮中平均 batch 的 loss
27.            acc = correct / sample_num      # 计算一轮所有 bacth 的准确率
28.            returnloss, acc
```

4. 模型测试(test. py)

```
1.   import torch
2.
3.   def my_test_epoch(net, data_loader, device, criterion):
4.            net.eval()                              # 指定当前模式为测试模式
5.            test_batch_num = len(data_loader)
6.            total_loss = 0
7.            correct = 0
8.            sample_num = 0
9.            # 指定不进行梯度变化
10.           with torch.no_grad():
11.                    for batch_idx, (data, target) in enumerate(data_loader):
12.                            data = data.to(device).float()
13.                            target = target.to(device).long()
14.                            output = net(data)
15.                            loss = criterion(output, target)
16.                            total_loss += loss.item()
17.                            prediction = torch.argmax(output, 1)
18.                            correct += (prediction == target).sum().item()
19.                            sample_num += len(prediction)
20.
21.           loss = total_loss / test_batch_num
22.           acc = correct / sample_num
23.           return loss, acc
```

5. 主函数(main. py)

```
1.   from gensim. models import Word2Vec
2.   import os
3.   from sklearn. model_selection import train_test_split
4.   import matplotlib. pyplot as plt
5.   from utils. dataset import *
6.   from train import *
7.   from test import *
8.   from model import *
9.
10.  base_dir = os.getcwd()
11.
12.  def process_original_data():
13.           lung_data = pd. read_excel(os. path. join(base_dir, 'data', 'data.xlsx'))
       # 读取数据
14.           jieba. load_userdict(os. path. join(base_dir, 'data', 'Symptom_dict.txt'))
15.           lung_text, lung_text_len, word_set = text_split(lung_data)
16.           word_vectorsize = 100
17.           lung_ W2Vmodel = Word2Vec ( sentences = lung_ text, vector _ size = word _
       vectorsize, window = 5, min _count = 1, workers = 4)
18.           lung_W2Vmodel. save(os. path. join(base_dir, 'result', 'lung_w2c.model'))
       # 保存模型
```

```
19.          feature_list = []
20.          sequence_len = 140                        # 序列截断阈值
21.          for cut_list in tqdm.tqdm(lung_text):
22.                  temp = cut_list                   # 取出序列
23.                   temp_feature = [list(lung_W2Vmodel.wv[temp_symptom]) for temp_
      symptom in cut_list]                             # 遍历词语序列,逐词取向量
24.                  if len(temp_feature) >= sequence_len:   # 如果当前序列包含词个数
      超出截断阈值
25.                      feature_list.append(temp_feature[:sequence_len])
                                                        # 则根据阈值进行截断
26.                  else:                             # 否则进行填充
27.                      need_len = sequence_len - len(temp_feature)    # 需填充
      样本数目
28.                       temp_feature += [word_vectorsize * [0.0] for _ in range
      (need_len)]                                      # 形成待填充向量
29.                      feature_list.append(temp_feature)
30.
31.          original_label = lung_data['Label'].to_list()
32.          label_list = [i - 2 if i == 2 else i for i in original_label]    # 标签预处理
33.          return feature_list, label_list
34.
35.  def train_test_process(train_loader, test_loader, device, input_size, hidden_size,
      output_size):
36.          lr = 0.0001                               # 学习率
37.          epochs = 50                               # 训练轮次
38.          # my_rnn = MyRNN(input_size, hidden_size, output_size).to(device)
39.          model = MyLSTM(input_size, hidden_size, output_size).to(device)
40.          optimizer = torch.optim.Adam(model.parameters(), lr)
41.          criterion = nn.CrossEntropyLoss()
42.          # 存储每个训练轮次下 loss 与 acc 的变化
43.          train_loss_list = []
44.          train_acc_list = []
45.          test_loss_list = []
46.          test_acc_list = []
47.          # 进行训练
48.          for epoch in tqdm.tqdm(range(epochs), desc = 'Model training'):
49.                  # 在训练集上训练
50.                  train_loss, train_acc = my_train_epoch(
51.                          model, data_loader = train_loader, device = device, optimizer =
      optimizer, criterion = criterion
52.                  )
53.                  # 在测试集上验证
54.                  test_loss, test_acc = my_test_epoch(
55.                          model, data_loader = test_loader, device = device,
      criterion = criterion
56.                  )
57.                  # 保存各个指标
58.                  train_loss_list.append(train_loss)
59.                  train_acc_list.append(train_acc)
60.                  test_loss_list.append(test_loss)
61.                  test_acc_list.append(test_acc)
62.
63.          train, = plt.plot(train_loss_list, '. - ', label = 'train_loss')
64.          test, = plt.plot(test_loss_list, '. - ', label = 'test_loss')
65.          plt.title("Loss", fontsize = 14, fontproperties = 'SimHei')
66.          plt.xlabel('epoch')
67.          plt.ylabel('loss')
```

```
68.              plt.legend([train, test], ["train_loss", "test_loss"], loc = 'upper right')
69.              plt.savefig(os.path.join(base_dir, 'result', 'Loss.jpg'), dpi = 200)
70.              plt.show()
71.              plt.close()
72.
73.              train, = plt.plot(train_acc_list, '. - ', label = 'train_acc')
74.              test, = plt.plot(test_acc_list, '. - ', label = 'test_acc')
75.              plt.title("Acc", fontsize = 14, fontproperties = 'SimHei')
76.              plt.xlabel('epoch')
77.              plt.ylabel('acc')
78.              plt.legend([train, test], ["train_acc", "test_acc"], loc = 'upper  left')
79.              plt.savefig(os.path.join(base_dir,  'result', 'Acc.jpg'), dpi = 200)
80.              plt.show()
81.              plt.close()
82.
83.  def main():
84.          feature_list, label_list = process_original_data()
85.          x_train, x_test, y_train, y_test = train_test_split(
86.                  feature_list, label_list, test_size = 0.3, random_state = 2022
87.          )                                          # 划分训练测试
88.          train_set = my_Dataset(torch.Tensor(x_train), torch.Tensor(y_train))
89.          test_set = my_Dataset(torch.Tensor(x_test), torch.Tensor(y_test))
90.          # 使用 Dataloader 加载数据
91.          train_loader = data.DataLoader(train_set, batch_size = 64, shuffle = True, num_
     workers = 0, drop_last = True)
92.          test_loader = data.DataLoader(test_set, batch_size = 64, shuffle = False, num_
     workers = 0, drop_last = True)
93.          device = torch.device("cuda" if torch.cuda.is_available() else "cpu")
94.          train_test_process(
95.                  train_loader = train_loader, test_loader = test_loader, device = device,
96.                  input_size = train_set.X.shape[ - 1], hidden_size = 64, output_size = 2
97.          )
98.
99.  if __name__ == '__main__':
100.         main()
```

执行上述程序,可以实现模型训练和测试。准确率与损失值的变化曲线如图 2-32 和图 2-33 所示。

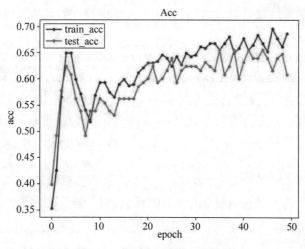

图 2-32 训练集和测试集准确率曲线

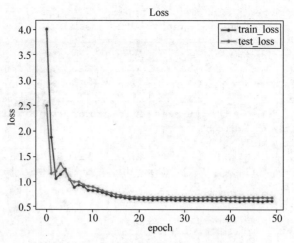

图 2-33   训练集和测试集损失值曲线

2.6   文本聚类

聚类分析(cluster analysis)是指将研究对象分为相对同质的群组(clusters)的统计分析技术,可用于处理和分析文本数据,如医学领域的病历记录和医学文献,以提升完成医疗任务的效率和准确度。

本节将首先介绍文本网络构建、文本网络可视化的相关技术,并利用聚类和社团划分技术实现人群划分,最后将结合实际案例进行技术实现。

2.6.1   词云图

词云图(wordcloud),又称文字云,是由美国西北大学新闻学副教授里奇·戈登(Rich Gordon)于 2006 年提出的一种文本可视化方法。词云图是将文本分词后的高频率字词在图上进行呈现,使这些关键字共同形成类似云的彩色图,一般而言,文本数据中出现频率越高的字词在图中的文字越大,从而使人能够直接看到数据的主要特征。具体而言,基于文本分词或命名实体抽取的结果,可以统计病历文本中出现较多的症状和用药信息,最后使用词云图展示结果。

目前有基于 Python 的词云图工具包,如 wordcloud,也有一些在线的网站可以直接绘制词云图,如 Wordle、WordItOut、Tagxedo、WordArt、ToCloud、图悦、易词云(yciyun. com)和微词云(weiciyun. com),等等。图 2-34 展示了一个基于临床用药数据的词云图,从图中可以发现,在该临床药物文本数据中,甘草、白术、半夏、白芍等中药出现频率较高,川贝母、麦芽等中药出现频率较低。

2.6.2   案例:词云图

本节将利用词云图工具包 wordcloud 绘制词云图,主要代码如下。

```
1.    import pandas as pd
2.    from wordcloud import WordCloud
3.    import matplotlib.pyplot as plt
```

图 2-34　临床药物词云图

```
4.    import jieba
5.
6.    def Example_word_cloud():
7.          # 功能:绘制词云图
8.          # 输出:词云图
9.          print("/------------ Example_word_cloud --------------- /")
10.         # 读取数据
11.         clinical_data = pd.read_excel('data/data.xlsx')
12.         symptoms = clinical_data['症状'].to_list()
13.         text = ''.join(symptoms)
14.         # 进行文本分词
15.         cut_text = jieba.cut(text)
16.         result = " ".join(cut_text)
17.         # 生成词云图
18.         wc = WordCloud(
19.                     # 设置字体文件的存储地址,若不指定,且字体是中文,则会出现乱码
20.                     font_path = 'data/msyh.ttc',
21.                     background_color = 'white',    # 设置背景色
22.                     width = 500,                   # 设置背景宽
23.                     height = 350,                  # 设置背景高
24.                     max_font_size = 80,            # 最大字体
25.                     min_font_size = 5,             # 最小字体
26.                     mode = 'RGBA'
27.                     )
28.         # 产生词云图
29.         wc.generate(result)
30.         # 保存图片
31.         wc.to_file(r"output\\wordcloud_output.png")
32.         # 显示图片
33.         plt.figure()
34.         plt.imshow(wc)
35.         plt.axis("off")
36.         plt.show()
37.
38.    if __name__ == '__main__':
39.          # 词云图绘制示例
40.          Example_word_cloud()
```

运行程序,可得到如下结果(图 2-35)。

2.6.3　文本网络

网络是由节点和连边构成的图,常见的网络包括社交网络(social network)、道路网

图 2-35　运行结果

(road network)、万维网(world wide web)、物联网(internet of things)等。网络可以应用到诸多问题，例如，链接预测(link prediction)、排序(ranking)、社区发现(community detection)、节点分类(node classification)、鲁棒性/弹性(robustness/elasticity)分析等。

在医学文本数据分析中，共现网络和相似度网络都是常见的网络，下面简要介绍一下。

1. 共现网络

共现网络是利用语料库中关注词及其共现关系构建共现矩阵，进而形成共现网络。例如在医学数据分析中，可以构建患者的症状共现网络或者药物共现网络。以症状共现网络的构建为例，一般分为三步。

1) 对患者的症状进行分词(见表 2-9)；

表 2-9　患者症状分词结果

患者 ID	症 状 分 词
1	舌质红/脉沉/疼痛/腰痛/苔薄
2	脉沉/脉细/舌质红/苔薄/乏力
3	苔薄/乏力/腰痛/疼痛

2) 基于分词结果，计算症状在患者中的共现频度(见表 2-10)，进而构建症状共现矩阵；

表 2-10　临床症状共现矩阵

症状共现对	频　度	症状共现对	频　度
舌质红/脉沉	2	脉沉/疼痛	1
舌质红/疼痛	1	疼痛/腰痛	2
舌质红/腰痛	1	腰痛/苔薄	2
舌质红/苔薄	2	……	

3) 基于共现矩阵，构建症状共现网络(见图 2-36)，连边越粗代表共现的频度越高。

2. 相似度网络

相似度网络是利用相似度计算方法，建立对象(作为节点)之间的连边，从而形成网络。以构建患者相似度网络为例，可以根据患者的症状或者用药等特征，计算患者之间的相似度(如表 2-11)。通过阈值筛选保留可靠度高的相似度并建立它们之间的连边，例如，保留相似度大于 0.6 的患者对，然后建立这些对之间的连边，构成患者相似度网络(图 2-37)。

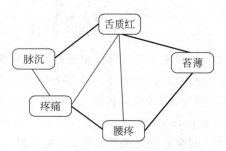

图 2-36　症状共现网络

表 2-11　患者的临床病症相似度

患者 ID	患者 ID	相似度
1	2	0.869
1	3	0.825
2	3	0.873
1	4	0.711
...	...	...

相似度网络示例

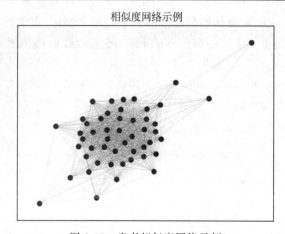

图 2-37　患者相似度网络示例

3. 网络拓扑属性分析

网络的拓扑属性描述了网络的结构特征,这些拓扑属性可以帮助了解复杂网络的性质、行为和功能,以及如何优化网络设计或解决网络问题。不同类型的网络可能具有不同的拓扑属性,因此理解这些属性对于有效分析和建模网络非常重要。下面介绍一些常见的网络拓扑属性。

1) 节点度(node degree)。一个节点的度是指与该节点相连接的边的数量。在网络中,节点的度可能不均匀,一些节点具有非常高的度,而其他节点的度较低。

2) 聚集系数(clustering coefficient)。聚集系数衡量了网络中节点之间的紧密程度,它是指与一个节点相连的节点之间实际存在的边的数量与可能存在的最大边数之间的比率。高聚集系数表示网络中存在大量紧密相连的子群。

3) 网络传递性(network transitivity)。是指在一个网络中,如果节点 A 与节点 B 相连,节点 B 与节点 C 相连,那么是否存在一条边可以直接连接节点 A 和节点 C。网络传递系数通常的取值范围是0～1,表示从0(网络没有传递性)～1(网络具有高度传递性)的连通性。一个传递性系数接近1的网络意味着在网络中信息可以通过多个节点传播,而一个传递性系数接近0的网络意味着信息传播主要通过直接相邻的节点。

4) 网络直径(network diameter)。网络直径是网络中任意两个节点之间最长的最短路径长度。它表示了网络中信息传播的最大距离。

5) 平均路径长度(average path length)。平均路径长度是网络中任意两个节点之间的平均最短路径长度。它反映了信息在网络中传播的效率,较短的平均路径长度通常表示更高的网络连通性。

6) 网络中心性(centrality)。中心性度量了节点在网络中的重要性。一些常见的中心性指标包括度中心性、接近中心性、介数中心性等。

(1) 度中心性(degree centrality)是一种简单的中心性度量,它衡量了一个节点在网络中的连接程度,即节点的度数。度中心性越高,表示它与更多其他的节点直接相连,因此在网络中具有更大的影响力。度中心性特别适用于描述节点在网络中的影响范围,但它不考虑节点与其他节点之间的具体距离。

(2) 接近中心性(closeness centrality)考虑了一个节点到其他节点的平均距离。节点的接近中心性值越高,表示它与其他节点之间的平均距离越短,也就是更接近其他节点。这意味着这个节点更容易在网络中传播信息或影响,接近中心性适用于描述节点在网络中的可及性和信息传播效率。

(3) 介数中心性(betweenness centrality)衡量了一个节点在网络中作为信息传递的桥梁或中介的程度。节点的介数中心性值高表示它在网络中的位置使其成为信息传递的关键中介。介数中心性有助于识别网络中的关键节点,它们在维持网络连通性和信息传播中起着重要作用。

2.6.4　案例:文本网络构建与网络属性分析

本节将展示文本网络构建与网络属性分析的示例,主要代码如下。

```
1.   import pandas as pd
2.   import networkx as nx
3.   import matplotlib.pyplot as plt
4.   import numpy as np
5.
6.   def Example_graph_visualization():
7.       # 功能:利用networkx库绘制简单的网络图
8.       # 输出:以图片形式输出网络图
9.       print("/------------ Example_network_visualization ---------------- /")
10.      # 读取网络数据
11.      df = pd.read_excel("data\\example_graph.xlsx")
12.      # 建立图
13.      G = nx.from_pandas_edgelist(df, 'node1', 'node2')
14.      # 可视化
15.      nx.draw(G, with_labels = True, node_size = 800, font_size = 20, font_color = "yellow", font_weight = "bold", width = 0.2)
16.      # 保存图片
17.      plt.savefig("output\\network_visualization_output.jpg", dpi = 400)
18.      plt.show()
19.
```

```
20.    def Basic_analyse_graph():
21.            # 功能:读取网络数据,进行网络基本分析
22.            # 输出:网络拓扑属性结果
23.            print("/------------ Example_network_analysis -------------- /")
24.            # 读取边数据并构建图
25.            df = pd.read_excel("data\\example_graph.xlsx")
26.            G = nx.from_pandas_edgelist(df, 'node1', 'node2')
27.            nodes = G.number_of_nodes()                          # 节点总数
28.            edges = G.number_of_edges()                          # 边总数
29.            average_clustering = nx.average_clustering(G)        # 平均聚类系数
30.            transitivity = nx.transitivity(G)                    # 网络传递性
31.            diameter = nx.diameter(G)                            # 网络直径
32.            average_shortest_path = nx.average_shortest_path_length(G)     # 平均最短路径
33.            degree_centrality = np.average(list(nx.degree_centrality(G).values()))
                # 平均度中心性
34.            closeness_centrality = np.average(list(nx.closeness_centrality(G).values()))
                # 平均距离中心性
35.            betweeness_centrality = np.average(list(nx.betweenness_centrality(G).values()))
                # 平均介数中心性
36.            print("1. Number of nodes: {}\n"
37.                    "2. Number of edges: {}\n"
38.                    "3. Average clustering: {:.4f}\n"
39.                    "4. Transitivity: {:.4f}\n"
40.                    "5. Diameter: {}\n"
41.                    "6. Average shortest path length: {:.4f}\n"
42.                    "7. Degree centrality: {:.4f}\n"
43.                    "8. Closeness centrality: {:.4f}\n"
44.                    "9. Betweeness centrality: {:.4f}\n"
45.                    "/-------------- Finished! ---------------- /".format
      (nodes, edges, average_clustering,
46.                        transitivity, diameter, average_shortest_path,
47.                    degree_centrality, closeness_centrality, betweeness_centrality))
48.
49.    if __name__ == '__main__':
50.            # 网络图绘制示例
51.            Example_graph_visualization()
52.            # 网络基本分析
53.            Basic_analyse_graph()
```

执行上述程序,如运行正常,应得到类似图 2-38 所示的结果。

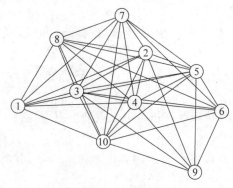

图 2-38 运行程序结果

针对构建好的网络,进行网络属性分析,可以得到节点属性信息(如节点度、介数中心性等),连边属性信息(边介数中心性等),以及图全局属性信息(平均度、网络直径等),如

图 2-39 所示。

```
/------------ Example_network_visualization ---------------/
/------------ Example_network_analysis ---------------/
1. Number of nodes: 10
2. Number of edges: 40
3. Average clustering: 0.9033
4. Transitivity: 0.8947
5. Diameter: 2
6. Average shortest path length: 1.1111
7. Degree centrality: 0.8889
8. Closeness centrality: 0.9086
9. Betweeness centrality: 0.0139
/------------- Finished! ---------------/
```

图 2-39　网络属性分析结果

2.6.5　基于聚类分析的人群划分

临床人群划分通常是指利用聚类分析或社团划分等机器学习算法,对某个疾病的人群划分成不同的亚群,从而挖掘每个疾病亚群的临床特征以及用药特点,以实现精准化的疾病管理和治疗,可以用于疾病预测、治疗方案推荐和药物疗效评估等医疗应用领域。下面介绍基于聚类分析的临床人群划分。

聚类分析是指将研究对象分为相对同质的群组(clusters)的统计分析技术。它的目的是把全体数据实例组织成一些相似组,而这些相似组被称为簇。处于相同簇的数据实例相似度高,处于不同簇的数据实例差异性大。

目前存在多种聚类算法,主要包括:

1)基于划分的方法,如 K 均值方法(K-means);

2)基于层次的方法,如利用层次方法的平衡迭代规约和聚类(balanced iterative reducing and clustering using hierarchies,BIRCH)算法;

3)基于密度的方法,如基于密度的带噪声空间聚类应用(density based spatial clustering of application with noise,DBSCAN)算法;

4)基于网格的方法,如统计信息网格(statistical information grid,STING)算法;

5)基于深度学习的方法,如 DSCN 算法。

以 K-均值算法为例进行简介。K-均值算法是由 J. MacQueen 在 1967 年提出的一种算法,它的做法是将 n 个样本分到 K 个类中,并使得每个样本到它所属类的中心距离最小,算法步骤如下。

1)首先,设置初始中心点,假定要对 n 个样本进行聚类,若聚为 K 类,则首先随机选择 K 个点作为初始中心点;

2)其次,进行聚类分组,按照距离初始中心点最小原则,把所有样本分到各中心点所在的类中;

3)再次,更新中心点,计算每个类中所有样本点的均值,并将其作为第二次迭代的 K 个中心点;

4)最后,进行迭代直至收敛,重复第 2)、3)步骤,直到中心点不再改变或达到指定的迭代次数。

基于聚类的临床人群划分需要先构建患者特征,再利用聚类算法,进行人群样本的聚类分析,得到多个患者亚群,以 K-均值算法实现患者人群划分为例,大致步骤如下。

1）对患者症状文本进行分词,进行患者的症状向量化;

2）构建聚类分析所需的数据,以患者作为样本,以患者的症状向量作为样本特征;

3）基于构建的数据集,使用 K-均值算法进行聚类分析,得到人群划分结果。

2.6.6　基于社团检测的人群划分

社团结构是由 Newman 和 Girvan 在 2004 年提出的概念,它是指网络中连接较为紧密的部分。在社团中,内部节点的连接较为紧密,但社团之间的连接较为稀疏。而社团检测是指在网络中划分社团结构的过程。

目前存在多种社团检测算法,主要分为几类:

1）基于模块度的优化算法,如 Fast Unfolding 算法;

2）基于谱分析的算法,如 GN(Girvan-Newman)分裂算法;

3）基于信息论的算法,如平衡优化(equilibrium optimizer,EO)算法等。

下面以基于模块度优化的 Fast Unfolding 算法为例进行简介。Fast Unfolding 算法是由 Vincent D. Blondel 提出的一种基于模块度的社团划分算法。模块度是指网络中连接社团结构内部顶点的边所占的比例减去在同样的社团结构下任意连接这两个节点的比例的期望值,它被用于衡量社团检测效果的好坏。

Fast Unfolding 算法分为两个阶段(如图 2-40)。

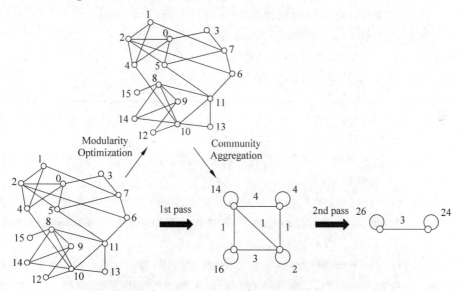

图 2-40　Fast Unfolding 算法步骤

第一个阶段是模块度优化(modularity optimization)。该阶段将网络中的每个节点指定到不同的社团中,然后将每个节点尝试划分到与它邻接的节点所在的社团中,并分别计算相应的模块化增益,然后将节点分配到模块化增益最大的一个邻接点社团中。若最大的模块化增益值为负,则放弃这次分配。重复上述过程,直至移动网络中的任意节点,总的模块度都不会改变为止。

第二阶段是社团聚合(community aggregation),该阶段将第一阶段划分出来的社团看作一个"节点",然后根据划分出来的社团重构网络。重复以上过程直到网络结构不再改变。

基于社团检测的临床人群划分需要构建患者网络,再利用社团划分算法,得到网络模块的划分结果,即多个患者亚群,以 Fast Unfolding 算法实现患者人群划分为例,大致步骤如下。

(1) 进行患者症状文本分词,基于分词结果实现患者的临床症状向量化;

(2) 基于向量化结果,计算两两患者之间的相似度;

(3) 进行相似度的阈值筛选,构建患者的相似度网络;

(4) 基于患者相似度网络,使用 Fast Unfolding 算法实现网络的模块划分,得到人群划分结果。

2.6.7　人群划分结果的评价与分析

得到临床人群划分结果后,需要对划分结果进行评估,以此评价算法的准确性和可靠性,还可以进行人群特征富集分析,帮助研究者了解每个亚群的临床特征,从而有可能进一步发现新的病因和疗法。下面介绍一下基于聚类指标的划分结果评估、基于相对危险度的人群特征富集分析。

1. 基于聚类指标的人群划分结果评估

基于聚类指标的人群划分结果评估主要是指利用聚类相关指标,评估人群划分结果的准确性和可靠性。常用的聚类指标包括簇内离散度、簇间距离、轮廓(silhouette)系数、DB(Davies-Bouldin)指数和 Dunn 指数以及纯度(purity)指标。

(1) 簇内离散度(intra-cluster distance),用于度量同一簇内各样本之间的相似度。簇内离散度可以使用欧氏距离、曼哈顿距离或其他相似度度量方法进行计算。簇内离散度越小,表示同一簇内的样本越相似,聚类效果越好。

(2) 簇间距离(inter-cluster distance),用于度量不同簇之间的差异程度。簇间距离可以使用最短距离、最长距离、平均距离等方法进行计算。簇间距离越大,表示不同簇之间的差异程度越大,聚类效果越好。

(3) 轮廓系数,综合考虑了簇内离散度和簇间距离,用于度量聚类结果的紧密度和分离度。其值介于 -1~1,值越接近 1,表示聚类效果越好。

(4) DB 指数和 Dunn 指数,都是用于评估聚类结果的紧密度和分离度。DB 指数值越小,表示聚类效果越好,而 Dunn 指数值越大,则表示聚类效果越好。这两种指标也都考虑了簇内离散度和簇间距离,但具体的计算方法略有不同。

(5) 纯度指标,用于度量聚类结果与实际类别标签之间的一致性,特别适用于评估聚类结果在分类问题中的表现。例如,将病人按照疾病种类进行聚类,可以使用纯度指标评估聚类结果的准确性。纯度指标越高,表示聚类效果越好。

2. 基于相对危险度的人群特征富集分析

相对危险度(relative risk,RR)是一种医学领域的经典统计方法,它是指暴露人群与非暴露人群发病率的比值,在传统的医学统计中,RR 值用于衡量某个暴露因素与某个发病的关联性。在人群划分结果分析中,可以基于 RR 分析某个临床症状或者临床用药与对应亚群之间的关联性,从而挖掘患者亚群的临床症状和临床用药的特点。

假设将某一亚群作为暴露组,将剩余所有亚群作为非暴露组,将是否具有某个临床症状

作为发病情况,则 RR 值的计算式如下:

$$RR = \frac{\dfrac{C_{i,j}}{C_i}}{\dfrac{C_j - C_{i,j}}{N - C_i}} \tag{2-17}$$

式中,C_i 表示在亚群 i 中的患者数量;C_j 表示在所有亚群中出现临床症状 j 的患者总数;$C_{i,j}$ 表示亚群 i 中出现临床症状 j 的患者症状数;N 表示所有社团中的患者总数。

实际使用 RR 值时,单独的 RR 值的意义并不大,因为这是一个统计假设检验,因此要结合 RR 值和显著性水平 P 值对结果进行分析,当 RR>1 且 $P<0.05$ 时,说明亚群 i 中的症状 j 分布的数量远高于其他亚群,也即认为症状 j 是患者亚群 j 中显著富集的症状。

2.6.8　案例:文本聚类与人群划分

本节以 K-均值聚类算法和 Fast Unfolding 社团划分算法为例,结合患者症状特征及患者相似度网络,分别进行患者人群的划分,主要代码如下。

```python
1.   import community as community_louvain
2.   import matplotlib.cm as cm
3.   import matplotlib.pyplot as plt
4.   import networkx as nx
5.   import pandas as pd
6.   from sklearn.cluster import KMeans
7.   from sklearn.manifold import TSNE
8.   import seaborn as sns
9.
10.  def patient_partition_kmeans():
11.      # 功能:基于 K-means 算法进行文本聚类
12.      # 输出:聚类结果
13.      print("/-------------------- patient_partition_kmeans ----------- /")
14.      # 加载数据
15.      data = pd.read_csv("data\\embedding_onehot_sentence_FMM.csv")
16.      patient_record = [eval(getattr(row, 'embedding')) for row in data.itertuples()]
17.      # 进行划分
18.      y_pred = KMeans(n_clusters = 3).fit_predict(patient_record)
19.      vis(patient_record, y_pred)
20.      # 保存聚类结果
21.      data['Label'] = y_pred
22.      data.to_csv('output\\Kmeans_clustering_result.csv', index = False, encoding = 'utf-8-sig')
23.
24.  def vis(patient_record_matrix_enriched, y_pred):
25.      # 功能:用 TSNE 进行数据降维,展示聚类结果
26.      tsne = TSNE()
27.      tsne.fit_transform(patient_record_matrix_enriched)     # 进行数据降维,并返回结果
28.      tsne = pd.DataFrame(tsne.embedding_)     # 转换数据格式
29.      tsne['cluster'] = pd.Series(y_pred).apply(lambda i: f'c{i}')
30.      tsne['x'] = tsne[0]
31.      tsne['y'] = tsne[1]
32.      sns.scatterplot(x = 'x', y = 'y', hue = 'cluster', data = tsne)
33.      plt.savefig(f'output\\tSNE_result.png')
34.      plt.show()
35.      plt.close()
```

```
36.
37.  def patient_community_partition():
38.          # 功能:基于 Fast Unfolding 算法进行社团划分
39.          # 输出:社团划分结果
40.          print("/ ------------------- patient_community_partition -------------- /")
41.          # 加载数据
42.          df = pd.read_csv("data\\sample_onehot_similarities.csv")
43.          filter_df = df[df['cosine'] >= 0.6]     # 以余弦相似度结果为例,构建网络,此
     处相似度筛选阈值为 0.6
44.          filter_df = filter_df[['people1_id', 'people2_id', 'cosine']]
45.          G = nx.from_pandas_edgelist(filter_df, 'people1_id', 'people2_id', 'cosine')
46.          # 进行社团划分
47.          partition = community_louvain.best_partition(G)
48.          # 绘制可视化图片
49.          pos = nx.spring_layout(G)
50.          cmap = cm.get_cmap('viridis', max(partition.values()) + 1)
51.          nx.draw_networkx_nodes(G, pos, partition.keys(), node_size = 40,
52.                                                        cmap = cmap, node_color =
     list(partition.values()))
53.          nx.draw_networkx_edges(G, pos, alpha = 0.3, width = 0.1)
54.          plt.savefig("output\\partition.jpg", dpi = 400)
55.          plt.show()
56.          # 保存结果
57.          partition_df = pd.DataFrame()
58.          partition_df['Node'] = list(partition.keys())
59.          partition_df['Partition'] = list(partition.values())
60.          partition_df.to_excel("output\\partition_result.xlsx", index = False)
61.
62.  if __name__ == "__main__":
63.          # 利用 K-means 算法,基于患者的症状特征进行人群划分
64.          patient_partition_kmeans()
65.          # 利用社团划分 Fast Unfolding 算法,基于患者相似度数据进行社团划分
66.          patient_community_partition()
```

执行上述程序,如运行正常,应得到如下结果。

1）基于聚类算法的人群划分结果

根据上述代码中的设定,将患者人群分为 8 类,则聚类划分结果如图 2-41 所示,每种颜色的点表示一个亚群,最后患者人群被划分为 $C_0 \sim C_7$ 八个亚群。

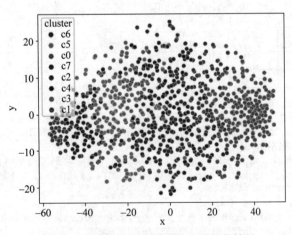

图 2-41　基于 K-均值算法的人群划分结果

2）基于社团检测的人群划分结果

基于社团检测的人群划分结果如图 2-42 所示,图中每种颜色的点表示划分到了同一个社团(即患者亚群)。最终人群被划分为了三个亚群,如表 2-12 所示,从划分结果来看,患者被划分为了 0,1,2 三个亚群,例如 1 号和 4 号患者被划分到了 0 号亚群,2 和 3 号患者被划分到了 1 号亚群,1000 号患者则被划分到了 2 号亚群。

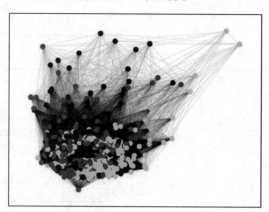

图 2-42　基于社团检测的患者人群划分结果

表 2-12　患者人群划分结果

患者 ID	患者临床症状	患者临床用药	患者所属的亚群编号
1	胃脘部胀痛,纳差……	制半夏,黄连……	0
2	行走不稳……	炒苍术,牛膝……	1
3	鼻衄初则势如泉涌……	炙草,炮姜炭……	1
4	面色苍白……	炙甘草,黄连……	0
…	……	……	…
1000	舌淡红,苔薄白……	柴胡,黄芩……	2

得到患者人群划分结果后,可以对患者亚群进行基本的统计分析,例如统计每个亚群的患者数量,结果如表 2-13 所示。

表 2-13　亚群包含患者个数

亚群编号	患者个数	亚群编号	患者个数
0	316	2	363
1	321	…	…

从统计结果来看,每个亚群中分布的患者个数较为均匀,不存在某个亚群含有很多患者或者很少患者的极端情况。进一步对结果进行 RR 分析,计算每个亚群中的临床症状和用药的 RR 值和 P 值,部分结果如表 2-14 和表 2-15 所示。

表 2-14　临床症状 RR 值与 P 值

亚群编号	症状	RR 值	P 值
0	口苦	3.066	5.102E-06
0	两胁胀痛	4.329	0.492
…	……	…	…

续表

亚群编号	症　　状	RR 值	P 值
1	多梦	2.499	0.019
1	体倦	4.231	0.505
…	……	…	…
2	尿频	3.948	0.028
2	便血	3.509	0.621

表 2-15　临床用药 RR 值与 P 值

亚群编号	药　　物	RR 值	P 值
0	丁香	0.541	0.576
0	何首乌	5.772	0.003
…	……	…	…
1	三七粉	1.586	0.541
1	乌梅	2.307	0.036
…	……	…	…
2	三仙	1.754	0.568
2	乌贼骨	3.948	0.012

得到每个亚群中临床症状和临床用药的 RR 值和 P 值数据后,去除掉 RR<1.5 或者 P>0.05 的症状和用药,最终可以得到不同患者亚群的特异性临床症状和特异性临床药物,如表 2-16 所示。从结果来看,0 号患者亚群的特异性症状有恶心、疲乏无力、呕吐等。1 号患者亚群的特异性症状有舌红、苔黄、口干咽燥等。2 号患者亚群的特异性症状有脉缓、脉细缓、脉沉细等。

表 2-16　患者亚群的特异性症状和特异性用药

亚群编号	特异性症状	特异性用药
0	口苦,呕吐,嗳气,失眠,弦细,恶心,易怒,疲乏无力,纳,纳差,胸闷,腰酸,舌苔白,苔薄黄	何首乌,半枝莲,天麻,浮小麦,狗脊,竹茹,米仁,红参,芡实,蔓荆子,诃子
1	二便调,口干咽燥,多梦,头昏,少苔,形体消瘦,手足心热,脉弦,脉数,脉细无力,舌红,舌质淡红,苔薄黄腻,苔黄	乌梅,五味子,小蓟,山豆根,昆布,桔梗,玄参,白人参,百合,苡仁,茜草,茯神,菖蒲,蒲黄
2	大便,尿频,脉弦数,脉沉细,脉细缓,脉缓,舌质暗,舌质暗红,舌质淡,舌质红,苔薄,苔薄白,苔薄腻	乌贼骨,八月札,土茯苓,威灵仙,小茴香,扁蓄,木香,桂枝,肉豆蔻,苍术,草果,薏苡仁,补骨脂,附子,麦芽,黄柏

2.7　综合案例:临床文本数据挖掘分析

本节将基于医学文本分析的技术,介绍一个医学文本处理的综合案例。

2.7.1　任务介绍

本任务所使用的数据为医学症状文本示例,如表 2-17 所示。

表 2-17 医学症状文本示例

患者编号	患者病症信息
1	外感风寒表实证。恶寒发热,头疼身痛,无汗而喘,舌苔薄白,脉浮紧。
2	外感风寒表虚证。头痛发热,汗出恶风,鼻鸣干呕,苔白不渴,脉浮缓或脉弱者。
3	外感风寒湿邪,兼有里热证。恶寒发热,肌表无汗,头痛项强,肢体疲楚疼痛,口苦微渴,舌苔白或微黄,脉浮。

综合案例包含以下五个任务,具体如下。

1. 文本分词

1)任务内容:利用 BMM 对患者症状进行分词处理。

2)输入数据:症状文本、症状词典。

3)输出结果:症状分词结果。

2. 文本表示

任务内容 1:利用独热编码,对症状词进行向量表示。

1)输入数据:症状分词结果。

2)输出结果:症状的独热向量表示结果。

任务内容 2:根据患者症状信息,利用独热编码,对患者进行向量表示。

1)输入数据:症状分词结果。

2)输出结果:患者的独热向量表示结果。

3. 文本相似度计算

1)任务内容:基于患者症状的独热向量,使用相似度计算方法(欧氏距离、余弦相似度、杰卡德系数),计算两两患者的相似度。

2)输入数据:患者独热向量。

3)输出结果:患者相似度计算结果。

4. 文本可视化

1)任务内容:读取患者症状信息,进行词云图展示。

2)输入数据:原始症状信息。

3)输出结果:症状的词云图。

5. 基于聚类算法的人群划分

1)任务内容:基于患者的独热向量,利用 K-均值算法进行人群聚类。

2)输入数据:患者独热向量。

3)模型参数:聚类数目为 4。

4)输出结果:人群划分结果。

2.7.2 思路及预期结果

下面介绍实验任务的实现思路,并展示预期结果。

1. 文本分词

此任务旨在考察对文本分词技术的了解。本任务需要读者结合 BMM 进行文本分词,应结合 2.2.3 节中 BMM_func 函数进行操作。首先读取数据文件和用户自定义词典(此处应为症状词典),而后逐条遍历症状文本并结合 BMM_func 函数进行分词处理,最后保存分词结果,预期结果见表 2-18。

表 2-18　文本分词预期结果示例

患者 ID	症　状	分 词 结 果
1	外感风寒表实证。恶寒发热,头疼身痛,无汗而喘,舌苔薄白,脉浮紧。	/外感/风寒/表/实证/。/恶寒/发热/,/头疼/身痛/,/无汗/而/喘/,/舌苔/薄白/,/脉/浮紧/。
2	外感风寒表虚证。头痛发热,汗出恶风,鼻鸣干呕,苔白不渴,脉浮缓或脉弱者。	/外感/风寒/表/虚证/。/头痛/发热/,/汗出/恶风/,/鼻鸣/干呕/,/苔白/不渴/,/脉/浮缓/或/脉/弱者/。
3	外感风寒湿邪,兼有里热证。恶寒发热,肌表无汗,头痛项强,肢体痠楚疼痛,口苦微渴,舌苔白或微黄,脉浮。	/外感/风/寒湿/邪/,/兼有/里/热证/。/恶寒/发热/,/肌表无汗/,/头痛/项强/,/肢体/痠/楚/疼痛/,/口苦/微渴/,/舌/苔白/或/微黄/,/脉/浮/。

2. 文本表示

此任务旨在考察对文本表示技术的了解。本任务需要结合文本分词结果与文本表示技术进行症状表示,应结合 2.2.5 节中 onehot_sentence_func 函数进行操作。首先加载症状分词结果,而后结合 onehot_sentence_func 函数形成单个症状表示,并遍历患者样本形成患者症状表示,预期结果见表 2-19,embedding 列保存了单个症状的独热向量表示。患者症状表示的预期结果见表 2-20,其中 embedding 列保存了每个患者样本的独热向量表示。

表 2-19　单个症状表示预期结果示例

症状	embedding
疟疾	[1, 0, 0, 0, 0, 0, 0, 0, 0, …, 0]
疗	[0, 1, 0, 0, 0, 0, 0, 0, 0, …, 0]
强痛	[0, 0, 1, 0, 0, 0, 0, 0, 0, …, 0]
如故	[0, 0, 0, 1, 0, 0, 0, 0, 0, …, 0]
泔色	[0, 0, 0, 0, 1, 0, 0, 0, 0, …, 0]
……	…

表 2-20　患者症状表示预期结果示例

症　状	embedding
['外感','风寒','表','实证','恶寒','发热','头疼','身痛','无汗','而','喘','舌苔','薄白','脉','浮紧']	[0, 1, 0, 0, 0, 0, 0, …, 0]
['外感','风寒','表','虚证','头痛','发热','汗出','恶风','鼻鸣','干呕','苔白','不渴','脉','浮缓','或','脉','弱者']	[1, 0, 0, 0, 0, 0, 0, …, 0]
['外感','风','寒湿','邪','兼有','里','热证','恶寒','发热','肌表无汗','头痛','项强','肢体','痠','楚','疼痛','口苦','微渴','舌','苔白','或','微黄','脉','浮']	[1, 0, 0, 0, 0, 0, 0, …, 1]
……	…

3. 文本相似度计算

此任务旨在考察对文本相似度计算技术的了解。本任务需要基于患者症状表示以及相似度计算方法进行症状文本相似度计算,应结合 2.3.2 节中 sample_onehot_similarities 函数进行操作。首先加载患者独热向量,而后两两遍历患者、计算患者之间的独热向量相似度,最后保存计算结果,预期结果见表 2-21。

表 2-21 文本相似度计算的预期结果示例

people1_id	people2_id	euclidean	cosine	jaccard
1	2	0.179129	0.661374	0.192308
1	3	0.152259	0.605409	0.114286
2	3	0.158945	0.653093	0.176471
...	...	...	...	...

4. 文本可视化

此任务旨在考查对文本可视化技术的了解。本任务需要结合症状分词结果以及词云可视化技术进行症状词云绘制,应结合 2.6.2 节的 Example_word_cloud 函数进行操作。首先读取患者分词结果,而后合并所有分词列表、在不去重的基础上进行症状计数,而后基于症状词及其词频绘制词云图,预期结果见图 2-43。

图 2-43 文本可视化的预期结果示例

5. 基于聚类算法的人群划分

此任务旨在考查对聚类技术的了解。本任务需要结合患者症状表示以及聚类算法进行人群划分,应结合 2.6.8 节中 patient_partition_kmeans 函数进行操作。首先读取患者症状表示向量,而后结合 K-均值算法进行患者聚类(注意设置聚类数目),进而根据聚类结果进行可视化,预期结果见图 2-44 和表 2-22。

表 2-22 人群划分的预期结果示例表

症状	embedding	label
['外感','风寒','表','实证','恶寒','发热','头疼','身痛','无汗','而','喘','舌苔','薄白','脉','浮紧']	[0, 1, 0, 0, 0, 0, …, 0]	1
['外感','风寒','表','虚证','头痛','发热','汗出','恶风','鼻鸣','干呕','苔白','不渴','脉','浮缓','或','脉','弱者']	[1, 0, 0, 0, 0, 0, …, 0]	0
['外感','风','寒湿','邪','兼有','里','热证','恶寒','发热','肌表无汗','头痛','项强','肢体','疼','楚','疼痛','口苦','微渴','舌','苔白','或','微黄','脉','浮']	[1, 0, 0, 0, 0, 0, …, 1]	0
......	...	...

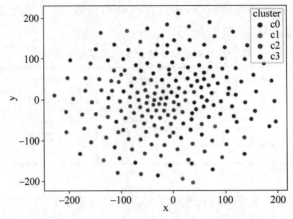

图 2-44　人群划分的预期结果示例图

参考文献

［1］　周阳. 基于机器学习的医疗文本分析挖掘技术研究［D］. 北京：北京交通大学，2019.

［2］　Vijayarani S，Ilamathi M J，Nithya M. Preprocessing techniques for text mining-an overview［J］. International Journal of Computer Science & Communication Networks，2015，5(1)：7-16.

［3］　Beeferman D，Berger A，Lafferty J. Statistical models for text segmentation［J］. Machine Learning，1999，34：177-210.

［4］　Pak I，Teh P L. Text segmentation techniques：A critical review［J］. Innovative Computing，Optimization and Its Applications：Modelling Simulations，2018，741：167-181.

［5］　Zhao Y，Li H，Yin S，et al. A new Chinese word segmentation method based on maximum matching［J］. J Inf. Hiding Multim Signal Process，2018，9(6)：1528-1535.

［6］　Alemi A A，Ginsparg P. Text segmentation based on semantic word embeddings［J］. arXiv preprint arXiv：05543，2015，abs/1503.05543.

［7］　Liu N，Zhang B，Yan J，et al. Text representation：From vector to tensor［C］. Proceedings of the Fifth IEEE International Conference on Data Mining (ICDM'05)，F，2005.

［8］　Babić K，Martinčč-Ipšč S，Meštrović A. Survey of neural text representation models［J］. Information，2020，11(11)：511.

［9］　Harish B S，Guru D S，Manjunath S. Representation and classification of text documents：A brief review［J］. IJCA，Special Issue on RTIPPR，2010，110：119.

［10］　Prakoso D W，Abdi A，Amrit C. Short text similarity measurement methods：A review［J］. Soft Computing，2021，25(6)：4699-4723.

［11］　Wang J，Dong Y. Measurement of text similarity：A survey［J］. Information，2020，11(9)：421.

［12］　Erjing C，Enbo J. Review of studies on text similarity measures［J］. Data Analysis Knowledge Discovery，2017，1(6)：1-11.

［13］　Nadeau D，Sekine S. A survey of named entity recognition and classification［J］. Lingvisticae Investigationes，2007，30(1)：3-26.

［14］　陈曙东，欧阳小叶. 命名实体识别技术综述［J］. 无线电通信技术，2020，46(3)：10.

［15］　Li J，Sun A，Han J，et al. A survey on deep learning for named entity recognition［J］. IEEE Transactions on Knowledge and Data engineering，2022，34(1)：50-70.

［16］　Nasar Z，Jaffry S W，Malik M K. Named entity recognition and relation extraction：State-of-the-art

[J]. ACM Comput Survey，2021，54(1)：1-39.

[17] Wang H，Qin K，Zakari R Y，et al. Deep neural network-based relation extraction：An overview [J]. Neural Comput，2022，34(6)：4781-4801.

[18] 张少伟，王鑫，陈子睿，等.有监督实体关系联合抽取方法研究综述 [J].计算机科学与探索，2022，16(4)：713-733.

[19] Kowsari K，Jafari Meimandi K，Heidarysafa M，et al. Text classification algorithms：A survey [J]. Information，2019，10(4)：150.

[20] Minaee S，Kalchbrenner N，Cambria E，et al. Deep learning--based text classification：A comprehensive review [J]. ACM Comput Survey，2021，54(3)：1-40.

[21] Liu P，Qiu X，Huang X. Recurrent neural network for text classification with multi-task learning [C]. Proceedings of the Twenty-Fifth International Joint Conference on Artificial Intelligence. New York：AAAI Press，2016：2873-2879.

[22] Madhulatha T S. An overview on clustering methods [J]. IOSR Journal of Engineering，2012，2(4)：719-725.

[23] Viegas F B，Wattenberg M，Feinberg J. Participatory visualization with wordle [J]. IEEE Transactions on Visualization Computer Graphics，2009，15(6)：1137-1144.

[24] Fortunato S，Hric D J P r. Community detection in networks：A user guide [J]. Physics Reports，2016，659：1-44.

[25] Hamerly G，Elkan C J A i n i p s. Learning the k in k-means [J]. Advances in Neural Information Processing Systems，2003，29(3)：433-439.

[26] Hartigan J A，Wong M A J J o t r s s s c. Algorithm AS 136：A k-means clustering algorithm [J]. Journal of the Royal Statistical Society Series C，1979，28(1)：100-108.

[27] Zhang T，Ramakrishnan R，Livny M J A s r. BIRCH：An efficient data clustering method for very large databases [J]. ACM Sigmod Record，1996，25(2)：103-114.

[28] Schubert E，Sander J，Ester M，et al. DBSCAN revisited：Why and how you should（still）use DBSCAN [J]. ACM Transactions on Database Systems，2017，42(3)：1-21.

[29] Blondel V D，Guillaume JL，Lambiotte R，et al. Fast unfolding of communities in large networks [J]. Journal of Statistical Mechanics：Theory Experiment，2008(10)：10008.

[30] Maulik U，Bandyopadhyay S J I T o p a. Performance evaluation of some clustering algorithms and validity indices [J]. IEEE Transactions on Pattern Analysis Machine Intelligence，2002，24(12)：1650-1654.

第3章

时序数据分析

时序数据是指通过一系列时间点上的观测获取到的数据,在社会生产和生活中广泛存在。本章首先介绍时序数据的基本概念和常见的一些分析方法,然后以脑电信号为例,介绍时序数据的预处理、特征分析以及分类等过程和方法。脑电图(electroencephalogram,EEG)是一种使用电生理指标记录大脑活动的方法,因其无创、快速和成本低等特点在医学临床、脑科学研究中被广泛使用,是一种具有独特性的时间序列数据。本章介绍了常用的时频分析、非线性和网络分析等信号处理方法,并结合实例对这些方法的基本原理和意义进行了阐述。

3.1 时序数据简介

通过一系列时间点上的观测来获取数据是司空见惯的活动。在商业上,我们会观测周利率、日股票闭盘价、月价格指数、年销售量等。在气象上,我们会观测每天的最高温度和最低温度、年降水与干旱指数、每小时的风速等。在农业上,我们会记录每年作物和牲畜产量、土壤侵蚀、出口销售等方面的数字。在生物科学上,我们会观测每毫秒脑电活动的状况。实际上,需要研究时间序列的领域是难以罗列的。本节将介绍时序数据的概念和常见分析方法。

3.1.1 什么是时序数据

时序数据是指时间序列数据,时间序列数据是同一指标按时间顺序记录的数据列。在同一数据列中的各个数据必须是同口径的,要求具有可比性。时序数据可以是时期数,也可以是时点数。时期数是反映现象在一段时间内发生的总量。例如,某种产品的产量、职工工资总额、商品销售额、投资总额均是时期数。时期数是通过对一定时期内事物的数量进行连续登记并累计加总得到的。时点数是表明事物总体在某一时点上的数量状态。例如,人口数、商品库存量、固定资产价值、设备台数都是时点数。时点指标的数值是通过对事物在某一时点上数量的登记,将同一时点上各部分数量加总得到的。

时间序列数据分析的目的一般有两个方面:一是认识产生观测序列的随机机制,即建立数据生成模型;二是基于序列的历史数据,也许还要考虑其他相关序列或因素,对序列未来的可能取值给出预测或预报。

3.1.2 时序数据的常见分析方法

不同种类的时间序列数据由于其来源、采集方式、采集目的的不同,呈现出各种形式,其特点也各不相同,也因此产生了各种时序数据的分析方法。在分析数据前,需要进行预处理。常见的时序数据预处理过程包括:对缺失值的处理,如进行插值;查找离群点并处理;将非等间隔数据调整为等间隔;去除数据中的噪声;对数据进行归一化等。

预处理中还有一个重要步骤是对数据进行初步的检验,以确定后续选用适当的分析预测模型。这里的检验包括平稳性检验和纯随机性检验。平稳性检验可以断定数据是否具有平稳性,最直观的一种方法是图检验,即根据时序图和自相关图显示的特征作出判断;另一种方法是构造检验统计量进行假设检验。

在进行时序图检验时,根据平稳时间序列均值、方差为常数的性质,平稳序列的时序图应该显示出该序列始终在一个常数值附近随机波动,而且波动的范围有界、无明显趋势及周期特征。图 3-1 为平稳序列与非平稳序列的示意图。

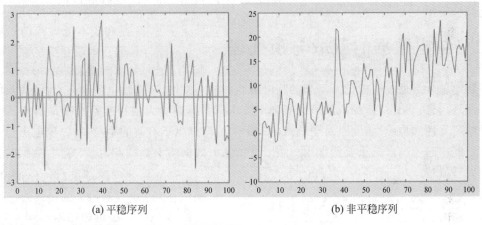

(a) 平稳序列   (b) 非平稳序列

图 3-1 平稳序列与非平稳序列示意图

图检验是一种操作简便,运用广泛的平稳性判别方法,它的缺点是判别结论带有很强的主观色彩。所以最好能用统计检验的方法加以辅助判断。目前最常用的平稳性检验方法是单位根检验(unit root test)。

并不是所有的平稳序列都值得建模。只有那些序列值之间具有密切的相关关系,历史数据对未来的发展有一定影响的序列,才值得花时间去挖掘历史数据中的有效信息,用来预测序列未来的发展。如果序列值彼此之间没有任何相关性,那就意味着该序列是一个没有记忆的序列,过去的行为对将来的发展没有丝毫影响,这种序列称为纯随机序列。从统计分析的角度而言,纯随机序列是没有任何分析价值的序列。纯随机性检测也称为白噪声检测,是专门用来检测序列是否为纯随机序列的一种方法。如果判断出目标数据不是纯随机序列,那么就可以继续进行分析了。

在经过上述预处理后,对数据有了最初步的判断,也对其进行了规范化的处理,就以进行后续的分析了。传统的时间序列分析起源于经济领域,通常认为时间序列的成分可以分为四种:趋势、季节性或季节变动、周期性或循环波动,以及随机性或不规则波动。时间序列分析的一项主要内容就是把这些成分从时间序列中分离出来,并将它们之间的关系用一定的数学关系式予以表达,而后分别进行分析。

对于短的或简单的时间序列,可用趋势模型和季节模型加上误差来进行拟合。

对于平稳时间序列,可用回归(autoregressive,AR)模型、滑动平均(moving average,MA)模型、自回归滑动平均模型(autoregressive moving average model,ARMA)或组合ARMA 模型等来进行拟合。

对于非平稳时间序列则要先将观测到的时间序列进行差分运算,转化为平稳时间序列,再用适当模型去拟合这个差分序列。

对时间序列的均值、方差,以及自相关函数的计算等,都是对数据序列特征在时间域的观察和分析,这些被称为时域特征。

时间序列分析旨在发现序列的真实过程或者现象特征,如平稳性水平、周期性变化、振幅频率和相位等。其中,周期性变化、振幅频率和相位等属于时间序列的频域特征,对这些特征的研究属于频域分析。频域分析的主要方法包括频谱分析、功率谱分析等。

此外还有同时关注时域和频域特征的时频分析方法,主要有短时傅里叶变换、小波变换等方法。

3.2 脑电数据的获取与预处理

脑电信号是通过电极记录下来的脑电细胞群的自发性、节律性电活动,包含了大量的生理与病理信息,对其进行深入的研究有助于临床医生提高对大脑神经系统损伤病变诊断和检测的可靠性和准确性,同时对于脑疾病诊断和检测提供了有效的手段,所以脑电图检查在临床诊断中起着越来越重要的作用。本节介绍脑电数据的主要特点、获取方式,数据的读取和预处理流程。

3.2.1 脑电数据的特点和获取

脑电信号是由电极记录下来的大脑细胞群的自发性生物电活动,以电位为纵轴、时间为横轴将它以曲线的形式显示出来,就是脑电图。目前的脑电设备已基本实现电脑化,脑电信号被数字化后存于计算机中,通过屏幕来显示或在计算机控制下打印出来。

脑电信号具有在时间和空间分布上不断变化的特性,因此,它的电位(振幅)、时间(周期)及相位三者构成脑电图的基本特征。脑电信号的周期与物理学中正弦波的周期略有不同,它指的是一个波的波底到下一个波的波底之间的时间,用毫秒(ms)表示。每秒钟出现的周期的数目称为频率,用 Hz 表示。在脑电图上,除形态类似正弦波的波形外,还可见到由不同周期的脑波重叠在一起所构成的复合波。脑波的振幅通常是从波顶画一条垂直于基线的直线,并且与前后两个波的波底连线相交,此交点至波顶的距离称为该脑波的振幅,用微伏(μV)表示。采用这种计量方法的理由是,脑电图的基线通常不太稳定。这种波顶-波底的标记方式更可靠。脑波的振幅主要决定于脑内发生的电活动的强度和参考电极的选择。

实践中采用脑电信号采集设备来获取脑电数据。该设备通常包括电极帽、信号放大器、信号接收器和计算机等。数据采集时,受试者头戴电极帽,进行特定的实验活动,其脑电信号将经由信号放大器和接收器被计算机记录下来。图 3-2 为脑电信号采集的示意图。

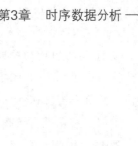

图 3-2　脑电信号采集示意图

采集实验通常应选择在安静、避光和电磁干扰小的房间进行。电极帽上放置的电极直接接触头皮,是采集脑电信号的部件。临床使用的脑电图仪至少应有 8 个电极,此外还有 12、16、32 等多种规格型号。在认知研究中则一般使用 32、64、128 或 256 电极的脑电图仪。通常脑电图仪电极数目越多,所能获得的脑电时空信息也越丰富。但是,电极数越多,除了设备越加昂贵外,在使用时安装电极的时间也越长,信息处理的复杂度也相应增加,因此应根据具体情况作出合理的取舍。

电极的放置通常使用国际脑电图学会建议采用的标准电极安放法,即 10-20 系统法,其放置方法如图 3-3 所示。这种放置方法的特点是,头部电极的位置与大脑皮质的解剖学分区较为明确,电极的排列与头颅大小及形状成比例,在与大脑皮质凸面相对应的头部各主要区域均有电极放置。电极的命名是其位置的英文首字母,如 F 代表 frontal,即额叶区域。序号通常是用奇数代表左侧,偶数代表右侧。

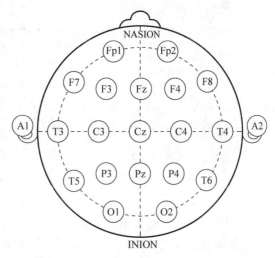

脑电数据根据采集时被试的不同状态,可以分为自发脑电(无外界刺激)和诱发脑电(有外界刺激)。本章的案例以自发脑电为主。

图 3-3　10-20 系统电极安放示意图

3.2.2　脑电数据读取与查看

脑电采集系统记录到的脑电信号可供后续分析和处理,这些数据被保存为特定的格式。不同设备厂商定义了各自的脑电数据格式,常见的如 EDF 格式,CNT 格式等。这些数据格式通常都包括标题和数据部分,其中,标题会包含一些一般信息(如患者标识、开始时间等),以及每个信号的技术规格(校准、采样率、过滤等),而数据部分就是各电极记录到的具体数值,以定义好的精度和格式进行存放。很多脑电设备厂商也有自己开发的分析系统,但不具有共性。

本章将以 MATLAB 软件为例,介绍脑电信号的分析方法。MATLAB 支持工具箱的开发和使用。对于脑电数据,EEGLAB 工具箱集成了对不同格式脑电数据的基本分析处理功能,可以方便快速地完成预处理和时频分析等。

1. EEGLAB 的下载和配置

首先需要在计算机上安装 MATLAB 软件。在安装过程中,需要注意对 MATLAB 自带的工具箱进行选择,信号处理工具箱(Signal Processing Toolbox)需要被选中,否则将导致 EEGLAB 中的某些功能无法使用。

从 EEGLAB 官网: https://sccn.ucsd.edu/eeglab/download.php(见图 3-4)下载最新版 EEGLAB 工具箱,下载文件名为 eeglab_current.zip。

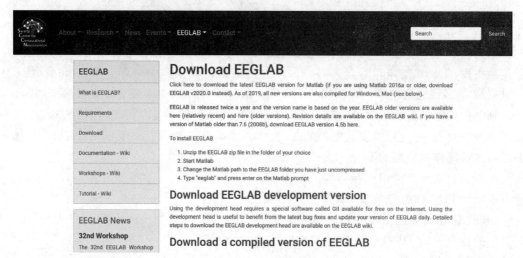

图 3-4 EEGLAB 下载页面

接下来对 EEGLAB 进行配置。将下载的文件解压缩并重命名为 eeglab,复制粘贴到 MATLAB 安装目录下的 toolbox 文件夹中,例如 D:\MATLAB2021a\toolbox。打开 MATLAB 软件,设置路径,单击"主页"→"设置路径"。在出现的界面中单击"添加并包含子文件夹",选中刚刚添加的 eeglab 文件夹,注意最后要单击"保存",如图 3-5 所示。

在 MATLAB 中输入命令 eeglab,若出现如图 3-6 所示界面,则说明路径设置成功。

若是没有设置成功,则需要更新工具箱缓存,单击"主页"→"预设"→"常规"→"更新工具箱路径缓存",如图 3-7 所示。

配置完成后,可以进行数据的读取。

2. 数据的读取

EEGLAB 支持读取各种格式的脑电数据,如 ASCII、EDF、CNT 和 EGI 等。以 CNT 文件为例,单击"File"→"Import data"→"Using EEGLAB functions and plugins"→"From Neuroscan .CNT file"。根据要处理的数据格式选择相应的选项即可,如图 3-8 所示。

单击后会出现弹窗,如图 3-9 所示,点选"Autodetect"即可,其他根据需求填写,单击"Ok"。

然后出现弹窗,给加载的数据集命名,默认或者填入自己的命名,单击"Ok"。如图 3-10 所示。

成功读入文件后会出现如图 3-11 所示界面。

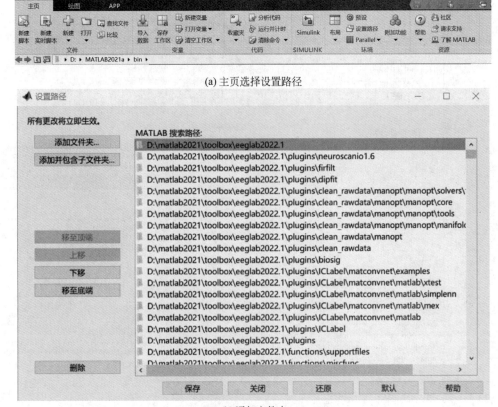

(a) 主页选择设置路径

(b) 添加文件夹

图 3-5 设置路径

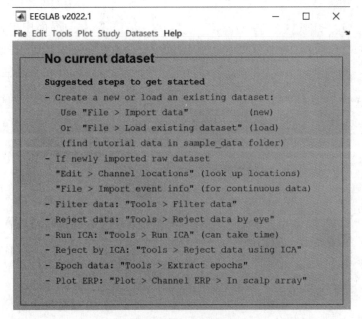

图 3-6 EEGLAB 成功启动

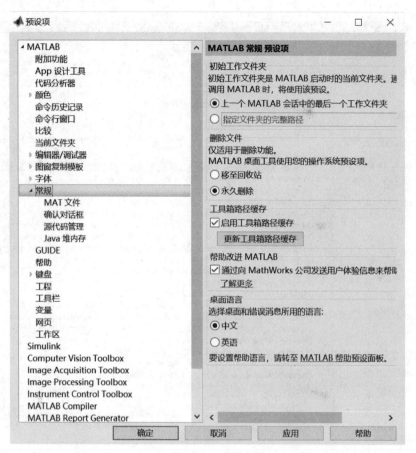

图 3-7　更新工具箱缓存

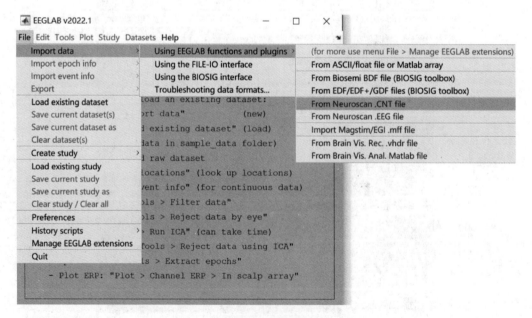

图 3-8　文件读取

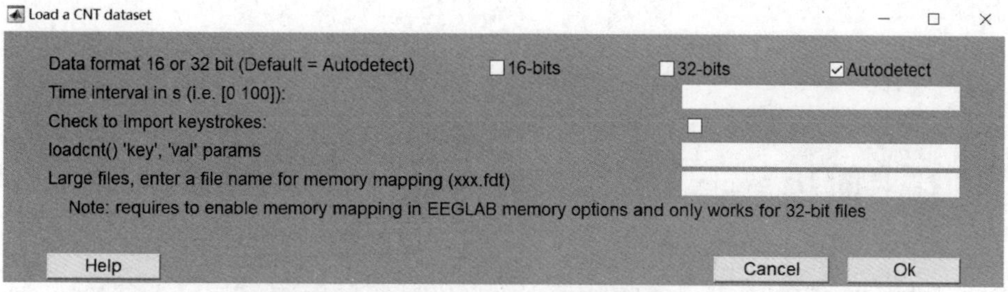

图 3-9　文件读入参数选择

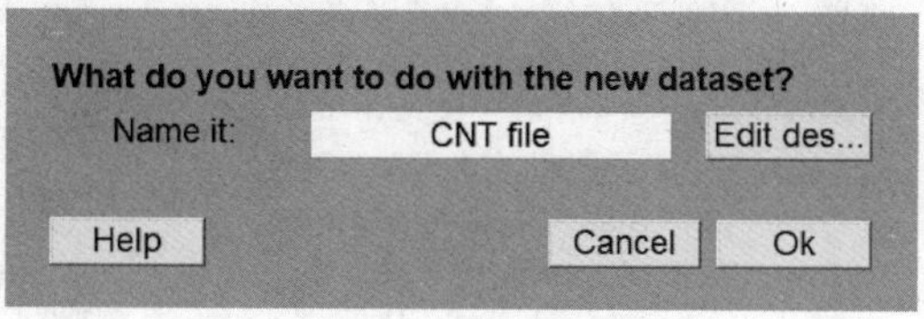

图 3-10　文件命名

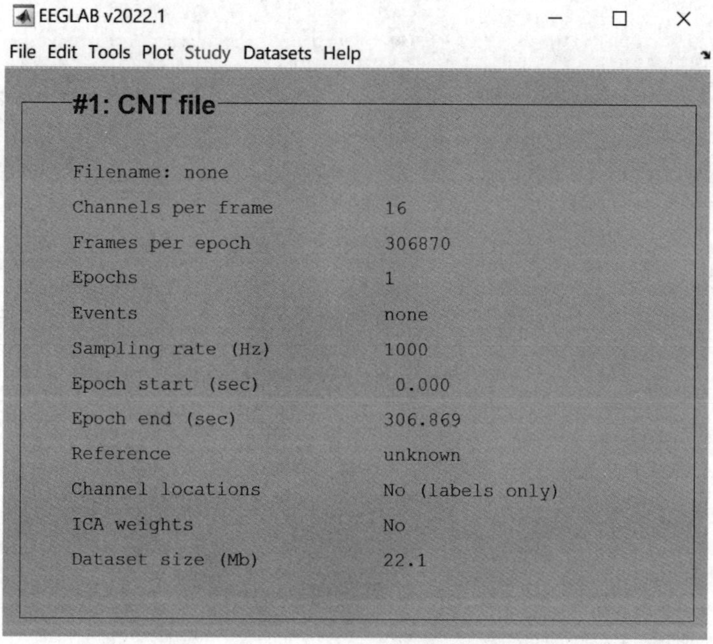

图 3-11　文件读入成功

3. 查看数据

　　数据文件读入成功后,可以查看数据。单击"Plot"→"Channel data(scroll)",查看每个通道的记录数据,如图 3-12 所示。

　　还可以查看电极位置。首先加载通道位置信息文件,单击"Edit"→"Channel locations",如图 3-13 所示。

　　弹出如图 3-14 所示提示框,单击"Read locations",读入相应的通道信息文件。

　　在图 3-14 所示界面中单击"Ok"后,在 EEGLAB 界面,单击"Plot"→"Channel locations"→"By name",可以可视化各电极位置,如图 3-15 所示。

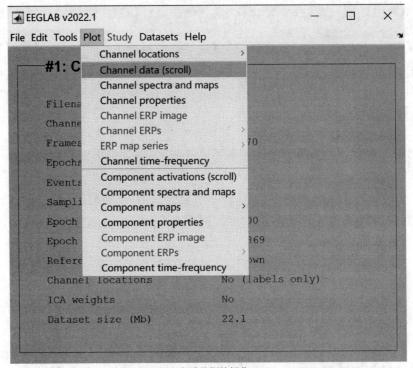

(a) 查看数据的操作

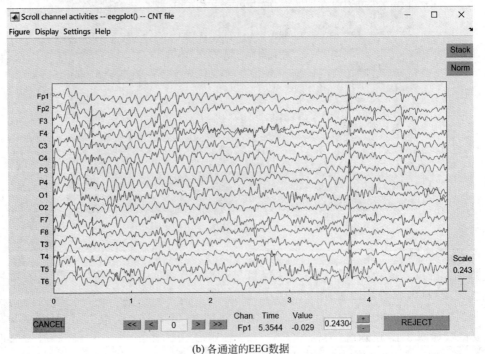

(b) 各通道的EEG数据

图 3-12　查看多通道的 EEG 数据

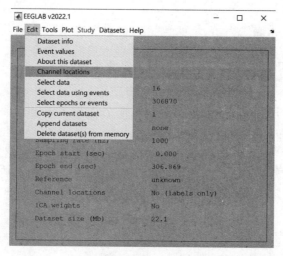

图 3-13　加载电极位置文件

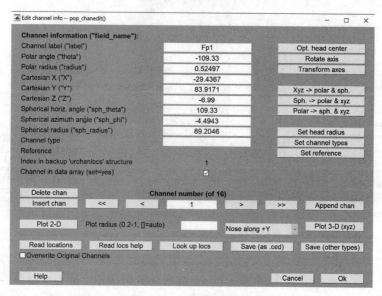

图 3-14　电极信息弹窗

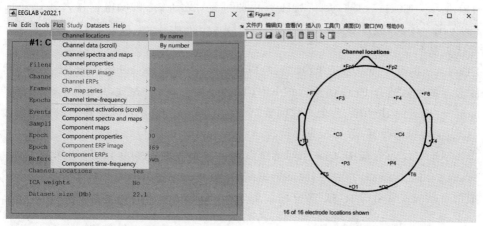

(a) 查看电极位置操作　　　　　　　　(b) 电极位置分布图

图 3-15　电极位置可视化

3.2.3　数据预处理

数据读入成功后开始进行数据的预处理,包括重采样、滤波、重参考、删除坏道、插值、去伪迹以及分段等操作,为后续的数据分析做好准备。

1. 重采样

采样率的单位是赫兹(Hz),1000Hz 代表着 1s 会采样 1000 次,有时候我们可能想要降低采样率,例如降到 500Hz,或者 250Hz,以减少数据量,提高计算速度。

具体步骤如下:单击"Tools"→"Change sampling rate",如图 3-16 所示。

在图 3-17 所示弹窗中填入想要更改的采样率后,如 250,单击"Ok"即可。

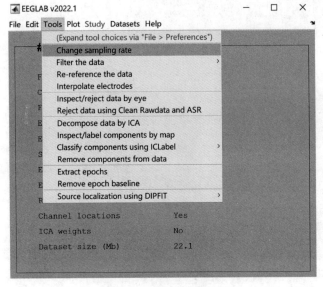

图 3-16　重采样操作

图 3-17　新采样率弹窗

2. 滤波

滤波是将信号中特定波段频率滤除的操作,是抑制和防止干扰的一项重要措施。对于脑电信号,国际上按照频率将其分成以下几类:δ 波,0.5～3Hz;θ 波,4～7Hz;α 波,8～13Hz;β 波,18～30Hz;γ 波,大于 31Hz。由此可见,我们关心的脑电信号大都处于 0.5～30Hz 的范围。因此,通过滤波操作可以去掉高频成分的干扰,尤其是 50Hz 的高频干扰,得到信噪比更高的信号。

EEGLAB 提供 5 种有限长单位冲激响应(finite impulse response,FIR)滤波器供选择,这种滤波器的特性适合 EEG 信号。在 EEGLAB 界面上,见图 3-18,单击"Tools"→"Filter the data"→"Basic FIR filter",会出现图 3-19 所示弹窗,输入 0.5Hz 作为下边缘通带频率,30Hz 作为上边缘通带频率(可根据实际需求调整),然后单击"Ok"。

单击"Ok"后,如果在图 3-19 中勾选了"Plot frequency response",就出现如图 3-20 所示弹窗,显示相应滤波器的频率响应的幅值和相位,从而可评估滤波器的性能。

根据自己的需要对滤波后的文件进行重命名、存储等操作,如图 3-21 所示。

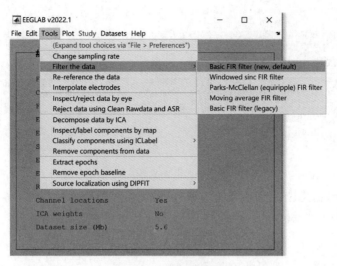

图 3-18　选择滤波器

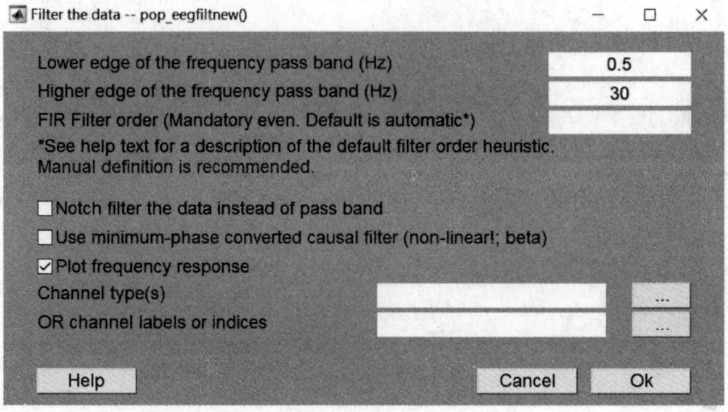

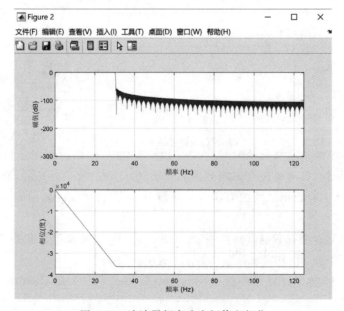

图 3-19　填写滤波器参数

图 3-20　滤波器频率响应幅值和相位

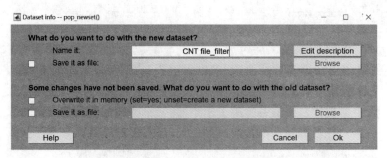

图 3-21　滤波后文件操作

单击"Ok"后，EEGLAB 就会重新打开经过滤波处理后的文件，如图 3-22 所示。可以发现，此时的数据波形少了很多小毛刺，整体趋势也更加平稳，因为高频噪声和超低频的波动都被滤除了。

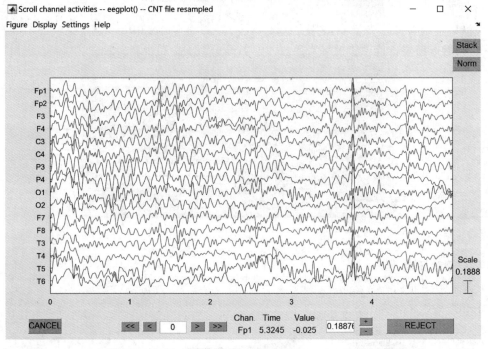

图 3-22　滤波后的数据

3. 重参考

脑电采集系统在采集数据的时候会有一个参考电极，记录的数据是相应电极与参考电极的电势差。不同的参考电极会影响数据的分析，因此在数据预处理时，会进行重参考以规范数据，方便不同实验数据之间的对比。一般情况下，实验采集时采用的参考电极有连接耳参考、中心电极参考等。

重参考的常见方法有双侧乳突参考、全脑平均参考、零参考等。此处以全脑平均为例，具体的操作见图 3-23，单击"Tools"→"Re-reference the data"。

在弹出窗口中，选择计算平均参考"Compute average reference"，如图 3-24 所示。

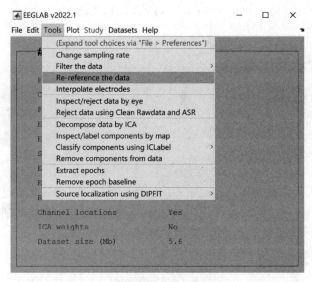

图 3-23 脑电数据重参考

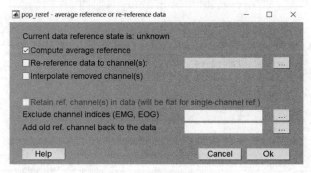

图 3-24 选择计算平均参考

4. 删除坏道

如果某些电极不需要或者信号质量太差,可以将其删除。具体步骤如图 3-25 所示,单击"Edit"→"Select data"。

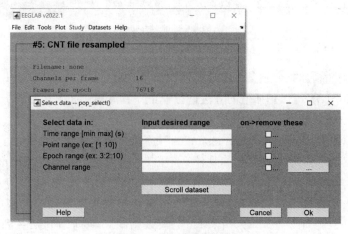

图 3-25 数据通道选择

在"Channel range"栏填写需要删除或者保留的电极,如图 3-26 所示。

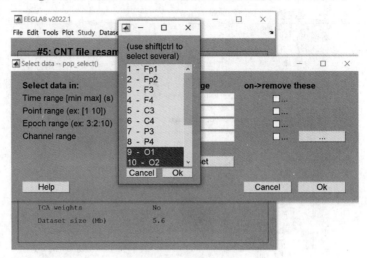

图 3-26　删除电极

然后选择存储方式,如"overwrite it in memory",如图 3-27 所示。

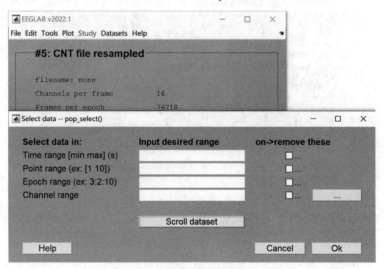

图 3-27　删除数据后文件的存储

5. 插值

对数据进行检查,如果发现某个需要的通道数据有缺损,如记录的时候出现了电极脱落等情况,导致数据不可用,可以用插值的方法进行校正。具体操作如图 3-28 所示,单击"Tools"→"Interpolate electrodes"。

在弹窗中单击"Select from data channels",选择插值的通道,如图 3-29 所示。

如果不知道通道对应的数值名称是什么,可以通过单击"Plot"→"Channel locations"→"By name"画出电极通道图后,通过单击通道名字来查看通道数值,如图 3-30 所示。

另一种方法是直接编写代码来操作,其原理是利用缺失电极周围电极的平均值来对缺失通道进行插值。比如图 3-30 中,如果 F4 电极数据缺失,则取 Fp2、F8 和 C4 电极的平均值作为 F4 电极的数据。

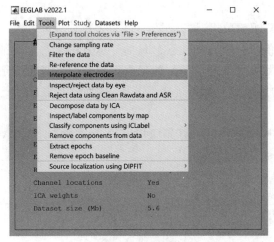

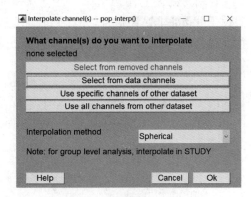

图 3-28 插值 图 3-29 选择要插值的通道

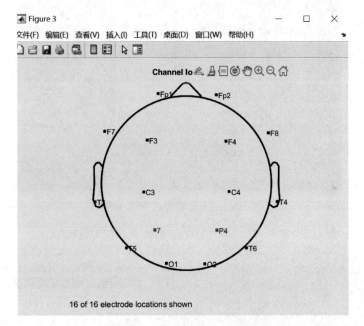

图 3-30 16 电极的位置分布

6. 伪迹去除

脑电数据有很多伪迹,这些脑电数据记录过程中出现的非脑电干扰,给脑电的分析带来了极大的困难。因此,在数据记录的过程中要注意减少伪迹的产生,同时对于记录的数据要进行判别,找出明显的伪迹并进行去除。

脑电数据的伪迹主要来自两个方面,其一是数据采集受试者的眼动、脉搏、吞咽、咳嗽等动作,因为肌电信号的幅度比脑电信号大得多,所以一旦受试者有各种动作,就很难采集到高质量的脑电信号。其二是仪器,仪器故障、电极接触不良或者电线晃动、空间的电磁干扰等。如何去除伪迹是脑电信号处理领域一个经典的研究问题。这里采用两种方式来进行伪迹去除,一种是人工去除,另一种是利用独立成分分析(independent component analysis,

ICA)方法。

人工进行伪迹去除,一般是通过数据窗口观察数据,将有明显的伪迹数据段删除。

在信号处理中,ICA 是一种用于将多元信号分离为加性子分量的计算方法。它是通过假设子分量是非高斯信号,并且在统计上彼此独立来完成的。如果假设脑电信号与伪迹是彼此独立的,那么就可以用 ICA 来对真正的脑电信号和伪迹进行分离,从而达到去除伪迹的目的。

EEGLAB 中提供了用 ICA 来进行伪迹去除的功能。首先使用 ICA 分解数据,具体操作如图 3-31 所示,单击"Tools"→"Decompose data by ICA"。

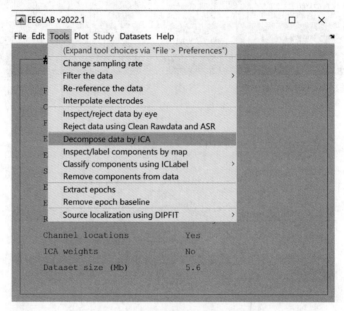

图 3-31 对数据进行 ICA 分解

在弹窗中选择默认算法"runica"即可,单击"Ok"运行,见图 3-32。

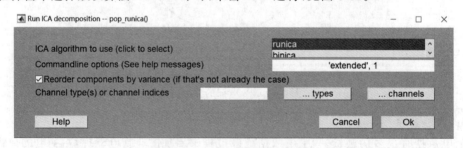

图 3-32 ICA 分解参数选择

此时,在命令行窗口,会出现如图 3-33 所示的提示信息。运行的时间可能有点长,注意不要单击"Interrupt",耐心等待。

ICA 分解完成后,可以对分解得到的各独立成分进行可视化。具体操作如图 3-34 所示,单击"Plot"→"Component maps"→"In 2-D"。

在弹窗中填写成分数量,见图 3-35,如填写"1:16",即画出第 1~16 个成分。

单击"Ok"后,得到如图 3-36 所示的图,该图展示了各独立成分在头皮中的分布情况。

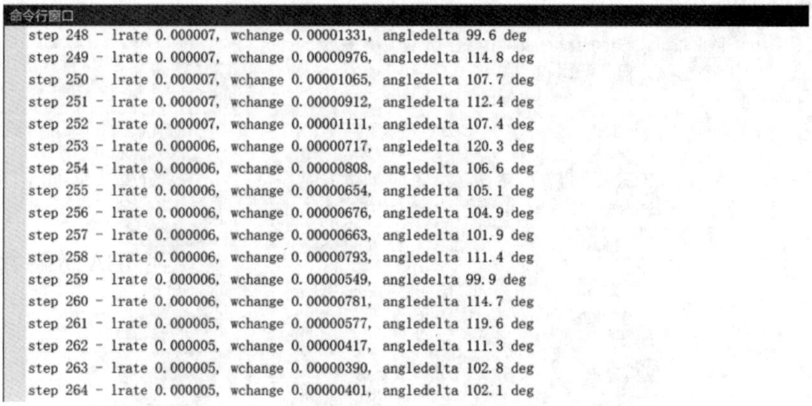

命令行窗口
step 248 - lrate 0.000007, wchange 0.00001331, angledelta 99.6 deg
step 249 - lrate 0.000007, wchange 0.00000976, angledelta 114.8 deg
step 250 - lrate 0.000007, wchange 0.00001065, angledelta 107.7 deg
step 251 - lrate 0.000007, wchange 0.00000912, angledelta 112.4 deg
step 252 - lrate 0.000007, wchange 0.00001111, angledelta 107.4 deg
step 253 - lrate 0.000006, wchange 0.00000717, angledelta 120.3 deg
step 254 - lrate 0.000006, wchange 0.00000808, angledelta 106.6 deg
step 255 - lrate 0.000006, wchange 0.00000654, angledelta 105.1 deg
step 256 - lrate 0.000006, wchange 0.00000676, angledelta 104.9 deg
step 257 - lrate 0.000006, wchange 0.00000663, angledelta 101.9 deg
step 258 - lrate 0.000006, wchange 0.00000793, angledelta 111.4 deg
step 259 - lrate 0.000006, wchange 0.00000549, angledelta 99.9 deg
step 260 - lrate 0.000006, wchange 0.00000781, angledelta 114.7 deg
step 261 - lrate 0.000005, wchange 0.00000577, angledelta 119.6 deg
step 262 - lrate 0.000005, wchange 0.00000417, angledelta 111.3 deg
step 263 - lrate 0.000005, wchange 0.00000390, angledelta 102.8 deg
step 264 - lrate 0.000005, wchange 0.00000401, angledelta 102.1 deg

图 3-33　ICA 分解时命令行窗口的提示信息

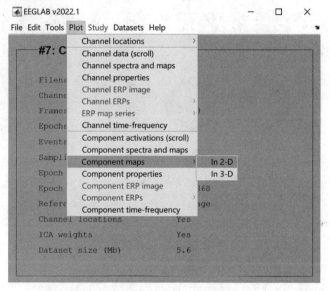

EEGLAB v2022.1
File Edit Tools Plot Study Datasets Help
Channel locations
Channel data (scroll)
Channel spectra and maps
Channel properties
Channel ERP image
Channel ERPs
ERP map series
Channel time-frequency
Component activations (scroll)
Component spectra and maps
Component maps
In 2-D
In 3-D
Component properties
Component ERP image
Component ERPs
Component time-frequency
Channel locations　Yes
ICA weights　Yes
Dataset size (Mb)　5.6

图 3-34　画 ICA 成分图

Plot component scalp maps in 2-D -- pop_topoplot()
Component numbers
1:16
(negate index to invert component polarity; NaN -> empty subplot; Ex. -1 NaN 3)
Plot title
CNT file
Plot geometry (rows,col.); [] -> near square
[]
Plot associated dipole(s) (if present)
-> Additional topoplot() (and dipole) options (see Help)
'electrodes', 'on'
Help
Cancel
Ok

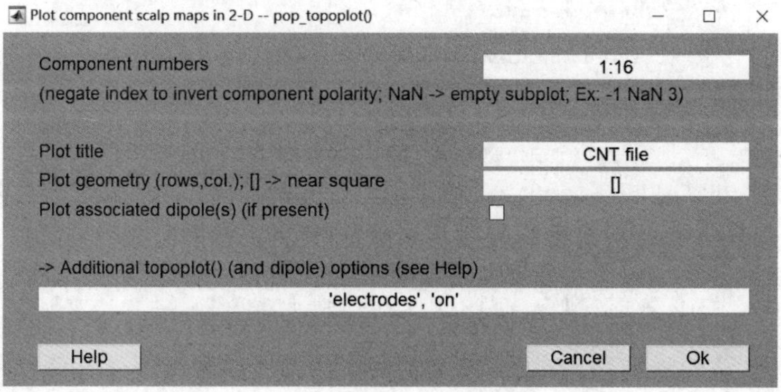

图 3-35　画图 ICA 成分选择

有经验的研究者根据 ICA 成分的特征，可以判断哪些成分是伪迹，应该去除。但对于初学者来说，难度很大。EEGLAB 为伪迹判断提供了辅助。首先通过单击“Tools”→

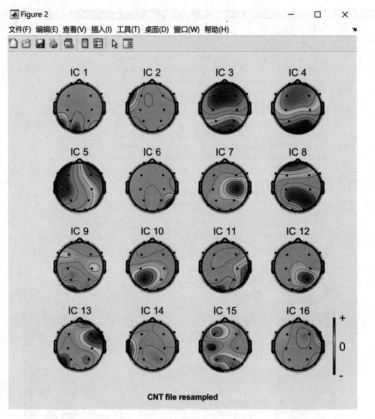

图 3-36　ICA 成分示例

"Classify components using ICLabel"→"Label components"查看各独立成分具体情况,如图 3-37 所示。

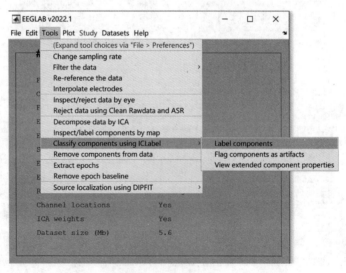

图 3-37　独立成分标记

在弹出窗口中单击"Ok",如图 3-38 所示。

在弹出窗口中可以填写需要看的成分的个数,如图 3-39 所示,这里填写"1∶16"。

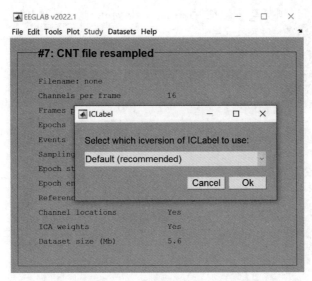

图 3-38　独立成分标记方法选择

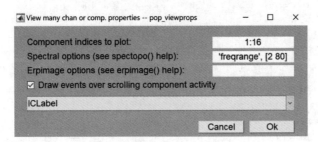

图 3-39　独立成分画图的参数选择

单击"Ok"之后,得到显示结果,如图 3-40 所示。该结果显示了每个成分的提示信息。其中,"Eye"表示眼动相关成分。

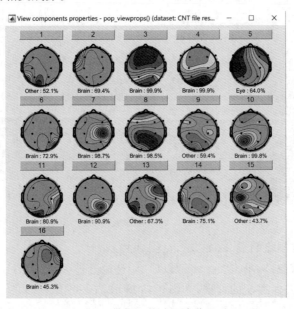

图 3-40　带标记的独立成分显示

单击数字按钮可以浏览具体信息,如在图 3-40 所示界面中单击"5",会弹出图 3-41 所示界面。

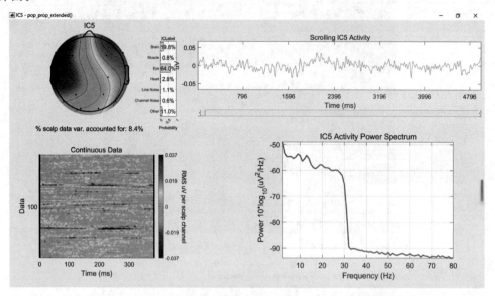

图 3-41　独立成分 5 的细节展示

可以看到 IC5 的成分主要是眼动,还有一些通道噪声和其他,因此可以去除。

由此,最终决定删除 IC5。操作为:单击"Tools"→"Remove components from data",如图 3-42 所示。

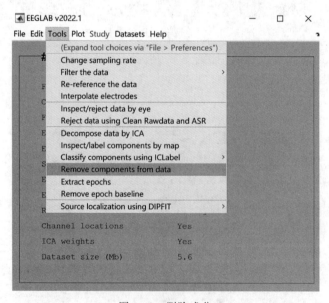

图 3-42　删除成分

在弹窗中填入要删除的成分,如"5",见图 3-43。

然后会弹出确认窗口,单击"Accept"以后,所选成分被去除,如图 3-44 所示。

删除完成后,需要保存新的数据,如图 3-45 所示。至此,利用 ICA 方法去除伪迹的操作完成。

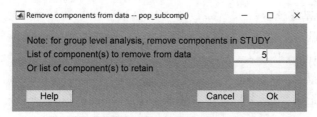

图 3-43 填入删除成分列表

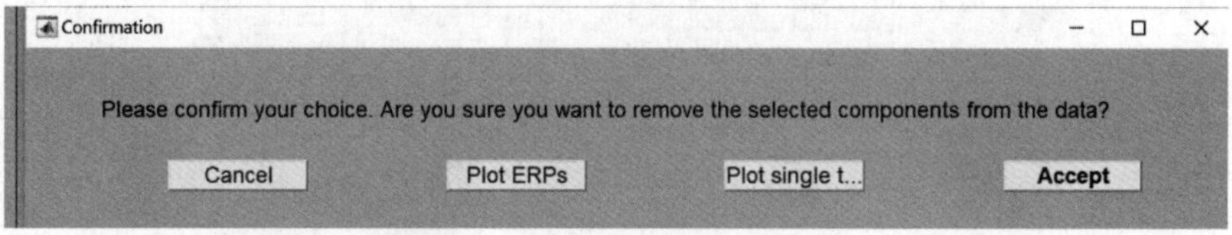

图 3-44 独立成分删除确认弹窗

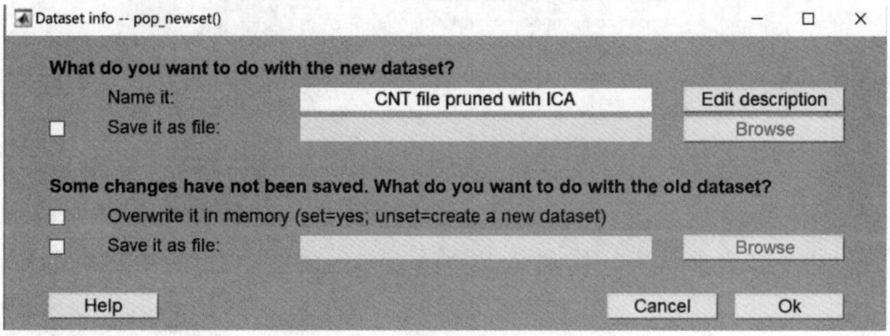

图 3-45 新数据命名和保存

注意：每个数据去除成分时需要非常慎重，不建议删除过多成分。同时，并非每个数据都必须要去除其中的成分，如果标签 Eye 的成分比例较低，如低于 50%，那么建议保留。

去除伪迹之后的效果如图 3-46 所示。

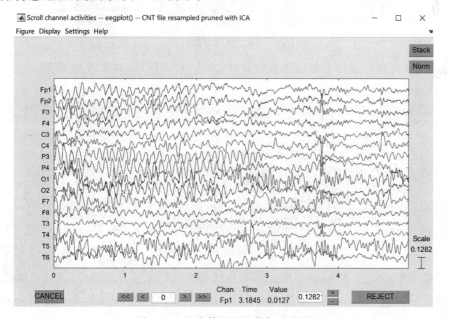

图 3-46 去除伪迹后的数据示意图

7. 分段和移除基线值

采集记录到的脑电数据通常持续时间都比较长,所以通常需要进行分段。尤其对于事件相关电位(event-related potential,ERP)数据,必须按照单次任务的起始时间和结束时间进行分段,才能进行后续的分析。

对于有事件标记的数据,分段操作如图 3-47 所示,单击"Tool"→"Extract epochs"。

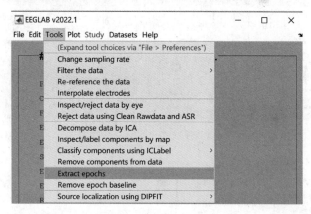

图 3-47　分段操作

在弹窗中根据需要设置参数,保留默认的时间限制(从时间锁定事件之前的 1 秒到时间锁定事件之后的 2 秒),单击"Ok",如图 3-48 所示。

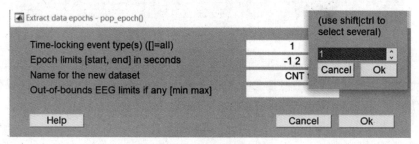

图 3-48　分段参数选择

根据需要,保存并重命名提取的数据文件,单击"Ok"即可,如图 3-49 所示。

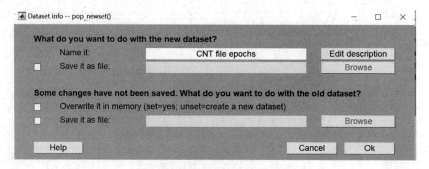

图 3-49　保存分段后的数据

如果数据中不包含事件标记,那么需要自己编写代码进行分段操作,并且可以根据需要采用滑动窗口的形式来分段。这种滑动窗口分段的形式可以增加数据样本量,提升模型效果。

当数据时段之间存在基线差异时,可能会需要从每个时段移除平均基线值,以免影响数据的分析,具体的操作如图 3-50 所示,单击"Tools"→"Remove epoch baseline"。

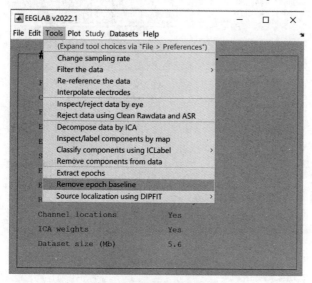

图 3-50 移除基线值操作

在弹窗中选择通道参数,默认为所有通道,单击"Ok"即可,如图 3-51 所示。

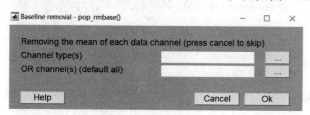

图 3-51 移除基线参数选择

8. 文件保存

预处理完成后,需要保存好新生成的文件。EEGLAB 中默认保存处理好的数据为 .set 文件,如图 3-52 所示。这种类型的文件同时保留了通道数、采样率等信息,可以再次用 EEGLAB 直接打开。

如果后续的处理不再使用 EEGLAB,而是自己编写代码,那么可以在命令行窗口输入 "save filename EEG.data",可以保存当前的数据为 .mat 格式。其中,"filename"是自己指定的文件名。

还可以把前面的处理存成脚本文件,即 .m 文件,以供下一个数据继续使用。具体操作如图 3-53 所示,单击"File"→"History scripts"→"Save dataset history script"。

3.2.4 案例:脑电数据的采集和预处理

1. 抑郁症 EEG 数据集

本章所用的抑郁症 EEG 数据集由北京大学第六医院提供,包含 20 名抑郁症患者 (D1~D20)和 20 名健康被试(S1~S20)的静息态脑电数据。抑郁症患者包括 14 名女性和 6 名男性,年龄为 29.50±9.20 岁(均值±方差),健康被试包括 13 名女性和 7 名男性,年龄为

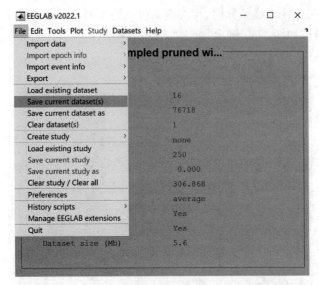

图 3-52　保存当前数据

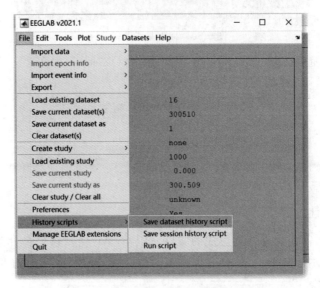

图 3-53　保存预处理操作为脚本文件

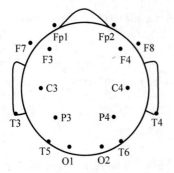

图 3-54　脑电采集设备的电极分布图

29.60±6.48 岁。所有被试均自愿签署知情同意书。

使用 BrainMaster-NM 设备进行 EEG 信号的采集，电极的放置符合国际 10-20 电极放置系统的标准。共记录了每位受试者闭眼静息状态 5 分钟的 EEG 信号，采样频率为 1000Hz，采集的电极包括 Fp1/2、F3/4、C3/4、P3/4、O1/2、F7/8、T3/4 以及 T5/6，这 16 个电极分布在大脑的全部 5 个区域，即额区、中央区、颞区、顶区以及枕区，足以反映被试脑功能的情况，具体分布位置见图 3-54。在整个信号采集的过程中，所有受试者均以舒服的姿态坐在椅子上，并尽量避免了周围环境的干扰。

2. 预处理

对给定数据集中 1 个抑郁症患者（数据 D1）和 1 个健康被试（数据 S1）的数据进行预处理。

预处理步骤包括：①将信号的采样频率从 1000 Hz 降到 256 Hz；②进行 0.5～35 Hz 滤波；③手动去伪迹；④ICA 去眼动伪迹；⑤保存为.mat 文件。

预处理后得到的数据参见配套的数据文件。

3.3　脑电数据的功率谱和时频分析

时域和频域分析是脑电数据分析中最基本的方法。脑电的基本分类就是按照不同频率来定义的，因此本节首先介绍功率谱分析，再介绍时频分析中常用的短时傅里叶变换和小波变换的基本原理和应用。

3.3.1　功率谱分析

脑电信号是一种非平稳的随机信号，一般而言随机信号的持续时间是无限长的，因此随机信号的总能量是无限的，而随机过程的任意一个样本函数都不满足绝对可积条件，所以其傅里叶变换不存在。

不过，尽管随机信号的总能量是无限的，但其平均功率却是有限的，因此，要对随机信号的频域进行分析，应从功率谱出发进行研究才有意义。正因为如此，在研究中经常使用功率谱密度（power spectral density，PSD）来分析脑电信号的频域特性。

1. 基本概念和原理

功率谱密度是对随机变量均方值的量度，是单位频率的平均功率量纲。对功率谱在频域上积分就可以得到信号的平均功率。功率谱密度是一个以频率为自变量的映射，反映了在频率成分上信号有多少功率。

常用功率谱估计方法如图 3-55 所示。

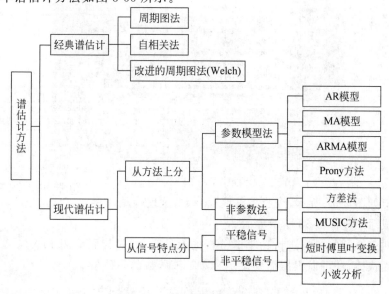

图 3-55　常用功率谱估计方法

经典功率谱估计方法可以分为两种,直接法和间接法。直接法也称为周期图法,它是直接对有限个样本数据进行傅里叶变换来得到功率谱。样本数据越长,直接法获得的分辨率越高。间接法则是先对有限个样本数据进行自相关估计,再进行傅里叶变换,最后得到功率谱。

周期图法是把随机序列 $x(n)$ 的 N 个观测数据视为一个能量有限的序列,直接计算 $x(n)$ 的离散傅里叶变换,得 $X(k)$,然后再取其幅值的平方,并除以 N,作为序列 $x(n)$ 真实功率谱 $P(x)$ 的估计。即式(3-1)所示。

$$P(x) = \frac{1}{N} \mid X(k) \mid^2 \tag{3-1}$$

原始的周期图法误差较大,本章将采用其改进方法,Welch 法。Welch 法是一种修正周期图功率谱密度估计方法,它通过选取的窗口对数据进行加窗处理,先分段求功率谱之后再进行平均。其中,窗口的长度表示每次处理的分段数据长度,相邻两段数据之间可以有重叠部分。窗口长度越大,得到的功率谱分辨率越高(越准确),但方差加大(即功率谱曲线不太平滑);窗口长度越小,结果的方差会变小,但功率谱分辨率较低(估计结果不太准确)。窗的选择也对结果有一定影响,常见的如汉宁窗、矩形窗、凯撒窗等,一般对脑电信号选择汉宁窗。

2. 功率谱分析的具体操作

EEGLAB 通过调用 MATLAB 信号处理工具箱中的 Welch 方法,来进行功率谱估计。具体操作为:单击"Plot"→"Channel spectra and maps",可以查看功率谱图,如图 3-56 所示。

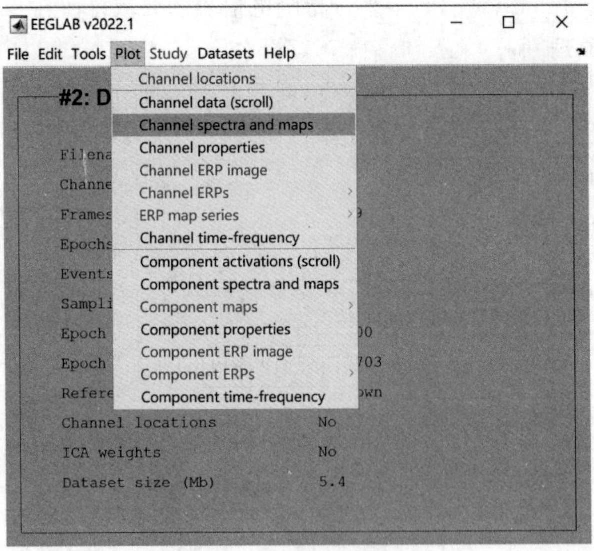

图 3-56 查看功率谱图

弹出窗口如图 3-57 所示,按照需求填写参数,这里为默认参数,单击"Ok"。

单击完成后出现图 3-58 所示界面。

如果要对多个脑电数据进行功率谱分析的批处理,通过代码调用 MATLAB 的 pwelch 函数更为方便快捷,还可以根据需要设定参数。该函数的一种格式为

```
[pxx, f] = pwelch (x, window, noverlap, NFFT, fs)
```

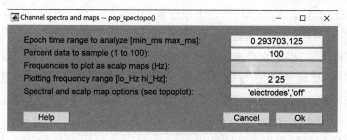

图 3-57 填写功率谱图参数

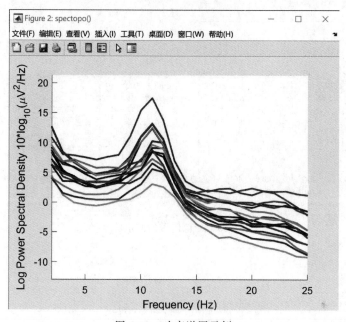

图 3-58 功率谱图示例

其中,函数的输入中 x 是信号数据,当 x 是向量时,它被当作一个单通道信号,当 x 是矩阵时,x 的每一列被当作一个通道的信号。window 输入为整数时,代表计算功率谱每个窗口的信号长度,选择的窗口越长,越能分辨低频的信号。noverlap 是每个窗口之间重叠的长度,通常取 $33\%\sim50\%$,窗口之间重叠得越多,图像越平滑,反之则越粗糙。NFFT,即 FFT 数据点的个数,可以变化,但是最大长度不能超过每一段的点数。通常设置 NFFT 为大于每一段的点数的最小 2 次幂,这样可以得到最高的频域分辨率,NFFT 越小,最终分辨率会越粗糙。fs 是采样频率,最终的结果中,横坐标的最大值为采样频率的一半。函数的输出中,pxx 为计算得到的功率谱数值,f 为功率谱数值对应频率的位置。

3.3.2 短时傅里叶变换

1. 基本概念和原理

对平稳随机信号 $x(t)$,傅里叶变换可得到其频域的信息,它建立了信号从时域到频域的变换桥梁,可以用式(3-2)来表示:

$$X(f)=\mathcal{F}[x(t)]=\int_{-\infty}^{\infty} x(t)\mathrm{e}^{-\mathrm{j}2\pi ft}\,\mathrm{d}t \tag{3-2}$$

式中，f 代表频率；t 代表时间；$e^{-j2\pi ft}$ 为复变函数。

　　傅里叶变换认为一个周期函数(信号)包含多个频率分量，任意函数(信号)$x(t)$可通过多个周期函数(基函数)相加而合成。从物理角度理解傅里叶变换是以一组特殊的函数(三角函数)为正交基，对原函数进行线性变换，物理意义便是原函数在各组基函数的投影。图 3-59 为一平稳信号 $x(t)=0.7\times\sin(2\pi\times50t)+\sin(2\pi\times120t)$ 的傅里叶变换，做完快速傅里叶变换(fast Fourier transform，FFT)后，可以在其频谱上看到清晰的两条线(50Hz 和 120Hz)，信号包含两个频率成分。而如图 3-60 所示的非平稳信号径 FFT 后，频谱图上就显示出很多其他频率的分量。

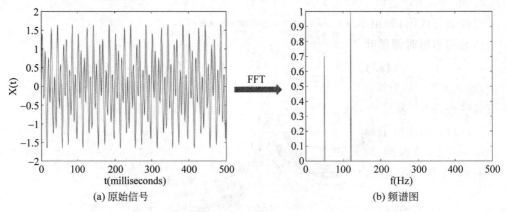

(a) 原始信号　　　　　　　　　　　　(b) 频谱图

图 3-59　平稳信号的傅里叶变换

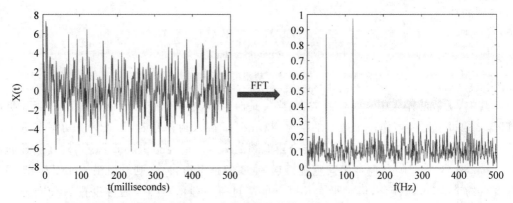

图 3-60　非平稳信号的傅里叶变换

　　傅里叶变换是一种分析信号的方法，它可分析信号的成分，也可用这些成分合成信号。在分析信号时，主要应用于处理平稳信号，通过傅里叶变换可以得到一段信号总体上包含哪些频率的成分，但是对各成分出现的时刻无法得知。傅里叶变换会忽略信号的时间信息，因此对非平稳信号的处理有天生的缺陷。

　　为了克服这种局限性，考虑使用局部变换的方法，由此出现了短时傅里叶变换(short-time Fourier transform，STFT)。短时傅里叶变换实质上就是加窗傅里叶变换，它把整个时域过程分解成无数个等长的小过程，假定每个小过程近似平稳，再进行傅里叶变换，通过窗在时间轴上的移动从而使信号逐段进入被分析状态，最后得到信号的一组"局部"频谱。

　　给定一个时间宽度很短的窗函数 $\eta(t)$，让窗口滑动，则信号 $z(t)$ 的短时傅里叶变换如式(3-3)所示：

$$\mathrm{STFT}_z(t,f) = \int_{-\infty}^{\infty} z(t')\eta(t'-t)\mathrm{e}^{-\mathrm{j}2\pi ft'}\,\mathrm{d}t' \tag{3-3}$$

窗函数 $\eta(t)$ 的存在，使得短时傅里叶变换具有了局域特性，既是时间的函数，也是频率的函数。特别地，当窗函数 $\eta(t) \equiv 1, \forall t$ 时，短时傅里叶变换退化为传统傅里叶变换。

选定窗函数之后，这个时频窗与时间 t 和频率 f 无关，考虑傅里叶变换的理论极限，即不确定性原理，当窗口越小，就越能知道信号中某个频率出现在哪里，但是对自身的频率值了解越少；窗口越大，对频率值的了解就越多，而对时间信息了解就越少。

2. 短时傅里叶变换的具体操作

通过编写代码，调用 MATLAB 的信号处理函数 spectrogram 即可，spectrogram 函数的功能是利用短时傅里叶变换求信号的功率谱，格式为

$$[\mathrm{s, f, t}] = \mathrm{spectrogram(x, window, noverlap, f, fs)}$$

其中，输入参数：x 为待分析的信号；window 为窗函数，默认值为汉宁窗；noverlap 为窗口重叠的长度，默认值为 50%；f 为指定计算的频率点；fs 为采样的频率。输出参数：s 为函数返回的短时傅里叶变换后的值；f 为对应的频率点；t 为时间序列。

取一段 EEG 数据（抑郁症患者 D1 的第一个电极的 10 秒数据），调用 spectrogram 函数，执行如下代码：

```
D1_top10s = D1(1,1:2561)
[s, f, t] = spectrogram(D1_top10s, 256)
```

可得到如图 3-61 所示的结果。图 3-61(a)为原始数据波形，图 3-61(b)为短时傅里叶变换得到的功率谱图。

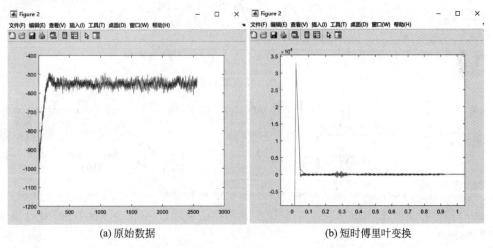

(a) 原始数据　　　　　　　　　　　　(b) 短时傅里叶变换

图 3-61　EEG 数据短时傅里叶变换示例

3.3.3　小波分析

1. 基本概念和原理

小波变换是 20 世纪 80 年代后期出现的一个应用数学的分支，后被学者引入到信号处理领域。小波变换在频域和时域上都有很好的表现。小波变换具有多分辨特性，也叫多尺度特性，可以由粗到精地逐步观察信号，也可以看成是用一组带通滤波器对信号滤波。这种

特性是通过不同的伸缩变换实现的。首先,看一个大尺度/窗口的信号,并分析"大"特征,然后看一个小尺度的信号,以便分析更小的特征。和短时傅里叶变换相比,小波变换的窗口大小是可变的。图 3-62 显示了不同方法的时间分辨率和频率分辨率。

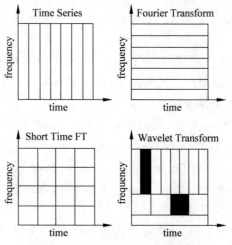

图 3-62　各种时频分析方法的分辨率

傅里叶变换是通过一系列频率不同的正弦波来拟合信号。也就是说,信号是通过正弦波的线性组合来表示的。小波变换使用一系列称为小波的函数,每个函数具有不同的尺度。正弦波和小波分别是傅里叶变换和小波变换的基。正弦波是无限延长的,小波则是在一个时间点上的局域波。图 3-63 为正弦波和小波的示意图。

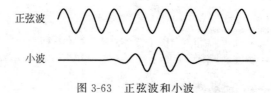

图 3-63　正弦波和小波

将信号 $z(t)$ 在小波基下展开,称为 $z(t)$ 的连续小波变换(continuous wavelet transform,CWT),其表达式如式(3-4)所示:

$$\mathrm{CWT}_z(a,\tau)=\frac{1}{\sqrt{a}}\int_{-\infty}^{+\infty}z(t)\varphi\left(\frac{t-\tau}{a}\right)\mathrm{d}t \tag{3-4}$$

从式(3-4)可以看出,不同于傅里叶变换的变量只有频率 f,小波变换有两个变量:尺度 a(scale)和平移量 τ(translation)。a 控制小波函数的伸缩,τ 控制小波函数的平移。a 对应于频率(反比),τ 对应于时间。

根据时频分析的要求,小波基函数 $\varphi(t)$ 应满足以下条件:

(1) 只有小的局部非零区域,在窗口之外函数为零。

(2) 本身是振荡的,具有波的性质,并且没有直流趋势成分,即满足式(3-5)。

$$\Psi(0)=\int_{-\infty}^{+\infty}\varphi(t)\mathrm{d}t=0 \tag{3-5}$$

式中,$\Psi(f)$ 是函数 $\varphi(t)$ 的傅里叶变换。

(3) 包含尺度参数 $a(a>0)$ 和平移参数 τ。

常用的连续小波基函数有 Morlet 小波和 Marr 小波等。

小波基函数不断和信号相乘。某一个尺度(宽窄)下相乘的结果,就可以理解成信号所包含的当前尺度对应频率成分有多少。于是,基函数会在某些尺度下,与信号相乘得到一个很大的值,因为此时二者有一种重合关系。那么就知道信号包含该频率的成分为多少。与傅里叶变换不同的是,小波变换不但可以知道信号有这样频率的成分,而且知道它在时域上存在的具体位置。当在每个尺度下都不断平移并和信号相乘后,就可以得到信号在每个位置都包含哪些频率成分的信息。

2. 小波分析的具体操作

MATLAB 有小波工具箱,提供了丰富的函数以供选用,还提供了图形用户界面,可以方便地进行小波分析的操作。如图 3-64 所示为小波分析的工具包。图 3-65 所示为小波分析工具包界面。

图 3-64　小波分析工具包

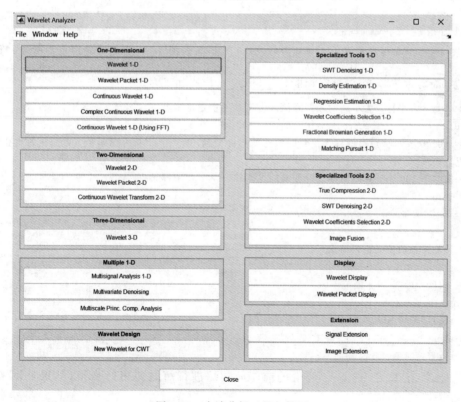

图 3-65　小波分析工具包界面

　　根据需要设定参数,即可进行分析。如果想进行数据的批处理,也可以直接编写代码进行分析。

3.3.4　案例:脑电数据功率谱和时频分析

　　在 3.2.4 节中对数据 D1 和 S1 进行了预处理,此处继续进行分析,分别进行功率谱、短时傅里叶变换和小波分析。

　　(1) 功率谱分析:对抑郁症患者 EEG(数据 D1)经过预处理后的数据进行功率谱分析,可得图 3-66。

　　对健康被试 EEG(数据 S1)的数据进行功率谱分析,结果如图 3-67 所示。

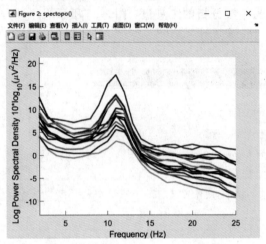

图 3-66　抑郁症患者 EEG 功率谱分析

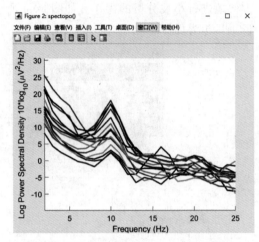

图 3-67　健康被试 EEG 功率谱分析

　　(2) 对数据 D1 和 S1 进行短时傅里叶变换,代码如下:

```
% B 是 F 大小行 T 大小列的频率峰值,P 是对应的能量谱密度
[B, F, T, P] = spectrogram(D1_top10s, 100, 99, 0.5:30, 256);;
% spectrogram 函数返回输入信号的短时傅里叶变换,第一个 100 为窗函数大小,99 为重叠的采样点数
% 第二个 100 为计算离散傅里叶变换的点数,Fs = 256 为采样频率
figure
imagesc(T, F, P);
% imagesc(T, F, B)
% 设置 y 轴数值为正常显示
set(gca, 'YDir', 'normal')
ylim([0, 35]); % y 轴范围
colorbar; % 色标
xlabel('时间 t/s');
ylabel('频率 f/Hz');
title('短时傅里叶时频图');
```

　　此处对 D1 和 S1 的 Fp1 通道的前 10s 数据进行短时傅里叶变换,结果见图 3-68 和图 3-69。

　　(3) 小波变换:对 EEG 数据 D1 和 S1 进行小波分析,结果如图 3-70 和图 3-71 所示。

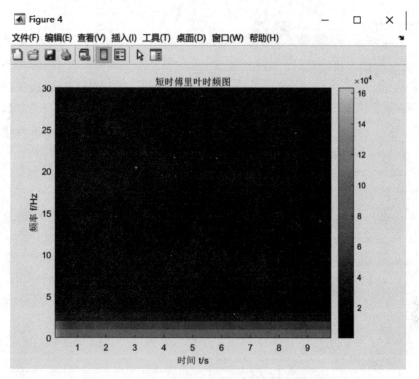

图 3-68　抑郁症患者 EEG 短时傅里叶变换结果

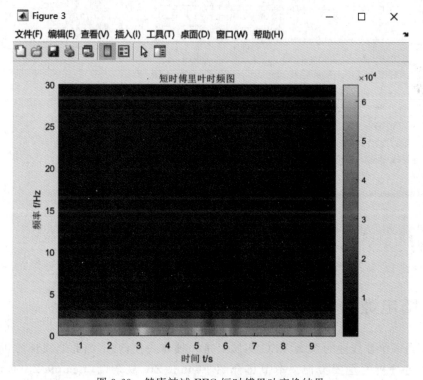

图 3-69　健康被试 EEG 短时傅里叶变换结果

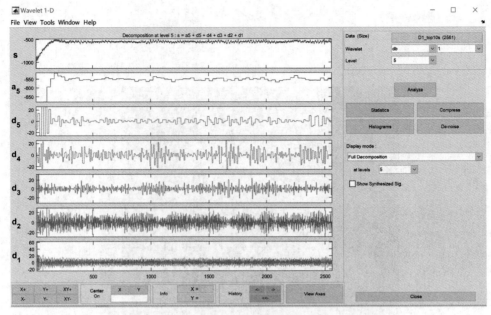

图 3-70　抑郁症患者 EEG 小波分析结果

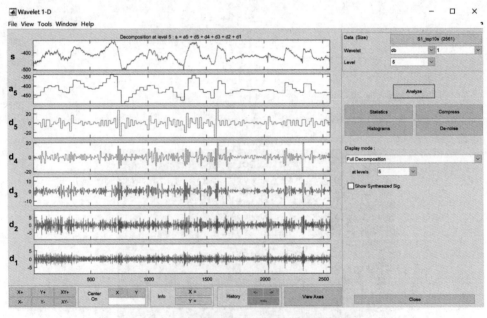

图 3-71　健康被试 EEG 小波分析结果

3.4　脑电数据的非线性分析

大脑是一个非线性的系统,EEG 实质上是一种非线性信号,因此非线性分析也是对脑电数据进行分析的重要方向。本节将介绍 Lemple-Ziv 复杂度(Lemple-Ziv Complexity,LZC)、小波熵以及分形维数这些非线性描述量在脑电数据分析中的应用。

3.4.1　LZC

LZC 是一种模型独立的非线性测度,反映了一个时间序列随着序列长度的增加出现新模式的速率。LZC 越大说明出现新模式的概率越高,即对应的动力学行为越复杂。具体的计算方式如图 3-72 所示。

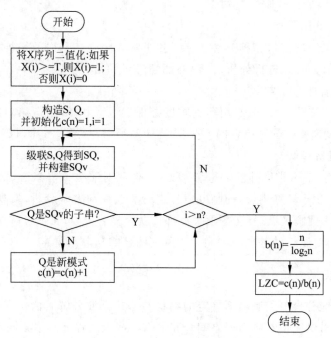

图 3-72　LZC 计算流程图

代码如下:

```
function lzc = LZComplexityCompute (data)
% 计算一维信号的复杂度
% data: 一维时间序列
% lzc: 信号的复杂度
% % % % % % % % % % % % % % % % % % %
MeanData = mean(data);              % 数据基于均值的二值化处理
b = (data > MeanData);
x (1: length (b)) = '0';
x(b) = '1';                        % 二值化后得到 01 序列字符串
c = 1; % 模式初始值
S = x(1);
Q = [];
SQ = [];                           % S Q SQ 初始化
for i = 2:length(x)
Q = strcat (Q, x(i));
SQ = strcat (S,Q);
SQv = SQ(1: length(SQ) - 1);
% 如果 Q 不是 SQv 中的子串,说明 Q 是新出现的模式,执行 c 加 1 操作
if isempty(findstr(SQv, Q))
S = SQ;
Q = [];
c = c + 1;
end
```

```
end
% 循环得到的 c 是字符串断点的数目,所以要加 1
c = c + 1;
b = length(x)/log2(length (x));
lzc = c/b;
fprintf('\n\n 序列 data 的 LZC 复杂度是\n\n');
fprintf('% f', lzc);
return;
```

相关研究的一些结果如下:

(1) Li 等对抑郁症患者、精神分裂症患者和正常人闭眼休息以及精神活跃状态下进行心算连减的脑电信号 LZC 进行分析,发现抑郁症患者和精神分裂症患者的 LZC 均高于正常人,且存在着显著性的差异。

(2) Méndez 等统计了 20 名未用药的重度抑郁症患者和 19 名健康对照 5 个脑区(148个通道)的 LZC,发现所有脑区患者的 LZC 均高于对照组,且经过 6 个月的抗抑郁药物治疗后,患者的 LZC 有所降低。

(3) Akar 等对 15 名重度抑郁症患者和 15 名健康对照被试静息态、听噪音(消极情绪内容)以及听音乐(积极情绪内容)的脑电信号进行非线性动力学分析,发现在任何状态下,患者的 LZC 均高于健康被试,且在额顶头皮部位获得显著差异,在颞区和中央区,重度抑郁症患者的脑电图与对照组的脑电图之间没有发现明显的复杂性差异。

3.4.2　小波熵

小波熵,可以区分自身或刺激下特定的脑状态是从小波分解后的信号序列中计算的一种熵值,反映了信号谱能量在各个子空间分布的有序或无序程度。小波熵越大,表明信号的能量分布越分散,信号本身越无序。具体计算方式如下:

(1)首先计算每一段信号尺度 j 的小波能量 E_j:

$$E_j^{(N_j)} = \sum_{k=m_j}^{m_j+N_j-1} d_j(k)^2 \tag{3-6}$$

式中,m_j 表示尺度 j 的第 m 个数据段;d 表示尺度 j 的小波系数;N 表示运行窗口的长度。

(2)计算总能量 E_{tot}:

$$E_{\text{tot}} = \sum_j E_j^{(N_j)} = \sum_j \sum_{k=m_j}^{m_j+N_j-1} d_j(k)^2 \tag{3-7}$$

(3) 将小波能量除以总能量,得到各尺度 j 的相对小波能量和运行窗口长度:

$$p_j^{(N_j)} = \frac{E_j^{(N_j)}}{E_{\text{tot}}} = \frac{\displaystyle\sum_{k=m_j}^{m_j+N_j-1} d_j(k)^2}{\displaystyle\sum_j \sum_{k=m_j}^{m_j+N_j-1} d_j(k)^2} \tag{3-8}$$

(4) WE 即为不同尺度间 $p_j^{(N_j)}$ 分布的熵:

$$\text{WE} = -\sum_j p_j^{(N_j)} \log p_j^{(N_j)} \tag{3-9}$$

代码如下：

```
function wentropy = wavelet_entropy_func(x,Fs)

N_ceng = round(log2(Fs)) - 3;
wentropy = 0;
E = waveletdecom_cwq(x, N_ceng,'db4');
P = E/sum(E);
P = P(find(P~ = 0));
for j = 1:size(P, 2)
wentropy = wentropy - P(1, j). * log(P(1,j));          % 小波熵 Swt = - sum(Pj * logPj)
end

end

function [ E ] = waveletdecom_cwq(x, n, wpname)
[C,L] = wavedec(x,n,wpname);                           % 对数据进行小波包分解
for k = 1:n
% wpcoef(wpt1,[n,i - 1])是求第 n 层第 i 个节点的系数
% disp('每个节点的能量 E(i)');
SRC(k, :) = wrcoef('a', C, L, 'db4', k) ;              % 尺度
SRD(k, :) = wrcoef('d', C, L, 'db4', k);               % 细节系数
% 求第 i 个节点的范数平方,其实也就是平方和
E(1, k) = norm(SRD(k,:)) * norm(SRD(k,:));
end
E(1, n + 1) = norm(SRC(n,:)) * norm(SRC(n,:));
% disp('小波包分解总能量 E_total');
E_total = sum( E );                                    % 求总能量
y = E_total ;
end
```

相关研究的一些结果：

（1）张胜等对安静闭目状态下的抑郁症患者和正常人的 16 导自发脑电小波熵进行分析,发现抑郁症患者组有 13 个导联的小波熵值大于正常人组,表明该状态下抑郁症患者的信号更为分散,成分更多,大脑活动更为无序。

（2）盖淑萍等提出了一种基于小波包分解节点重构信号的功率谱熵值的脑电信号分析方法,并针对抑郁症患者和正常健康人的静息态脑电信号进行计算和分析,发现抑郁症患者脑电信号的熵值在部分脑区显著大于正常健康人。

3.4.3 分形维数

分形维数定量地描述了研究对象的复杂程度,在复杂系统和复杂信号分析中得到了广泛应用。具体计算方式描述如下：

将尺寸分别为 $r = 1/4$ 和 $1/8$ 的网格覆盖在分形曲线上,计算网格中包含有图像像素的方格数目,不断减小网格尺寸 r,继续计算包含图像像素的网格数 $N(r)$,直至最小的网格尺寸达到像素为止。绘制出 $\ln(N(r)) \sim \ln(1/r)$ 图像,进行直线拟合,得到一条直线,那么直线的斜率 FD 即为该曲线的分形维数。

代码如下：

```
function D = FractalDim(y,cellmax)
% 求输入一维信号的计盒分形维数
% y 是一维信号
% cellmax: 方格子的最大边长,可以取 2 的偶数次幂次(1,2,4,8,...),取大于数据长度的偶数
```

```
%D 是 y 的计盒维数(一般情况下 D>=1),D=lim(log(N( e ))/log(k / e)),
if cellmax < length(y)
error('cellmax must be larger than input signal!')
end
L = length(y);                          % 输入样点的个数
y_min = min(y);

% 移位操作,将 y_min 移到坐标 0 点
y_shift = y - y_min;
% 重采样,使总点数等于 cellmax + 1
x_ord = [0:L-1]./(L-1);
xx_ord = [0:cellmax]./(cellmax);
y_interp = interpl(x_ord,y_shift,xx_ord):
% 按比例缩放 y,使最大值为 2^c
ys_max = max(y_interp);
factory = cellmax/ys_max;
yy = abs(y_interp * factory);

t = log2(cellmax) + 1:                  % 迭代次数
for e = 1:t
Ne = 0;                                 % 累积覆盖信号的格子的总数
cellsize = 2^(e-1);                     % 每次的格子大小
NumSeg(e) = cellmax/cellsize;           % 横轴划分成的段数

for j = 1:NumSeg( e );                   % 由横轴第一个段起通过计算纵轴跨越的格子数累积 N(e)
begin = cellsize * (j-1) + 1;           % 每一段的起始
tail = cellsize * j + 1;
seg = [begin: tail];                    % 段坐标
yy_max = max(yy(seg));
yy_min = min(yy(seg));
up = ceil(yy_max/cellsize);
down = floor(yy_min/cellsize);
Ns = up - down;                         % 本段曲线占有的格子数
Ne = Ne + Ns;                           % 累加每一段覆盖曲线的格子数
end
N( e ) = Ne;
end
% 对 log(N(e))和 log(k/e)进行最小二乘的一次曲线拟合,斜率就是 D
r  =  -diff(log2(N));                    % 去掉 r 超过 2 和小于 1 的野点数据
id  =  find(r<= 2&r> = 1);               % 保留的数据点
Ne = N(id);
e = NumSeg(id);
                                         % plot(log(e),log(Ne),'-- b*';
P = polyfit(log(e) , log(Ne), 1);        % 一次曲线拟合返回斜率和截距
D = P(1);
```

相关研究的一些结果:

(1) Akar 等对 15 个重度抑郁症患者和 15 个健康被试脑电信号的 Katz 分形维数(Katz fractal dimension,KFD)进行了分析,发现重度抑郁症患者的该指数均高于健康被试。

(2) Ahmadlou 等分析了抑郁症患者额区脑电信号不同节律的分形维数变化规律,发现抑郁症患者 beta 频段左额区,右额区,整个额区的分形维数均显著大于正常人。

3.4.4　案例:脑电数据非线性分析

在 3.2.4 节中,对数据 D1 和 S1 进行了预处理,此处将对这两个数据进行几种非线性分

析：LZC、小波熵和分形维数。将预处理后的原始数据以 10s 为一段进行分段,每位被试共有 29 段,计算每一段的 LZC、小波熵以及分形维数,并求平均值作为该被试脑电数据的最终结果。

三种方法的计算结果分别如图 3-73、图 3-74 和图 3-75 所示。

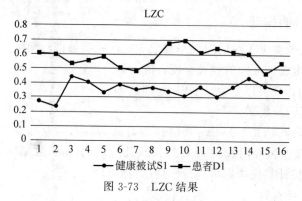

图 3-73　LZC 结果

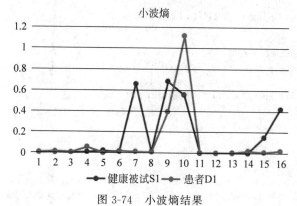

图 3-74　小波熵结果

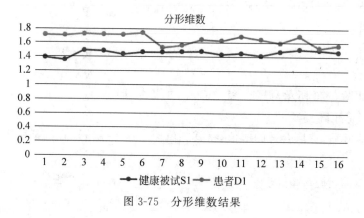

图 3-75　分形维数结果

3.5　脑电数据的网络分析

人类大脑是自然界中结构最为复杂、功能最为高效的器官之一,被认为是一个复杂的系统,其精巧和完善的结构以及功能连接模式使得大脑具有强大的信息分化与整合功能。

目前,有很多分析方法可以用来刻画脑网络,其中基于图论的分析方法可以对大脑功能网络和结构网络进行描绘和评估。作为科学计算的一个分支,图论通过定义脑网络的节点和边,对脑网络拓扑结构进行量化,从而帮助我们更深入地理解大脑的网络结构。

本节将从脑网络的构建、参数的计算与分析进行介绍。

3.5.1 脑网络的构建

脑网络的构建需要根据关注的问题来决定选择何种参数进行网络构建,常用的参数有:相关系数,衡量不同电极信号间的相关程度;相位滞后指数,衡量不同电极信号间的相位关系等。一个脑网络的构建可以分为以下四个步骤。

(1)载入预处理后的数据。

设待分析的数据为 X,X 为一个 $n \times \text{time}$ 的矩阵,其中,n 为电极数目,本章 EEG 的 n 均为 16;time 是时间点。可用 load 函数载入预处理后的 .mat 数据,同时将数据分成 10s 一小段进行计算,每段计算完毕后再进行平均以得到最后结果。

(2)计算相位滞后指数。

相位滞后指数(phase lag index,PLI),代码如下:

```
% PhaseLagIndex.m
function PLI = PhaseLagIndex(X)
% Given a multivariate data, returns phase lag index matrix
ch = size(X,2);                                      % column should be channel
% % % % % Hilbert transform and computation of phases
phi1 = angle(hilbert(X));
PLI = ones(ch,ch);
for ch1 = 1:ch - 1
    for ch2 = ch1 + 1:ch
        % phase lage index
        PDiff = phi1(:,ch1) - phi1(:,ch2);          % phase difference
        PLI(ch1,ch2) = abs(mean(sign(sin(PDiff)))); % only count the asymmetry
        PLI(ch2,ch1) = PLI(ch1,ch2);
    end
end
for i = 1:16
    PLI(i,i) = 0;
end
```

运行结果如图 3-76 所示,得到一个 16×16 的连接矩阵。

(3)构建二值矩阵。

得到连接矩阵后,选取合适的阈值,将其二值化。这个二值矩阵就是所构建的脑网络。代码如下:

```
function MIb = get_binary(M)
th = 0.03
[m,n] = size(M);
for i = 1:m
    for j = 1:n
        if(M(i,j) < th)
            MIb(i,j) = 0;
        else
            MIb(i,j) = 1;
        end
    end
end
```

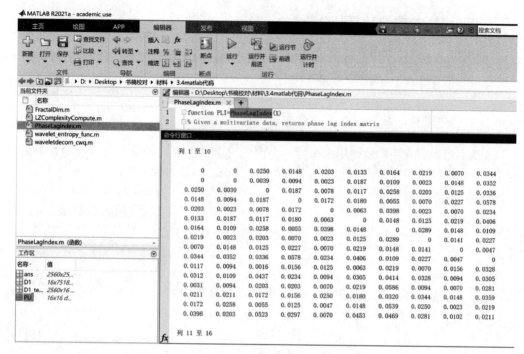

图 3-76　连接矩阵的获取

（4）画出网络图。

用 figeegnet 函数可以画出网络图。

当阈值取 0.03 时，网络图如图 3-77 所示。

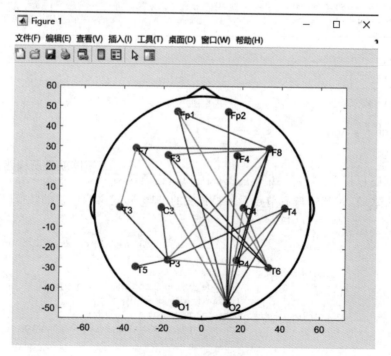

图 3-77　得到脑网络图

3.5.2 网络参数的计算与分析

1. 调用相应函数计算节点度数、聚类系数、特征路径长度和全局效率四个参数。

```
function [degree, ccb, cp, eb] = getParam(M)
degree = degrees_und(M);          % 节点度数
ccb = clustering_coef_bu(M);      % 聚类系数
cp = charpath(M);                 % 特征路径长度
eb = efficiency_bin(M);           % 全局效率
```

（1）节点度数：节点度数是用来衡量一个图中一个节点与其他节点之间连接性的属性指标，定义为图 G 中一个节点的相应边数，是节点的出度与其入度的和。

代码如下：

```
function [deg] = degrees_und(CIJ)
% Input: CIJ, undirected (binary/weighted) connection matrix
% Output: deg, node degree
CIJ = double(CIJ~ = 0);
Deg = sum(CIJ);
```

（2）聚类系数：聚类系数是用来表示图中节点的聚集程度，规则网络与小世界网络具有较高的聚类系数，而随机网络的聚集系数则较低，计算方式如下：

$$C = n/C_k^2 = 2n/k(k-1) \tag{3-10}$$

式中，C 表示的是该节点的聚类系数；k 表示该节点的全部邻接点数目。

代码如下。

```
function C = clustering_coef_bu(G)
% Input: A, binary undirected connection matrix
%
% Output: C, clustering coefficient vector
n = length(G);
C = zeros(n, 1);

for u = 1:n
    V = find(G(u, :));
    k = length(V);
    if k >= 2                        % degree must be at least 2
        S = G(V, V);
        C(u) = sum(S(:)) / (k^2 - k);
    end
end
```

（3）特征路径长度：在网络中，任选两个节点，连通这两个节点的最少边数定义为这两个节点的路径长度，网络中所有节点对路径长度的平均值，定义为网络的特征路径长度。

代码如下：

```
function [lambda, efficiency, ecc, radius, diameter] = charpath(D, diagonal_dist, infinite_dist)
% Input:       D,                 distance matrix
%              diagonal_dist      optional argument
%                                 include distances on the main diagonal
%                                 (default: diagonal_dist = 0)
%              infinite_dist      optional argument
%                                 include infinite distances in calculation
%                                 (default: infinite_dist = 1)
%
% Output:      lambda             network characteristic path length
```

```
%               efficiency        network global efficiency
%               ecc               nodal eccentricity
%               adius             network radius
%               diameter          network diameter
n = size(D, 1);
if any(any(isnan(D)))
    error('The distance matrix must not contain NaN values');
end
if ~exist('diagonal_dist', 'var') || ~diagonal_dist || isempty(diagonal_dist)
    D(1:n + 1:end) = NaN;        % set diagonal distance to NaN
end
if exist('infinite_dist', 'var') && ~infinite_dist
    D(isinf(D)) = NaN;           % ignore infinite path lengths
end
Dv = D(~isnan(D));               % get non - NaN indices of D
% Mean of entries of D(G)
lambda = mean(Dv);
% Efficiency: mean of inverse entries of D(G)
efficiency = mean(1./Dv);
% Eccentricity for each vertex
ecc = nanmax(D, [], 2);
% Radius of graph
Radius = min(ecc);
% Diameter of graph
Diameter = max(ecc);
```

（4）全局效率：全局效率用于衡量网络中并行信息传输的全局效率。最短路径长度越短，网络全局效率越高，则网络节点间传递信息的速率就越快。计算方式如下：

$$E_{\mathrm{glob}} = \frac{1}{n(n-1)} \sum_{j \in V, j \neq j} \frac{1}{l_{ij}} \tag{3-11}$$

式中，l_{ij} 表示两个节点间的最短路径。

代码如下：

```
function E = efficiency_bin(A, local)

% Inputs:   A,                    binary undirected or directed connection matrix
%           local                 optional argument
%                                 local = 0 computes global efficiency (default)
%                                 local = 1 computes local efficiency
%
% Output:   Eglob                 global efficiency (scalar)
%           Eloc                  local efficiency (vector)

n = length(A);                                % number of nodes
A(1:n + 1:end) = 0;                           % clear diagonal
A = double(A~ = 0);                           % enforce double precision

if exist('local', 'var') && local             % local efficiency
        E = zeros(n,1);
        for u = 1:n
            V = find(A(u, : ) | A(:, u).');   % neighbors
            sa = A(u, V) + A(V, u).';          % symmetrized adjacency vector
            e = distance_inv(A(V,V));          % inverse distance matrix
            se = e + e.';                      % symmetrized inverse distance matrix
            numer = sum(sum((sa.' * sa).* se))/2; % numerator
            if numer~ = 0
                denom = sum(sa).^2 - sum(sa.^2); % denominator
```

```
            E(u) = numer / denom;              % local efficiency
        end
    end
else                                           % global efficiency
        e = distance_inv(A);
        E = sum(e(:)).(n^2 - n);
end

function D = distance_inv(A_)
l = 1;                                         % path length
Lpath = A_;                                    % matrix of paths l
D = A_;                                        % distance matrix
n_ = length(A_);

Idx = true;
while any(Idx(:))
        l = l+1;
        Lpath = Lpath * A_;
        Idx = (Lpath~ = 0)&(D == 0);
        D(Idx) = l;
end

D(~D | eye(n_)) = inf;          % assign inf to disconnected nodes and to diagonal
D = 1./D;                        % invert distance
```

设定阈值范围，进行遍历，对这些参数再次进行计算，保存各阈值对应的结果。

输出结果。对每个人的数据都分段进行上述处理，然后求得每个人的平均结果。

3.5.3 案例：疼痛脑电数据分析

1. 疼痛 EEG 数据集

该疼痛 EEG 数据集由电子科技大学提供，被试 3 名，均为医学院学生，年龄在 18 到 28 岁之间，右利手，整个数据采集过程在安静的室内空间完成。实验开始时，要求被试舒服地坐在椅子上，指示被试保持放松无杂念的状态，主要分以下三步：

（1）令被试调整状态至平静，记录安静状态下闭眼和睁眼的脑电各 5 分钟。

（2）被试稍作休息后，要求其测试手的掌心向上，半开放，实验人员将冰块放入其手掌，刺激持续时间以不引起伤害为前提。当被试表示无法继续忍受疼痛时，刺激结束，并进行计时。进行冷压刺激的同时记录脑电（120 秒）。

（3）每段刺激完毕后要求被试填写 McGill 疼痛问卷量表，量表以纸张打印的形式提供。

McGill 疼痛问卷量表是国际公认的描述和测定疼痛的量表，主要包括：①目测类比定级法（visual analogue scale，VAS）：定量描述、测量评价疼痛程度；②疼痛分级指数（pain rating index，PRI）：描述疼痛的性质；③现有疼痛强度（present pain intensity scale，PPI）：可定性描述疼痛程度。

采集的电极包括 Fp1/2、F3/4、C3/4、P3/4、O1/2、F7/8、T3/4 以及 T5/6，采样频率为 250Hz。

2. 数据处理步骤

（1）按照 3.2.4 节的步骤对数据进行预处理。

（2）为每位被试选择连续的 3 个 30s 数据段，分别计算其 PLI 连接矩阵并求平均值，作为该被试的 PLI 连接矩阵。

（3）从 0.1～0.3，以 0.05 为步长，设置 5 个阈值，分别求其二值矩阵并计算相应的指标。

3. 数据计算结果

按照上述计算步骤，可以得到 3 名被试的脑网络分析结果，如表 3-1～表 3-6 所示。

表 3-1 被试 1 的疼痛脑网络分析结果

阈值\参数	特征路径长度	聚类系数	节点度数	全局效益
0.1	1.316667	0.790677	10.25	0.841667
0.15	2.033333	0.588393	6.5	0.638889
0.2	3.341667	0.524752	4.25	0.370833
0.25	3.691667	0.455357	3.125	0.2875
0.3	4.341667	0.3125	2	0.154167
平均值	2.945	0.534336	5.225	0.458611

表 3-2 被试 1 的静息脑网络分析结果

阈值\参数	特征路径长度	聚类系数	节点度数	全局效益
0.1	1.15	0.86755	12.75	0.925
0.15	1.341667	0.766674	9.875	0.829167
0.2	1.575	0.614644	7.125	0.729167
0.25	2.266667	0.349603	4	0.544444
0.3	3.066667	0.075	2	0.377083
平均值	1.88	0.535	7.15	0.681

表 3-3 被试 2 的疼痛脑网络分析结果

阈值\参数	特征路径长度	聚类系数	节点度数	全局效益
0.1	1.091667	0.913647	13.625	0.954167
0.15	1.325	0.752001	10.125	0.8375
0.2	1.8	0.552778	5.875	0.665278
0.25	2.791667	0.43254	4.375	0.465278
0.3	3.458333	0.277083	2.625	0.315278
平均值	2.093333	0.58561	7.325	0.6475

表 3-4 被试 2 的静息脑网络分析结果

阈值\参数	特征路径长度	聚类系数	节点度数	全局效益
0.1	1.041667	0.962798	14.375	0.979167
0.15	1.175	0.889345	12.375	0.9125
0.2	1.316667	0.820962	10.25	0.841667
0.25	1.441667	0.783211	8.375	0.779167
0.3	1.608333	0.599616	6.125	0.701389
平均值	1.316667	0.811186	10.3	0.842778

表 3-5 被试 3 的疼痛脑网络分析结果

阈值\参数	特征路径长度	聚类系数	节点度数	全局效益
0.1	1.2	0.81327	12	0.9
0.15	1.575	0.403716	7	0.726389

续表

阈值\参数	特征路径长度	聚类系数	节点度数	全局效益
0.2	3.191667	0.272024	3.5	0.380556
0.25	3.966667	0.222917	2.125	0.219444
0.3	4.425	0.135417	1.125	0.120833
平均值	2.871667	0.369469	5.15	0.469444

表 3-6　被试 3 的静息脑网络分析结果

阈值\参数	特征路径长度	聚类系数	节点度数	全局效益
0.1	1.025	0.975435	14.625	0.9875
0.15	1.108333	0.915495	13.375	0.945833
0.2	1.233333	0.846198	11.5	0.883333
0.25	1.383333	0.812699	9.25	0.808333
0.3	1.558333	0.605114	7.125	0.731944
平均值	1.261667	0.830988	11.175	0.871389

以 0.2 为阈值,画出 3 位被试的脑网络连接图,分别如图 3-78、图 3-79 和图 3-80 所示。从图中可以清楚看到,与静息状态相比,疼痛状态下脑网络的连接明显变少,此时大脑处理问题的效率明显降低。

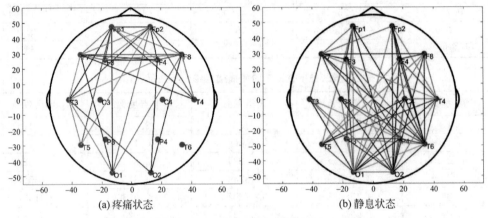

(a) 疼痛状态　　　　　　　　　　　(b) 静息状态

图 3-78　被试 1 脑网络连接图

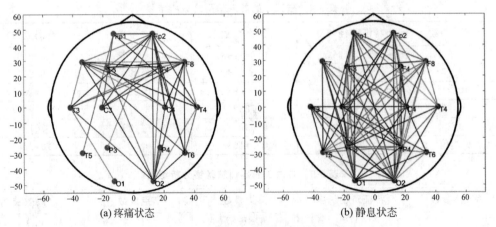

(a) 疼痛状态　　　　　　　　　　　(b) 静息状态

图 3-79　被试 2 脑网络连接图

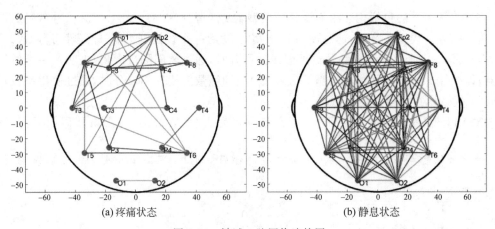

(a) 疼痛状态   (b) 静息状态

图 3-80 被试 3 脑网络连接图

3.6 脑电综合案例分析(抑郁症脑电的分类)

本节将以对抑郁症 EEG 数据集的数据进行分类为例,介绍前 5 节的方法在处理实际问题中的综合应用。

3.6.1 问题提出

抑郁症是一种常见的情感障碍性疾病,核心症状主要为心境低落、兴趣丧失以及精力缺乏,已经在全球范围内严重影响到人们的日常行为和生活,严重者会有自杀等行为,因此对抑郁症患者进行尽早的诊断和治疗十分必要。并且脑电信号反映了大脑皮层神经元细胞群自发性、节律性的电生理活动,含有丰富的生理与病理信息,因其非侵入式的操作、费用较低、时间分辨率高等特点成为临床脑神经与精神疾病诊断的重要依据。

3.6.2 数据分析流程

数据分析的流程为:

(1) 载入数据,将原始数据载入 MATLAB,整理好文件名以便于批处理。

(2) 数据预处理,步骤包括:①进行 $0.5\sim35\,\mathrm{Hz}$ 滤波;②手动去除伪迹;③按 75000 个时间点截取,再按 2s 的长度分段。

(3) 特征提取,利用前几节介绍的方法,提取数据的功率谱特征,时频分析特征,非线性特征,脑网络特征等。

(4) 分类,利用机器学习的方法(如 SVM)和深度学习的方法(如 CNN)对抑郁症患者和健康被试的数据进行分类。

3.6.3 基于 SVM 分类

SVM 是一种二分类模型,它将实例的特征向量映射为空间中的一些点,SVM 的目的是画出一条线,以"最好地"区分这两类点,如果以后有了新的点,这条线也能作出很好的分类。SVM 适合中小型数据样本、非线性、高维的分类问题。

　　SVM 学习方法包括构建由简至繁的模型：线性可分 SVM、线性 SVM 及非线性 SVM。(1)当训练数据线性可分时,通过硬间隔最大化,学习一个线性分类器,即线性可分 SVM,又称为硬间隔 SVM；(2)当训练数据近似线性可分时,通过软间隔最大化,也学习一个线性分类器,即线性 SVM,又称为软间隔 SVM；(3)当训练数据线性不可分时,通过使用核技巧及软间隔最大化,学习非线性 SVM。

　　MATLAB 中使用一些自带的内置函数即可完成 SVM 分类,svm.m 代码如下：

```
%%
% 样本数:(24 + 24) * 150 = 7200;特征大小:1 * 3(第一列:lzc;第二列:小波熵;第三列:分形维数)
clc;
clear;
close all;
tic
%% 加载数据和标签
%NC - 健康 P - 患者
all_datas_NC = csvread('D:\Desktop\书稿校对\材料\3.6 数据集及代码\计算特征结果\nonlinearNC.csv',0,0)
all_datas_P = csvread('D:\Desktop\书稿校对\材料\3.6 数据集及代码\计算特征结果\nonlinearP.csv',0,0)
all_samples = [all_datas_NC(:,1:3);all_datas_P(:,1:3)]
all_labels = [all_datas_NC(:,4);all_datas_P(:,4)]
%% 归一化
                                        % all_samples_reverse = mapminmax(all_samples',0,1)
                                        % all_samples = all_samples_reverse'
%%
K = 5;                                                    % K 折
accuracy = zeros(K,1)
all_precision = zeros(K,1)
all_recall = zeros(K,1)
indices = crossvalind('Kfold',all_labels,K);             % 生成交叉验证的索引
for k = 1:K % K iterations
  cv_test_idx = find(indices == k);                      % 交叉验证中第 k 折测试数据的索引
  cv_train_idx = find(indices ~= k);
  train_data = all_samples(cv_train_idx,:)
  test_data = all_samples(cv_test_idx,:)
  train_label = all_labels(cv_train_idx,:)
  test_label = all_labels(cv_test_idx,:)
  model = fitcsvm(train_data,train_label,'ClassNames',{'0','1'},'KernelFunction','gaussian');
  [pre_label,score] = predict(model,test_data);
  pre_label = str2num(char(pre_label))
  C = confusionmat(test_label,pre_label);                % 'Order'指定类别的顺序
  c1_p = C(1,1) / (sum(C(:,1)) + 0.001);
  c1_r = C(1,1) / (sum(C(1,:)) + 0.001);
  c1_F = 2 * c1_p*c1_r / (c1_p + c1_r);
  fprintf('c1 类的查准率为 %f,查全率为 %f,F 测度为 %f\n\n',c1_p,c1_r,c1_F);

  c2_p = C(2,2) / (sum(C(:,2)) + 0.001);
  c2_r = C(2,2) / (sum(C(2,:)) + 0.001);
  c2_F = 2 * c2_p*c2_r / (c2_p + c2_r);
  fprintf('c2 类的查准率为 %f,查全率为 %f,F 测度为 %f\n\n',c2_p,c2_r,c2_F);
  accuracy(k,:) = (C(1,1) + C(2,2))/sum(sum(C))
  all_precision(k,:) = (c1_p + c2_p)/2
  all_recall(k,:) = (c1_r + c2_r)/2
end
acc_ave = mean(accuracy)
```

```
rec_ave = mean(all_recall)
pre_ave = mean(all_precision)
```

五折交叉验证结果为 acc_ave $=0.6385$，rec_ave $=0.6385$，pre_ave $=0.6422$。

3.6.4 基于深度学习分类

CNN 是一种具有局部连接、权值共享等特点的深层前馈神经网络，是深度学习的代表算法之一，擅长处理图像等相关机器学习问题，比如图像分类、目标检测、图像分割等各种视觉是目前应用最广泛的模型之一。

一个 CNN 主要由以下 5 层组成：数据输入层、卷积计算层、ReLU 激励层、池化层和全连接层。

MATLAB 中使用一些自带的内置函数即可完成 CNN 分类，cnn.m 代码如下：

```
%%
% 样本数:(24 + 24) * 150 = 7200;特征大小:1 * 3(第一列:lzc;第二列:小波熵;第三列:分形维数)
clc;
clear;
close all;
tic
%% 加载数据和标签
% NC - 健康 P - 患者
all_datas_NC = csvread('D:\Desktop\书稿校对\材料\3.6 数据集及代码\计算特征结果\
nonlinearNC.csv',0,0)
all_datas_P = csvread('D:\Desktop\书稿校对\材料\3.6 数据集及代码\计算特征结果\
nonlinearP.csv',0,0)
all_samples = [all_datas_NC(:,1:3);all_datas_P(:,1:3)]
% 输入格式需要转置,行代表特征
all_samples = all_samples'
all_labels = [all_datas_NC(:,4);all_datas_P(:,4)]
all_labels = all_labels'
%%
K = 5; % K - fold CV
accuracy = zeros(K,1)
indices = crossvalind('Kfold',all_labels,K);                    % 生成交叉验证的索引
layers = [...
    imageInputLayer([3 1 1]);                                  % 输入层,要正确输入 height,
                                                               % 图像的宽度和通道数量
    batchNormalizationLayer();                                 % 批量归一化
    convolution2dLayer([3,1],16,'Padding','same');             % 卷积层
    batchNormalizationLayer();
    reluLayer()                                                % ReLU 激活函数
    % maxPooling2dLayer(2,'Stride',2); % 池化层
    fullyConnectedLayer(16);                                   % 全连接层
    fullyConnectedLayer(2);                                    % 全连接层
    softmaxLayer();                                            % SoftMax 层
    classificationLayer(),...
    ];
options = trainingOptions('sgdm',...                           % 也可以用 adam、rmsprop 等方法
    'MaxEpochs',5,...                                          % 最大迭代次数
    'Plots','training - progress');
for k = 1:K
    cv_test_idx = find(indices == k);                     % 交叉验证中第 k 折测试数据的索引
    cv_train_idx = find(indices ~ = k);
    train_data = all_samples(:,cv_train_idx)
```

```
train_data = reshape(train_data, [3,1,1,5760])
test_data = all_samples(:,cv_test_idx)
test_data = reshape(test_data, [3,1,1,1440])
train_label = categorical(all_labels(:,cv_train_idx))
test_label = all_labels(:,cv_test_idx)
net_cnn = trainNetwork(train_data,train_label,layers,options);
testLabel = classify(net_cnn,test_data);
test_label = test_label'
testLabel = double(testLabel)
precision = sum(testLabel == test_label)/numel(testLabel);
disp(['测试集分类准确率为',num2str(precision*100),'%'])
accuracy(k,:) = precision
end
acc_ave = mean(accuracy)
```

结果如图 3-81 所示。

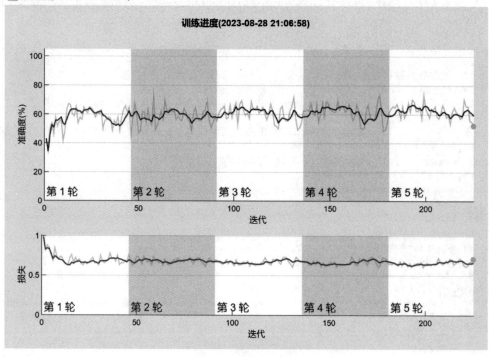

图 3-81 训练进度

参考文献

[1] 葛哲学,陈仲生. MATLAB 时频分析技术及其应用[M]. 北京: 人民邮电出版社,2006.

[2] Li Y,Tong S,Liu D,et al. Abnormal EEG complexity in patients with schizophrenia and depression [J]. Clinical Neurophysiology,2008,119(6): 1232-1241.

[3] Méndez M A,Zuluaga P,Hornero R,et al. Complexity analysis of spontaneous brain activity: Effects of depression and antidepressant treatment[J]. Journal of Psychopharmacology,2012,26(5): 636-643.

[4] Akar S A,Kara S,Agambayev S,et al. Nonlinear analysis of EEGs of patients with major depression

during different emotional states[J]. Computers in Biology and Medicine，2015，67：49-60.

[5] 张胜，乔世妮，王蔚.抑郁症患者脑电复杂度的小波熵分析[J].计算机工程与应用，2012，48(4)：143-145.

[6] 盖淑萍，刘欣阳，刘军涛，等.抑郁症静息脑电的小波包节点功率谱熵分析[J].传感器与微系统，2017，36(3)：6-9.

[7] Ahmadlou M，Adeli H，Adeli A. Fractality analysis of frontal brain in major depressive disorder[J]. International Journal of Psychophysiology，2012，85(2)：206-211.

医学图像分析

第 4 章详尽探讨了医学图像分析的核心概念和技术,包括医学图像基本运算、增强、分割和识别,旨在深刻揭示医学图像处理和分析的基础。首先,本章介绍了医学图像的基本运算,如灰度变换、空间变换和频域变换,为后续处理技术的实施奠定了基础。空间变换包括平移、旋转和缩放,而频域变换如傅里叶变换、离散余弦变换和小波变换有助于频谱分析和滤波。

接着,本章深入探讨了医学图像增强技术,特别关注直方图增强和空域、频域滤波增强。直方图增强作为基础空域处理技术,可有效提升图像质量。直方图统计了图像中灰度值分布,揭示亮度和对比度等特征。空域灰度增强通过像素灰度值运算直接影响图像,而频域灰度增强则利用频域变换和逆变换实现。

进一步,本章引入医学图像分割技术,将图像划分为相似特征区域,视为像素分类问题。根据像素的灰度值、边缘和纹理等特征进行分割,介绍了阈值、区域、聚类、图论和深度学习的分割方法。这些技术助力医学专业人员更好地分析、理解图像,提取有益信息和特征。

最后,本章深入研究了医学图像识别,它是医疗领域的重要应用。借助计算机视觉技术,实现对病灶的自动识别、分割、量化和分析。在医学图像基本运算、增强和分割基础上,探讨了手工特征提取和深度学习的识别方法。这些技术可使医生更迅速、准确地诊断和治疗,提升医疗效率和质量。

综上所述,第 4 章系统地介绍了医学图像分析的核心技术和方法,涵盖了基础运算、图像增强、分割和识别等关键内容。这些技术的应用不仅丰富了医学图像处理,也为医疗诊断和治疗提供了有力支持。

4.1　医学图像基础运算

医学图像的基础运算是最基本的医学图像处理技术,包含灰度变换、空间变换(平移、旋转、缩放)和频域变换(傅里叶变换、离散余弦变换、小波变换)等。本节主要介绍空域变换,4.2.2 节介绍频域变换。

在了解医学图像基本运算之前,需要认识一下图像的基本表示方法。在计算机中,图像可分为三种:二值图像、灰度图像以及彩色图像。二值图像是指仅仅包含黑色和白色两种颜色的图像,比如为了表示字母 A,可以通过如图 4-1 所示的栅格状排列的数据集来表示。

图中,0代表黑色,1代表白色,这样可以确定要显示的内容,不过二值图像没有颜色,也没有深浅,只能显示形状。

灰度图像,它可以通过深浅绘制出大致的人物形状,内容样式等,但它没有颜色。效果与二值图像一样,只是每一个像素位置的数值不再是0和1,而是从0～255的离散数值。

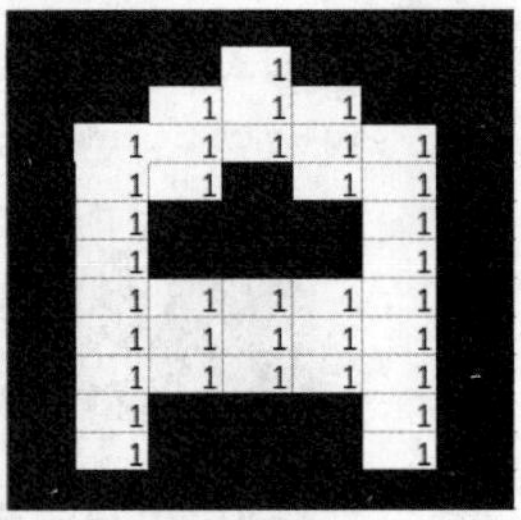

图 4-1　字母 A 的数字化表示

彩色图像是在灰度图像上添加了颜色,虽然也可以用二值图像来表示,但其中的一个像素点不是0和1,也不是[0, 255],而是([0,255],[0,255],[0,255])。彩色图像实际包含了三个不同颜色通道的灰度图像。

4.1.1　灰度变换

医学图像的灰度变换就是将图像的灰度值按照某种映射关系映射为不同的灰度值,从而改变相邻像素点之间的灰度差,达到将图像对比度增强或者减弱的目的。按照映射关系不同,可分为线性灰度变换和非线性灰度变换。

1. 线性灰度变换

线性灰度变换是按照线性映射关系对医学图像的灰度进行变换,设 $I(x,y)$ 表示原始图像,$J(x,y)$ 表示变换后图像,$I(x,y)$ 和 $J(x,y)$ 之间关系为式(4-1):

$$J(x,y)=c \times I(x,y)+a \tag{4-1}$$

式中: c——正实数,表示线性灰度变换系数,$c>1$ 时对比度增强,图像更加清晰,$c<1$ 时对比度减弱,图像变暗;

a——整数,表示亮度调节系数。

2. 非线性灰度变换

非线性灰度变换是按照非线性映射关系对医学图像的灰度进行变换,最为常用的有对数变换、指数变换。

对数变换是对原始图像的各像素的灰度值取对数。一般表达式如式(4-2)所示:

$$J(x,y)=a+\ln[I(x,y)+1]/(b \times \ln c) \tag{4-2}$$

式中: a,b,c——可调参数,用于调整曲线的位置和形状。

对数变换对图像的低灰度区有较大扩展而对高灰度区进行压缩,适合于对像素灰度集中在低灰度区的图像进行处理,使灰度分布更均匀。

指数变换是将原始图像数据中的各像素的灰度值作为指数进行运算,将运算结果作为变换后图像的像素灰度值。一般表达式如式(4-3)所示:

$$J(x,y)=b^{c[I(x,y)-a]}-1 \tag{4-3}$$

式中: a, b, c——可调参数。

在 OpenCV 库中提供的 cv2. convertScaleAbs(image, result, alpha, beta)函数可以方便地进行图像线性灰度变换,其中,改变 alpha 的值可以进行图像对比度调节,改变 beta 的值可以进行亮度调节,代码所示如下,图 4-2 所示为代码运行结果。

```
1.  import cv2 as cv
2.  img1 = cv2.imread('image1.png', -1)
```

```
3.   img2 = cv2.convertScaleAbs(img1, 1, 0.5)       #降低亮度
4.   img3 = cv2.convertScaleAbs(img1, 1, 1.5)       #提高亮度
5.   img4 = cv2.convertScaleAbs(img1, 2, 1.0)       #提高对比度
```

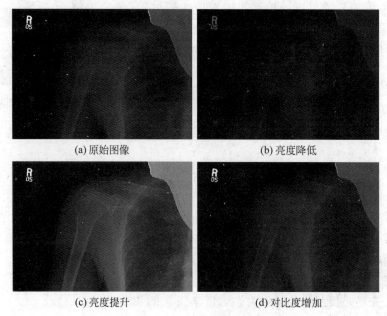

(a) 原始图像   (b) 亮度降低

(c) 亮度提升   (d) 对比度增加

图 4-2   X 射线图像灰度变化结果

4.1.2   几何变换

图像的几何变换是将一幅图像中的坐标映射到另外一幅图像中的新坐标位置,它不改变图像的像素值,只是改变像素所在的几何位置,使原始图像按照需要产生位置、形状和大小的变化。几何变换包括图像的平移、旋转和缩放。其中,平移是最简单的一种。

1. 图像平移

图像的平移是将一幅图像上的所有点都按照给定的偏移量在水平方向沿 x 轴、在垂直方向上沿 y 轴移动,平移后的图像与原图像大小相同。设初始坐标为 (x_0, y_0) 的点经过平移 (t_x, t_y) 后,坐标变为 (x_1, y_1)。两点之间关系如式(4-4)所示:

$$x_1 = x_0 + \Delta x, \quad y_1 = y_0 + \Delta y \tag{4-4}$$

式中: x_0, y_0——初始坐标;

$\quad\quad x_1, y_1$——平移后坐标。

以矩阵形式表示如式(4-5)所示:

$$\begin{bmatrix} x_1 \\ y_1 \\ 1 \end{bmatrix} = \begin{bmatrix} x_0 \\ y_0 \\ 1 \end{bmatrix} \begin{bmatrix} 1 & 0 & 0 \\ 0 & 1 & 0 \\ t_x & t_y & 1 \end{bmatrix} \tag{4-5}$$

式中: x_0, y_0——初始坐标;

$\quad\quad t_x, t_y$——平移参数;

$\quad\quad x_1, y_1$——平移后坐标。

在 OpenCV 库中提供的 cv2. warpAffine(src, M, dsize, borderMode, borderValue)函

数可以计算变换后的平移、旋转图像。其中，src 为输入图像；M 为仿射变换矩阵，M =
$[(1,0,d_x),(0,1,d_y)]$，d_x 为正表示向右偏移，d_y 为正表示向下偏移；dsize 为输出图像的
大小，二元元组（width,height）；borderMode 为边界像素方法，整型（int）；borderValue 为
边界填充值，默认值为 0（黑色填充）。代码如下所示，图 4-3 所示为代码运行结果。

```
1.   import numpy as np
2.   import cv2 as cv
3.   import matplotlib.pyplot as plt
4.   # 1. 读取图像
5.   img1 = cv.imread("image1.png")
6.   # 2. 图像平移
7.   rows,cols = img1.shape[:2]
8.   M = np.float32([[1,0,100],[0,1,50]])          # 平移矩阵
9.   dst = cv.warpAffine(img1,M,(cols,rows),borderValue = (255,255,255))   # 设置白色填充
10.  # 3. 图像显示
11.  fig,axes = plt.subplots(nrows = 1,ncols = 2,figsize = (10,8),dpi = 100)
12.  axes[0].imshow(img1[:,:,::-1])
13.  axes[0].set_title(r"原图")
14.  axes[1].imshow(dst[:,:,::-1])
15.  axes[1].set_title(r"平移后结果")
16.  plt.rcParams["font.sans-serif"] = ["SimHei"]
17.  plt.rcParams["axes.unicode_minus"] = False
18.  plt.show()
```

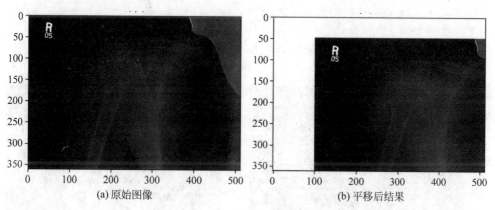

(a) 原始图像　　　　　　　　　　(b) 平移后结果

图 4-3　图像平移结果

2. 图像旋转

图像旋转是以图像的中心点为坐标原点按逆时针或顺时针方向旋转一定的角度。图像
以任意点 (x_0,y_0) 为旋转中心、顺时针旋转角度 θ 的旋转操作后，坐标变为 (x_1,y_1)，两点
之间关系如式（4-6）描述：

$$\begin{bmatrix} x_1 \\ y_1 \\ 1 \end{bmatrix} = \begin{bmatrix} \cos\theta & -\sin\theta & 0 \\ \sin\theta & \cos\theta & 0 \\ 0 & 0 & 1 \end{bmatrix} \begin{bmatrix} x_0 \\ y_0 \\ 1 \end{bmatrix} \tag{4-6}$$

式中：x_0,y_0——旋转中心；

θ ——旋转角度；

x_1,y_1——旋转后坐标。

图像在非 90°整数倍旋转时，图像位置坐标会出现小数，导致旋转后某些图像点与原图

像无对应点,因此必须对这些点进行插值。

在 OpenCV 库中提供了 cv2.getRotationMatrix2D(center, angle, scale)函数,它根据旋转角度和位移计算旋转变换矩阵 MAR。其中,center 为旋转中心坐标,二元元组(x_0, y_0); angle 为旋转角度,单位为度,逆时针为正数,顺时针为负数; scale 为缩放因子,旋转角度为 90°,180°,270°时,可以用 cv2.rotate(src, rotateCode)函数实现,该方法实际上是通过矩阵转置实现的,因此速度很快。代码如下所示,图 4-4 所示为代码运行结果。

```
1.   import numpy as np
2.   import cv2 as cv
3.   import matplotlib.pyplot as plt
4.   # 1 读取图像
5.   img = cv.imread("image1.png")
6.   # 2 图像旋转
7.   rows,cols = img.shape[:2]
8.   # 2.1 生成旋转矩阵
9.   M = cv.getRotationMatrix2D((cols/2,rows/2),90,1)
10.  # 2.2 进行旋转变换
11.  dst = cv.warpAffine(img,M,(cols,rows))
12.  # 3 图像展示
13.  fig,axes = plt.subplots(nrows = 1,ncols = 2,figsize = (10,8),dpi = 100)
14.  axes[0].imshow(img1[:,:,::-1])
15.  axes[0].set_title("原图")
16.  axes[1].imshow(dst[:,:,::-1])
17.  axes[1].set_title("旋转后结果")
18.  plt.rcParams["font.sans-serif"] = ["SimHei"]
19.  plt.rcParams["axes.unicode_minus"] = False
20.  plt.show()
```

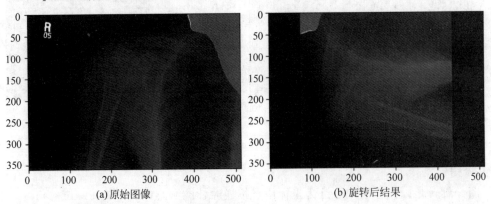

(a)原始图像   (b)旋转后结果

图 4-4 图像旋转结果

3. 图像缩放

图像缩放是根据一定的缩放系数对图像的宽度和高度进行缩小或放大。图像缩放是最常见的图像处理技术之一,临床上,通过缩放,医生可对医学图像的概貌和病变细节进行浏览和观察,便于医生作出及时准确的诊断。

设缩放图像缩放的规则如式(4-7)所示:

$$\begin{bmatrix} x_1 \\ y_1 \\ 1 \end{bmatrix} = \begin{bmatrix} s_x & 0 & 0 \\ 0 & s_y & 0 \\ 0 & 0 & 1 \end{bmatrix} \begin{bmatrix} x_0 \\ y_0 \\ 1 \end{bmatrix} \tag{4-7}$$

式中：x_0，y_0——初始坐标；

    s_x，s_y——缩放比例；

    x_1，y_1——缩放后坐标。

如果 $s_x = s_y$，即在 x 轴方向和 y 轴方向缩放的比率相同，则称为图像的全比例缩放。如果 $s_x \neq s_y$，图像比例缩放会改变原始图像像素间的相对位置，产生几何畸变。

在 OpenCV 库中提供了 cv2. resize(src,dsize,$s_x = 0$,$s_y = 0$,interpolation＝cv2. INTER _LINEAR)函数，实现图像的缩放和大小变换。其中，scr 是输入图像；dsize 是输出图像的大小，二元元组（width,height）；s_x，s_y 为 x 轴、y 轴上的缩放比例；interpolation 为插值方法，包括 cv2. INTER_LINEAR（双线性插值（默认方法），cv2. INTER_AREA（使用像素区域关系重采样，缩小图像时可以避免波纹出现），cv2. INTER_NEAREST（最近邻插值），cv2. INTER_CUBIC（4×4 像素邻域的双三次插值），cv2. INTER_LANCZOS4（8×8 像素邻域的 Lanczos 插值）。对一幅医学图像进行图像缩放操作，代码如下所示，代码运行结果如图 4-5 所示。

```
1.  import cv2 as cv
2.  img1 = cv.imread("image1.png")
3.  rows,cols = img1.shape[:2]
4.  res = cv.resize(img1,(2 * cols,2 * rows))
5.  res1 = cv.resize(img1,None,sx = 0.75, sy = 1.0)
6.  # 图像显示
7.  fig,axes = plt.subplots(nrows = 1,ncols = 3,figsize = (10,8),dpi = 100)
8.  axes[0].imshow(res[:,:,::-1])
9.  axes[0].set_title("放大")
10. axes[1].imshow(img1[:,:,::-1])
11. axes[1].set_title("原图")
12. axes[2].imshow(res1[:,:,::-1])
13. axes[2].set_title("缩小")
14. plt.rcParams["font.sans-serif"] = ["SimHei"]
15. plt.rcParams["axes.unicode_minus"] = False
16. plt.show()
```

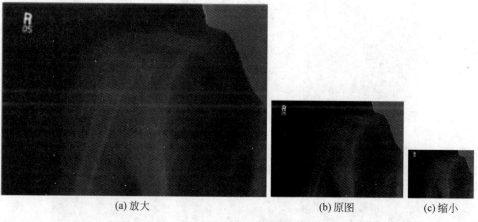

(a) 放大   (b) 原图   (c) 缩小

图 4-5 图像缩放结果

4.1.3 案例：医学图像基础运算

输入一幅医学图像，分别实现对图像进行水平翻转、垂直翻转、随机比例缩放、随机旋转以及中心剪切(可借助 PIL 库函数)。

实验环境:Python+PIL。

代码实现:

```
1.   from PIL import Image
2.   # 读取图像
3.   img = Image.open(r"image1.png")
4.   # 获取图像大小
5.   image_width, image_height = img.size
6.   display(img)
7.   hflip = img.transpose(Image.FLIP_LEFT_RIGHT)
8.   display(hflip)
9.   vflip = img.transpose(Image.FLIP_TOP_BOTTOM)
10.  display(vflip)
11.  # 随机旋转
12.  import numpy as np
13.  angle = np.random.randint(-45, 45)
14.  rtt_img = img.rotate(angle)
15.  display(rtt_img)
16.  # 随机比例缩放
17.  scale_factor = np.random.uniform(0.5, 1.5)
18.  new_size = (int(img.size[0] * scale_factor), int(img.size[1] * scale_factor))
19.  resized_img = img.resize(new_size)
20.  display(resized_img)
21.  # 中心剪切
22.  output_size = 224
23.  output_size = (int(output_size), int(output_size))
24.  crop_height, crop_width = output_size
25.  crop_top = int((image_height - crop_height + 1) * 0.5)
26.  crop_left = int((image_width - crop_width + 1) * 0.5)
27.  centercrop_image = img.crop((crop_top, crop_left, crop_top + crop_height, crop_left +
crop_width))
28.  display(centercrop_image)
```

代码运行结果如图 4-6 所示。

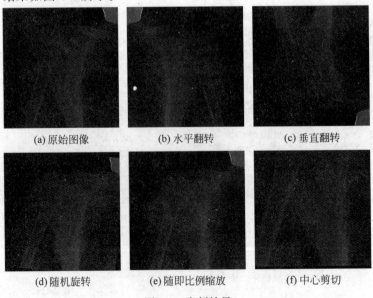

(a) 原始图像　　　　　(b) 水平翻转　　　　　(c) 垂直翻转

(d) 随机旋转　　　　　(e) 随即比例缩放　　　　(f) 中心剪切

图 4-6　案例结果

4.2 医学图像增强

医学图像由于受成像设备和获取条件等的影响,可能会出现图像质量的退化。一幅好的临床医学图像需要高密度分辨率、高空间分辨率和合适的低噪声水平。其中,密度分辨率体现在图像的对比度增强,空间分辨率体现在图像高频增强,噪声水平影响医学图像特征的表示,即图像的清晰度。图像增强是基本的图像处理技术,其目的是通过对图像加工使它比原始图像更适于特定应用,突出影像中的"有用信息",扩大图像中不同物体特征之间的差别。

本节主要介绍医学图像的直方图增强和空域与频域滤波增强。其中,直方图增强是多种空域处理技术的基础,它能有效用于图像增强。直方图是对图像中每一个灰度值出现频率的统计,一幅图像的直方图基本上可以描述一幅图像的概貌,如图像的明暗状况和对比度等特征都可以通过直方图反映出来。空域法图像灰度增强是直接对图像中像素灰度值进行运算处理,频域法图像灰度增强首先对图像进行频域变换,再对各频谱成分进行相应操作,最后经过频域逆变换获得所需结果。

4.2.1 直方图增强

图像直方图是反映图像像素分布的统计表,横坐标代表像素值的取值区间,纵坐标代表每一像素值在图像中的像素总数或者所占的百分比。灰度直方图是图像灰度级的函数,用来描述每个灰度级在图像矩阵中的像素个数。

直方图均衡化是一种简单有效的图像增强技术。根据直方图的形态可以判断图像的质量,通过调控直方图的形态可以改善图像的质量。直方图均衡化是将原始图像通过函数变换,调控图像的灰度分布,得到直方图分布合理的新图像,以此来调节图像亮度、增强动态范围偏小的图像的对比度。由于人眼视觉特性,直方图均匀分布的图像视觉效果较好。直方图均衡化的基本思想是对图像中占比大的灰度级进行展宽,而对占比小的灰度级进行压缩,使图像的直方图分布较为均匀,扩大灰度值差别的动态范围,从而增强图像整体的对比度。

因此,直方图均衡化就是对图像进行非线性拉伸,重新分配图像像素值,本质上是根据直方图对图像进行线性或非线性灰度变换。

PIL 库中为直方图均衡化提供了 ImageOps.equalize(image,mask = None)函数,其中,image 是要均衡的图像;mask 为可选的掩码,如果给定,只有被掩码选中的像素才会被包括在分析中,代码如下所示,图 4-7 所示为代码运行结果。

```
1.  from PIL import Image
2.  from PIL import ImageOps
3.  from PIL import ImageFilter
4.  img = Image.open(r"image1.png")                    #原始图像
5.  hist_img = ImageOps.equalize(img,  mask = None)    #直方图增强
```

4.2.2 空域与频域滤波增强

1. 空域滤波

空域滤波是一种采用滤波处理的图像增强方法。目的是改善图像质量,包括去除高频

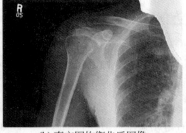

(a) 原始图像　　　　　　　　　(b) 直方图均衡化后图像

图 4-7　图像直方图增强结果

噪声与干扰,增强图像边缘和线性以及去模糊等。下面介绍一些常见的方法。

1) 平滑滤波器

图像平滑是一种区域增强的算法,平滑算法有邻域平均法、中值滤波法、边界保持类滤波法等。在图像产生、传输和复制过程中,常常会因为多方面原因而被噪声干扰或出现数据丢失,导致图像的质量降低(某一像素,如果它与周围像素点相比有明显的不同,则认为该点被噪声所感染)。这就需要对图像进行一定的增强处理以减小这些缺陷带来的影响。

平滑滤波是低频增强的空域滤波技术。它的目的有两类:一类是模糊;另一类是消除噪音。空域的平滑滤波一般采用简单平均法进行,就是求邻近像素点的平均亮度值。邻域的大小与平滑的效果直接相关,邻域越大平滑的效果越好,但邻域过大,平滑会使边缘信息的损失越大,从而使输出的图像变得模糊,因此需合理选择邻域的大小。

图像平滑有均值滤波、中值滤波和高斯滤波等。下面将介绍常用的均值滤波和中值滤波。

(1) 均值滤波。均值滤波是典型的线性滤波算法,其原理是通过取像素周围的平均值来减少图像中噪声的影响,从而平滑图像。该滤波器基于图像中每个像素周围的邻域像素,取这些像素的平均值作为该像素的新值。这种滤波器通常用于去除图像中的噪声,特别是在低光照条件下拍摄的图像。

均值滤波器的大小(即邻域像素的数量)是根据所需的滤波效果来选择的。通常,较大的滤波器可以更好地平滑图像,但也会导致图像细节的丢失。此外,均值滤波器还可以用于平滑其他类型的数据,例如声音信号或时间序列数据。

线性滤波的基本原理是用均值代替原图像中的各个像素值,即对待处理的当前像素点(x,y),选择一个模板,该模板由其近邻的若干像素组成,求模板中所有像素的均值,再把该均值赋予当前像素点(x,y),作为处理后图像在该点上的灰度$g(x,y)$,即

$$g(x,y)=\frac{\sum f(x,y)}{m} \tag{4-8}$$

式中: m——该模板中包含当前像素在内的像素总个数。

在 OpenCV 库中,实现均值滤波的是 cv2. blur 函数,语法格式为 dst ＝ cv2. blur(src, ksize, anchor, borderType),其中,dst 是返回值,表示均值滤波后得到的处理结果;src 是需要处理的图像;ksize 是滤波核的大小,其大小是指在均值处理的过程中,其邻域图像的高度和宽度,例如,其值可以为(5,5),表示以 $5×5$ 大小的领域均值作为图像均值滤波处理的结果;anchor 是锚点,默认为(−1,−1),表示当前计算均值的点位于核的中心点位置,该

值使用默认值即可,在特殊情况下可以指定不同的点作为锚点;borderType 是边缘填充类型,该值决定了以何种方式处理边界,一般情况下不需要考虑该值的取值,直接采用默认值即可。代码如下所示,图 4-8 所示为代码运行结果。

```
1.   img = cv.imread("image.png")
2.   cv.imshow("OriginalImage",img)
3.   ♯添加噪声
4.   noise = np.random.randint(0,255,img.shape[:2])    ♯将噪声的取值范围限制在 0 到 255
之间
5.   salt = noise > 250
6.   pepper = noise < 5
7.   img[salt] = 255
8.   img[pepper] = 0
9.   ♯显示原始图像和带噪声的图像
10.  cv.imshow("zImage",img)
11.  cv.imwrite("1.png",img)
12.  ♯应用均值滤波器进行去噪
13.  filtered_img = cv.blur(img,(5,5))
```

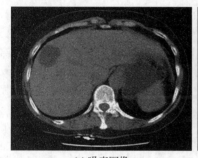 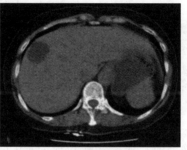

(a) 噪声图像   (b) 均值滤波

图 4-8　均值滤波结果

（2）中值滤波。中值滤波是一种非线性滤波方法,是基于统计排序方法的滤波器。中值滤波法将像素点邻域内的所有像素点灰度值的中值作为该像素点的灰度值。注意中值不是平均值,而是按大小排序的中间值。由于需要排序操作,中值滤波消耗的运算时间很长。

如图 4-9 所示是 3×3 模板的中值滤波示意图。将框 3×3 邻域内的像素值从小到大排序为：119、123、124、126、127、139、154、155、160,由该邻域的中值 127 代替原框中的 124。遍历图像中的所有像素点,重复上述操作,即可完成对图像的中值滤波。

121	123	130	150	143	117
125	124	123	115	131	132
121	120	160	119	154	145
122	125	126	124	127	143
160	155	123	139	155	122
123	153	135	124	152	125

图 4-9　中值滤波操作示意图

中值滤波处理后,像素点的灰度值可能保持不变,也可能改变为邻域内其他像素点的灰度值。中值滤波对于消除图像中的椒盐噪声非常有效。椒盐噪声也称为脉冲噪声,是随机出现的白点或者黑点,通常是由于影像信号受到干扰而产生,如脉冲干扰、图像扫描。

OpenCV 库提供了 cv.medianBlur 函数实现中值滤波算法,语法格式为 dst = cv2.medianBlur(src, ksize),其中,src 是输入图像,可以是灰度图像,也可以是多通道的彩色图像;ksize 是模糊核的线性大小,是大于 1 的奇数。代码如下所示,图 4-10 所示为代码运行结果。

```
1.   noise = np.random.randint(0,255,img.shape[:2])       # 添加椒盐噪声
2.   salt = noise > 250
3.   pepper = noise < 5
4.   img[salt] = 255
5.   img[pepper] = 0
6.   filtered_img = cv.medianBlur(img,3)                  # 中值滤波
```

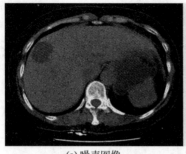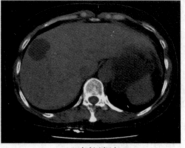

(a) 噪声图像　　　　　　　　　　　　　　(b) 中值滤波

图 4-10　中值滤波结果对比

2) 锐化滤波器

由于轮廓和边缘在一幅图像中常常具有任意方向,而差分运算具有方向性,如果差分运算的方向选取不合适,则和差分方向不一致的边缘和轮廓就检测不出来。图像锐化处理对任意方向的边缘和轮廓都有检测能力。

图像锐化的实质是增强原图像的高频分量。图像锐化滤波器为高通滤波器,边缘和轮廓一般位于灰度突变的地方,因此可以使用灰度差分提取图像边缘和轮廓。锐化滤波器是一种用于图像处理的滤波器,可以使图像中的边缘更加清晰和突出。锐化滤波器的作用是增强图像中的高频部分,从而使图像的细节更加明显。

(1) 一阶微分算子。一阶微分算子是一类用于图像处理的算子,用于检测图像中的边缘。一阶微分算子可以通过求图像中像素值的梯度来检测边缘。常见的一阶微分算子包括 Sobel 算子、Prewitt 算子等。

Sobel 算子是一种离散的微分算子,是高斯平滑和微分求导的联合运算,抗噪声能力强。Sobel 算子由两个 3×3 的卷积核组成,分别用于检测图像中水平方向和垂直方向的边缘。Sobel 算子的卷积核如式(4-9)所示:

$$\boldsymbol{G}_x = \begin{bmatrix} -1 & 0 & +1 \\ -2 & 0 & +2 \\ -1 & 0 & +1 \end{bmatrix}, \quad \boldsymbol{G}_y = \begin{bmatrix} -1 & -2 & -1 \\ 0 & 0 & 0 \\ +1 & +2 & +1 \end{bmatrix} \tag{4-9}$$

Sobel 算子很容易通过卷积操作 cv.Sobel 函数实现,OpenCV 库也提供了 cv.Sobel(src,ddepth,dx,dy,dst,ksize,scale,delta,borderType)函数实现 Sobel 梯度算子,其中,src 是输入图像,灰度图像,不适用彩色图像;dst 是输出图像;ddepth 是图片的数据深度,由输入图像的深度进行选择;dx 是 x 轴方向导数的阶数,值为 1 或 2;dy 是 y 轴方向导数的阶数,值为 1 或 2;ksize 是 Sobel 算子卷积核的大小,可选的取值为 1、3、5、7,ksize=−1 时使用 Scharr 算子运算;scale 是缩放比例因子,可选项,默认值为 1;delta 是输出图像的偏移量,可选项,默认值为 0;borderType 是边界扩充的类型,注意不支持对侧填充。代码如下所示,图 4-11 所示为代码运行结果。

```
1.   x = cv.Sobel(img1,cv.CV_16S,1,0)            #计算 Sobel 卷积结果
2.   y = cv.Sobel(img1,cv.CV_16S,0,1)            #计算 Sobel 卷积结果
3.   Scale_absX = cv.convertScaleAbs(x)          #格式转换函数
4.   Scale_absY = cv.convertScaleAbs(y)
5.   result = cv.addWeighted(Scale_absX,0.5,Scale_absY,0.5,0)
```

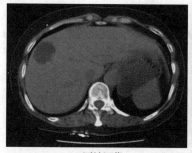 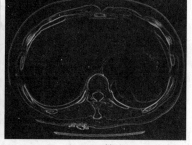

(a) 原始图像　　　　　　　　　　　(b) Sobel算子

图 4-11　Sobel 算子结果

　　Prewitt 算子是一种一阶微分算子,用于边缘检测,利用像素点上下、左右邻点的灰度差在边缘处达到极值检测边缘,去掉部分伪边缘,对噪声具有平滑作用。其原理是在图像空间利用两个方向模板与图像进行邻域卷积来完成的,这两个方向模板一个检测水平边缘,一个检测垂直边缘。Prewitt 算子的卷积核如式(4-10)所示:

$$G_x = \begin{bmatrix} +1 & 0 & -1 \\ +1 & 0 & -1 \\ +1 & 0 & -1 \end{bmatrix}, \quad G_y = \begin{bmatrix} -1 & -1 & -1 \\ 0 & 0 & 0 \\ +1 & +1 & +1 \end{bmatrix} \tag{4-10}$$

　　OpenCV 库提供了 cv.filter2D 函数,这个函数的主要功能是通过卷积核实现对图像的卷积运算。语法格式为 cv.filter2D(src,ddepth,kernel,dst = None,anchor = None,delta = None,borderType = None),其中,src 是输入图像;ddepth 是目标图像所需的深度;Kernel 是卷积核。代码如下所示,图 4-12 所示为代码运行结果。

```
1.   kernelx = np.array([[1,1,1],[0,0,0],[-1,-1,-1]],dtype = int)    #Prewitt 算子
2.   kernely = np.array([[-1,0,1],[-1,0,1],[-1,0,1]],dtype = int)    #Prewitt 算子
3.   x = cv.filter2D(img1,cv.CV_16S,kernelx)
4.   y = cv.filter2D(img1,cv.CV_16S,kernely)
5.   absX = cv.convertScaleAbs(x)                                    #图像融合
6.   absY = cv.convertScaleAbs(y)
7.   Prewitt = cv.addWeighted(absX,0.5,absY,0.5,0)
```

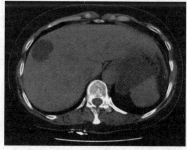 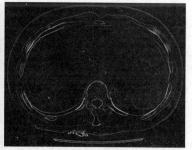

(a) 原始图像　　　　　　　　　　　(b) Prewitt算子

图 4-12　Prewitt 算子结果

（2）二阶微分算子。拉普拉斯算子是 n 维欧几里得空间中的一个二阶微分算子，常用于图像增强领域和边缘提取。拉普拉斯算子的核心思想：判断图像中心像素灰度值与它周围其他像素的灰度值，如果中心像素的灰度更高，则提升中心像素的灰度；反之降低中心像素的灰度，从而实现图像锐化操作。

在实现过程中，拉普拉斯算子通过对邻域中心像素的四方向或八方向求梯度，再将梯度相加来判断中心像素灰度与邻域内其他像素灰度的关系，最后通过梯度运算的结果对像素灰度进行调整。拉普拉斯算子如式（4-11）所示：

$$G_{xx} = \begin{bmatrix} -1 & -1 & -1 \\ -1 & 8 & -1 \\ -1 & -1 & -1 \end{bmatrix}, \quad G_{yy} = \begin{bmatrix} 0 & -1 & 0 \\ -1 & 4 & -1 \\ 0 & -1 & 0 \end{bmatrix} \tag{4-11}$$

在 OpenCV 库中，拉普拉斯算子被封装在 Laplacian 函数中，主要是利用 Sobel 算子的运算，通过加上 Sobel 算子运算出的图像 x 方向和 y 方向上的导数，得到输入图像的图像锐化结果。语法格式为 cv. Laplacian(src,ddepth,dst,ksize,scale,delta,borderType)，其中，src 是输入图像，可以是灰度图像，也可以是多通道的彩色图像；ddepth 是输出图片的数据深度；dst 是输出图像，大小和类型与 src 相同；ksize 是计算二阶导数滤波器的孔径大小，必须为正奇数；scale 是缩放比例因子，可选项，默认值为 1；delta 是输出图像的偏移量，可选项，默认值为 0；borderType 是边界扩充的类型，注意不支持对侧填充。代码如下所示，图 4-13 所示为代码运行结果。

```
1.  img1 = cv2.imread("image1.png")
2.  dst = cv2.Laplacian(img1,cv2.CV_16S,ksize = 3)
3.  Laplacian = cv2.convertScaleAbs(dst)  #Laplacian 算子
```

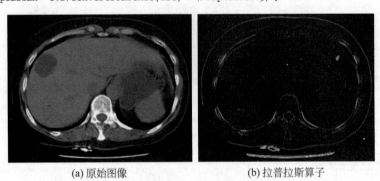

(a) 原始图像　　　　　　　　　(b) 拉普拉斯算子

图 4-13　拉普拉斯算子结果

LoG 边缘检测算子是 David Courtnay Marr 和 Ellen Hildreth 在 1980 年共同提出的，也称为 Marr & Hildreth 算子，它根据图像的信噪比来求检测边缘的最优滤波器。该算法首先对图像进行高斯滤波，然后再求其拉普拉斯二阶导数，根据二阶导数的过零点来检测图像的边界，即通过检测滤波结果的零交叉（zero crossings）来获得图像或物体的边缘。

LoG 算子综合考虑了对噪声的抑制和对边缘的检测两个方面，并且把高斯平滑滤波器和拉普拉斯锐化滤波器结合，先平滑掉噪声，再进行边缘检测，所以效果会更好。该算子与视觉生理中的数学模型相似，因此在图像处理领域中得到了广泛的应用。它具有抗干扰能力强，边界定位精度高，边缘连续性好，能有效提取对比度弱的边界等特点。常见的 LoG 算子是 5×5 模板，如式（4-12）所示：

$$K_{\mathrm{MH},5} = \begin{bmatrix} 0 & 0 & -1 & 0 & 0 \\ 0 & -1 & -2 & -1 & 0 \\ -1 & -2 & 16 & -2 & -1 \\ 0 & -1 & -2 & -1 & 0 \\ 0 & 0 & -1 & 0 & 0 \end{bmatrix} \qquad (4\text{-}12)$$

代码如下所示,图 4-14 所示为代码运行结果。

```
1.  gaussian = cv.GaussianBlur(img1,(3,3),0)        #先通过高斯滤波降噪
2.  dst = cv.Laplacian(gaussian,cv.CV_16S,ksize = 3)  #再通过拉普拉斯算子做边缘检测
3.  LOG = cv.convertScaleAbs(dst)
```

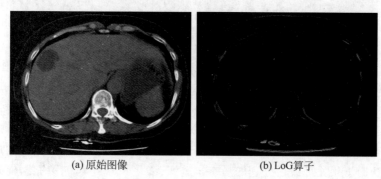

(a) 原始图像　　　　　　　　　(b) LoG 算子

图 4-14　LoG 算子结果

3) 反锐化掩模滤波增强

反锐化掩模滤波是将图像通过模糊掩模进行模糊预处理(相当于低通滤波)后与原图作减法运算得出含有高频成分的差值图像,差值图像乘上一个修正因子 f 再与原图像代数求和,以达到提高图像中高频成分、增强图像轮廓和细节的目的。公式如式(4-13)所示:

$$y'_i = y_i + f \times (y_i - s_i(\sigma)) \qquad (4\text{-}13)$$

式中:y——原始图像;

$s_i(\sigma)$——原始图像经过滤过核 σ 平滑后的影像;

f——增强修正因子;

y'_i——输出图像。

线性反锐化掩模(unsharp masking,UM)算法。首先将原图像通过低通滤波后产生一个钝化模糊图像,将原图像与该模糊图像相减得到保留高频成分的图像,再将高频图像用一个参数放大后与原图像叠加,这就产生一个增强了边缘的图像。最初将原图像通过低通滤波器后,因为高频成分受到抑制,从而使图像模糊,所以模糊图像中高频成分有很大削弱。将原图像与模糊图像相减的结果就会使 $f(x,y)$ 的低频成分损失很多,而高频成分较完整地被保留下来。因此,再将高频成分的图像用一个参数放大后与原图像 $f(x,y)$ 叠加,就提升了高频成分,而低频成分几乎不受影响。

ImageFilter 提供能实现该操作的 img. filter (ImageFilter. UnsharpMask (radius,percent,threshold))函数,其中,radius 是指定模糊半径;percent 是指定反锐化强度(百分比);threshold 是用来控制被锐化的最小亮度变化,代码如下所示,图 4-15 所示为代码运行结果。

```
1.   img = Image.open(r"image1.png")
2.   unsharp_img = img.filter(ImageFilter.UnsharpMask(radius = 10,percent = 200,threshold =
3))    #实现 UM
```

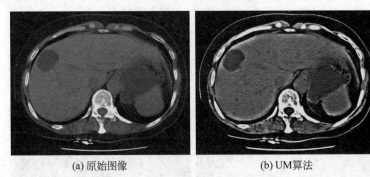

(a) 原始图像　　　　　　　　　　　(b) UM算法

图 4-15　图像 UM 算法结果

4）形态学增强

形态学是生物学的概念，主要是研究动植物的形态和结构。数学形态学是建立在集合论和拓扑学基础之上的图像分析学科。图像处理中的形态学是指基于形状的图像处理操作，以数学形态学为工具从图像中提取表达和描绘区域形状的图像结构信息，如边界、骨架、凸壳等，还包括用于预处理或后处理的形态学过滤、细化和修剪等。形态学图像处理最初用于处理二值图像，进而推广到灰度级图像处理，其运算简单、效果良好。

形态学图像处理的运算是用集合定义的，基本运算包括：二值腐蚀和膨胀，二值开闭运算，骨架抽取，极限腐蚀，击中击不中变换，形态学梯度，顶帽变换，颗粒分析，流域变换，灰值腐蚀和膨胀，灰值开闭运算，灰值形态学梯度等。

形态学的基本思想是利用结构元素测量或提取输入图像中的形状或特征，以便进行图像分析和目标识别。形态学操作都是基于各种形状的结构元对输入图像进行操作得到输出图像。

（1）腐蚀。腐蚀是图像处理中最基本的形态学操作，是很多高级处理方法的基础。腐蚀是对白色部分（高亮部分）而言的，膨胀就是对图像中的高亮部分进行膨胀，腐蚀就是原图中的高亮部分被腐蚀。

腐蚀使图像中白色高亮部分被腐蚀，类似"邻域被蚕食"，腐蚀的效果是拥有比原图更小的高亮区域，可以去掉毛刺，去掉孤立的像素，提取骨干信息。腐蚀的原理是求局部最小值的操作，将 0 值扩充到邻近像素，从而扩大黑色值范围、压缩白色值范围。

腐蚀的运算符号是"Θ"，其运算规则如式（4-14）所示：

$$A\Theta B = \{z \mid (B)_z \subseteq A\} \tag{4-14}$$

式中：$A\Theta B$——A 影像的收缩，收缩程度取决于结构元素 B。

腐蚀能使目标缩小、目标内孔增大，并起到消除外部孤立噪声的效果。

在 OpenCV 库中提供了 cv. erode（src, kernel, dst, anchor, iterations, borderType, borderValue)函数实现腐蚀操作，其中，src 是输入图像，可以为单通道或多通道；dst 是输出图像，大小和类型与 src 相同；kernel 是结构元（卷积核），null 时使用 3×3 矩形结构元素；anchor 是卷积核的锚点位置，默认值（−1,−1）表示以卷积核的中心为锚点；iterations 是应用腐蚀操作的次数，可选项，默认值为 1；borderType 是边界扩充的类型；borderValue

是选择填充扩充的内容,当 borderType＝BORDER_CONSTANT 时以常量 value 填充扩充边界,默认值为(0,0,0)。代码如下所示,图 4-16 所示为代码运行结果。

```
1.    img1 = cv2.imread("image1.png")
2.    kernel = np.ones((8,8),np.uint8)
3.    erosion = cv2.erode(img1,kernel)    ＃腐蚀
```

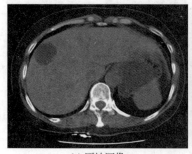 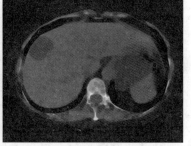

(a) 原始图像   (b) 腐蚀操作

图 4-16　腐蚀操作结果

(2) 膨胀。膨胀使图像中的白色高亮部分进行膨胀,类似“邻域扩张”,膨胀效果是拥有比原图更大的高亮区域,可以填补图像缺陷,用来扩充边缘或填充小的孔洞,也可以用来连接两个分开的物体。膨胀的原理是求局部最大值的操作,将 1 值扩充到邻近像素,从而扩大白色值范围、压缩黑色值范围。

膨胀的运算符是“⊕”,其定义如式(4-15)所示:

$$A \oplus B = \{z \mid (\hat{B} \cap A \neq \phi)\} \tag{4-15}$$

式中: $\hat{B}$——元素 B 关于原点的对称;

　　　 z——B 所能达到的区域的集合。

在二值图像中,若 A 为目标像素集合,B 是全“1”逻辑矩阵,$A \oplus B$ 将是 A 图像的膨胀。膨胀是将图像中与目标物体接触的所有背景点合并到物体中的过程,增大目标、缩小目标内部孔径、增补目标中的空间,使目标形成连通域。

该公式表示用 B 来对图像 A 进行膨胀处理,其中 B 是一个卷积模板或卷积核,其形状可以为正方形或圆形,通过模板 B 与图像 A 进行卷积计算,扫描图像中的每一个像素点,用模板元素与二值图像元素进行“与”运算,如果都为 0,那么目标像素点为 0,否则为 1。从而计算 B 覆盖区域的像素点最大值,并用该值替换参考点的像素值实现膨胀。

在 OpenCV 库中提供了 cv.dilate(src, kernel, dst, anchor, iterations, borderType, borderValue)函数实现膨胀操作,其中,src 是输入图像,可以为单通道或多通道;dst 是输出图像,大小和类型与 src 相同;kernel 是结构元(卷积核),null 时使用 3×3 矩形结构元素;anchor 是卷积核的锚点位置,默认值(-1,-1)表示以卷积核的中心为锚点;iterations 是应用膨胀操作的次数,可选项,默认值为 1;borderType 是边界扩充的类型;borderValue 是选择填充扩充的内容,当 borderType＝BORDER_CONSTANT 时以常量 value 填充扩充边界,默认值为(0,0,0)。代码如下所示,图 4-17 所示为代码运行结果。

```
1.    img1    = cv2.imread("image1.png")
2.    kernel = np.ones((7,7),np.uint8)
3.    dilate = cv2.dilate(img1,kernel,iterations = 1)    ＃实现膨胀
```

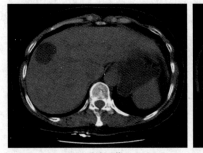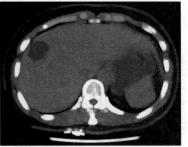

(a) 原始图像　　　　　　　　　　　　　(b) 膨胀操作

图 4-17　膨胀操作结果

（3）开运算。膨胀扩展集合的组成部分，而腐蚀缩小集合的组成部分。开运算就是先腐蚀后膨胀的过程，通常用于去除噪点、断开狭窄的狭颈、消除细长的突出、平滑物体边界但不改变面积。结构元 B 对集合 A 的开运算定义如式(4-16)所示：

$$\text{Open}(A,B)=(A\ominus B)\oplus B \tag{4-16}$$

式中：$(A\ominus B)\oplus B$——首先 B 对 A 腐蚀，然后 B 对腐蚀结果膨胀。

开运算是一个基于几何运算的滤波器，结构元大小的不同将导致不同的滤波效果，提取出不同的特征。

OpenCV 库提供了 cv. morphologyEx（src，op，kernel，dst，anchor，iterations，borderType，borderValue)函数实现图像的开运算。其中，src 是输入图像，可以为单通道或多通道；dst 是输出图像，大小和类型与 src 相同；op 是形态学运算类型；kernel 是结构元(卷积核)，null 时使用 3×3 矩形卷积核；anchor 是卷积核的锚点位置，默认值(−1，−1)表示以卷积核的中心为锚点；iterations 为应用腐蚀和膨胀的次数，可选项，默认值为 1；borderType 是边界扩充的类型；borderValue 是选择填充扩充的内容，当 borderType ＝ BORDER_CONSTANT 时以常量 value 填充扩充边界，默认值为(0,0,0)。代码如下所示，图 4-18 所示为代码运行结果。

```
1.  img1 = cv2.imread("image1.png")
2.  kSize = (5,5)                              ♯卷积核的尺寸
3.  kernel = np.ones(kSize,dtype = np.uint8)   ♯生成盒式卷积核
4.  imgOpen = cv2.morphologyEx(img1,cv2.MORPH_OPEN,kernel)
```

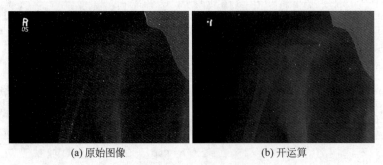

(a) 原始图像　　　　　　　　　　　　　(b) 开运算

图 4-18　开运算操作结果

（4）闭运算。闭运算就是先膨胀后腐蚀的过程，通常用于弥合狭窄的断裂和细长的沟壑，消除小孔，填补轮廓中的缝隙，消除噪点，连接相邻的部分。结构元 B 对集合 A 的闭运

算定义如式(4-17)所示：

$$Close(A,B) = (A \oplus B)\Theta B \qquad (4\text{-}17)$$

式中：$(A \oplus B)\Theta B$——首先 B 对 A 膨胀，然后 B 对膨胀结果腐蚀。

　　闭运算通过填充图像的凹角来实现图像滤波，结构元大小的不同将导致滤波效果的不同，不同结构元素的选择导致不同的分割。OpenCV 库中的 cv. morphologyEx 函数也可以实现图像的闭运算，但要将参数 op 设为 MORPH_CLOSE。代码如下所示，图 4-19 所示为代码运行结果。

```
1.  img = cv2.imread("image1.png")
2.  kernel = np.ones((5,5),np.uint8)
3.  close = cv2.morphologyEx(img,cv2.MORPH_CLOSE,kernel,iterations = 2)  #闭运算
```

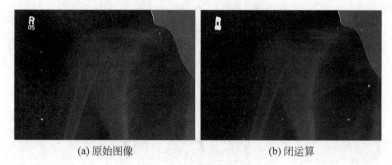

(a) 原始图像　　　　　　　　　　　　(b) 闭运算

图 4-19　闭运算操作结果

2. 频域滤波

　　在图像的傅里叶频谱中，零频率分量相当于图像的平均灰度，低频率分量对应于平滑的图像信号，较高频率的分量对应于图像中的细节和边界，通常认为噪声的频率也处于高频分量中。因此，可以通过抑制高频分量实现图像平滑，也可以通过抑制低频成分进行图像边缘提取或锐化。在本部分将介绍一些常见的频域变换方法、低通滤波和高通滤波。

　　1) 频域变换

　　频域变换是将图像从时域(空间域)转换到频域，对其进行变换，然后再将图像从频域转换回时域。常见的频域变换有傅里叶变换、离散余弦变换和小波变换。在频域中，图像的每个像素点都变成了一个复数，其中实部和虚部分别表示该点的幅度和相位，通常用频率来表示幅度，用角度来表示相位。在进行频域变换后，可以通过滤波的方式来实现图像的增强和去噪。

　　(1) 傅里叶变换。在图像处理过程中，傅里叶变换就是将图像分解为正弦分量和余弦分量两部分。数字图像经过傅里叶变换后，得到的频域值是复数。因此，显示傅里叶变换的结果需要使用实数图像(real image)加虚数图像(complex image)，或者幅度图像(magnitude image)加相位图像(phase image)的形式。因为幅度图像包含了原图像中所需要的大部分信息，所以在图像处理过程中，通常仅使用幅度图像。

　　对图像进行傅里叶变换后，会得到图像中的低频和高频信息。低频信息对应图像内变化缓慢的灰度分量。高频信息对应图像内变化越来越快的灰度分量，它是由灰度的尖锐过渡造成的。傅里叶变换的目的，就是为了将图像从空域转换到频域，并在频域内实现对图像内特定对象的处理，然后再对经过处理的频域图像进行逆傅里叶变换得到空域图像。傅里叶变换在图像处理领域发挥着非常关键的作用，可以实现图像增强、图像去噪、边缘检测、特征提取、图像压缩和加密等。

使用 OpenCV 库中的 cv.dft(src，dst，flags，nonzeroRows)函数可以实现图像的傅里叶变换，使用 cv.idft(src，dst，flags，nonzeroRows)函数实现图像傅里叶逆变换，其中，src是输入图像，单通道灰度图像，使用 np.float32 格式；dst 是输出图像，图像大小与 src 相同，数据类型由 flags 决定；flags 是转换标识符。cv.dft 函数的输出是 2 个通道的二维数组，使用 cv.magnitude(x，y，magnitude)函数可以计算二维矢量的幅值。傅里叶变换及相关操作的取值范围可能不适于图像显示，需要进行归一化处理。OpenCV 库中的 cv.normalize 函数可以实现图像的归一化。代码如下所示，图 4-20 所示为代码运行结果。

```
1.  img = cv2.imread("image1.png",flags = 0)
2.  dft = cv2.dft(np.float32(img),flags = cv2.DFT_COMPLEX_OUTPUT)        ♯傅里叶变换
3.  dft_shift = np.fft.fftshift(dft)
4.  magnitude_spectrum = 20 * np.log(cv2.magnitude(dft_shift[:,:,0],dft_shift[:,:,1]))
                                                                         ♯幅度谱
```

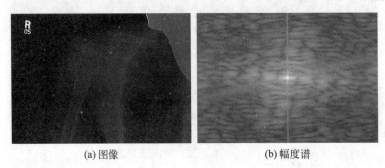

(a) 图像　　　　　　　　　　(b) 幅度谱

图 4-20　X 射线图像傅里叶变换

（2）离散余弦变换。离散余弦变换(discrete cosine transform，DCT)是图像频域变换的一种，它类似于离散傅里叶变换(discrete fourier transform，DFT)，DCT 相当于一个长度大概是它两倍的 DFT，但是 DCT 只使用实数。在傅里叶级数中，如果被展开的函数是实偶函数，那么在傅里叶级数中则只包含余弦项，再将其离散化，由此便可导出 DCT。

变换后 DCT 系数能量主要集中在左上角，其余大部分系数接近于零，因此 DCT 具有适用于图像压缩的特性，用于对信号和图像(包括静止图像和运动图像)进行有损数据压缩。使用 OpenCV 库中的 cv.dct(src)函数可以实现 DCT，cv.idct(src)函数可以实现离散余弦反变换，其中，src 为输入图像。代码如下所示，图 4-21 所示为代码运行结果。

```
1.  img = cv2.imread("image1.png",flags = 0)
2.  img_dct = cv2.dct(img1)                    ♯进行离散余弦变换
3.  img_dct_log = np.log(abs(img_dct))         ♯进行 log 处理
4.  img_idct = cv2.idct(img_dct)               ♯进行离散余弦反变换
```

(a) 图像　　　　　　　　(b) DCT　　　　　　　　(c) IDCT

图 4-21　图像离散余弦变换和逆离散余弦变换结果

（3）小波变换。小波变换（wavelet transform，WT）是一种新的变换分析方法，它继承和发展了短时傅里叶变换局部化的思想，同时又克服了窗口大小不随频率变化等缺点，能够提供一个随频率改变的"时间-频率"窗口，是进行信号时频分析和处理的理想工具。

它的主要特点是通过变换能够充分突出问题某些方面的特征，能对时间（空间）频率的局部化分析，通过伸缩平移运算对信号（函数）逐步进行多尺度细化，最终达到高频处时间细分，低频处频率细分，能自动适应时频信号分析的要求，从而可聚焦到信号的任意细节，解决了傅里叶变换的困难问题，成为继傅里叶变换以来在科学方法上的重大突破。

对于 $N \times N$ 图像的小波变换，首先，将 N 行的图像分解成两部分：低通子图像 $N \times N/2$ 和高通子图像 $N \times N/2$；然后分别对每个子图像的列在进行小波变换，分解成高通部分与低通部分的子图像。结果，一副图像分解成四个部分：水平方向低通与垂直方向低通（LL）；水平方向高通与垂直方向低通（HL）；水平方向低通与垂直方向高通（LH）；水平方向高通与垂直方向高通（HH）。PyWavelets 提供了 pywt.wavedec2 函数，用于将二维图像进行小波变化并分解成多个尺度和方向的小波系数，即将二维图像分解成多个子图。

语法格式为（cA，cH，cV，cD）= pywt.wavedec2（data，wavelet，mode = 'symmetric'，level=None，axes=（−2，−1）），其中，data 为需要进行小波分解的二维图像数据；wavelet 为小波基函数名称，如'haar'、'db1'等；mode 为边界处理方式，如'symmetric'、'periodic'等；level 为小波变换的层数，即进行几级小波分解，默认为 None；axes 指定在哪些维度进行小波变换，默认为最后两维（−2，−1）。函数返回值为多个二维数组，其中，cA 为低频系数，（cH，cV，cD）为高频系数，分别代表水平、垂直和对角方向的高频信息。代码如下所示，图 4-22 所示为代码运行结果。

```
1.  img = cv2.imread("0325135257.png",0)
2.  coeffs = wavedec2(img,'haar',level = 3)  #进行小波分解
```

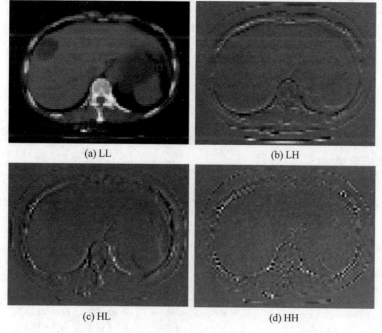

(a) LL (b) LH

(c) HL (d) HH

图 4-22 小波分解结果——LL，LH，HL，HH

　　根据小波变换的原理,图像在进行小波变换后将分解成大小、位置和方向都不相同的分量。如果在逆变换之前,根据图像的特点改变某些分量的小波系数大小,就可以很方便地对图像中感兴趣的部分进行增强。而如果不改变系数的大小,则是图像的重构。PyWavelets提供了 pywt. wavedec2 函数,用于对经过二维小波变换的图像进行重构。该函数接受三个参数:coeffs,wavelet 和 mode。其中,coeffs 是一个三元组,包含了从 wavedec2 函数中得到的小波系数。wavelet 是一个字符串,指定了使用的小波函数。mode 是一个字符串,指定了重构过程中的边界模式。代码如下所示,图 4-23 所示为代码运行结果。

```
1.  coeffs = wavedec2(img, 'haar', level = 2)
2.  img_ = waverec2(coeffs, 'haar')  ♯图像重构
```

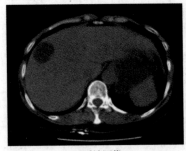 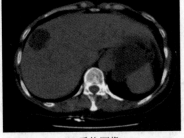

　　(a) 原始图像　　　　　　　　　　　　　　(b) 重构图像

图 4-23　小波变换重构图像结果

2) 低通滤波器

　　通常图像中的边缘和噪声对应其傅里叶变换中的高频部分,所以在频域中,通过衰减高频成分而保留低频信息的滤波称为低通滤波。低通滤波器抑制了反映图像边界特征的高频信息以及包括在高频中的孤立点噪声,能够起到平滑图像、去噪声的增强作用。

　　理想的低通滤波器转移函数如式(4-18)所示:

$$H(u,v) = \begin{cases} 1, & D(u,v) \leqslant D_0 \\ 0, & 其他 \end{cases} \tag{4-18}$$

式中:$D(u,v)$是点(u,v)到频率原点的距离,$D(u,v) = \sqrt{u^2+v^2}$;D_0是一个规定的非负整数,称为截止频率。

　　转移函数 $H(u,v)$ 表明,以 D_0 为半径的圆域内所有频率分量无损地通过,圆域外的所有频率分量被完全滤除。

　　在一幅图像内,低频信号对应图像内变化缓慢的灰度分量,低通滤波器允许低频信号通过,图像变模糊。低通滤波器主要通过矩阵设置构造,代码如下所示,图 4-24 所示为代码运行结果:

```
1.  dft = cv2.dft(np.float32(img), flags = cv2.DFT_COMPLEX_OUTPUT)
2.  fshift = np.fft.fftshift(dft)                    ♯傅里叶变换
3.  rows, cols = img.shape
4.  crow, ccol = int(rows/2), int(cols/2)            ♯中心位置
5.  mask = np.zeros((rows, cols, 2), np.uint8)
6.  mask[crow − 30:crow + 30, ccol − 30:ccol + 30] = 1  ♯设置低通滤波器
7.  f = fshift * mask                                ♯掩模图像和频谱图像乘积
8.  ishift = np.fft.ifftshift(f)                     ♯傅里叶逆变换
```

```
9.   iimg = cv2.idft(ishift)
10.  res = cv2.magnitude(iimg[:,:,0],iimg[:,:,1])
```

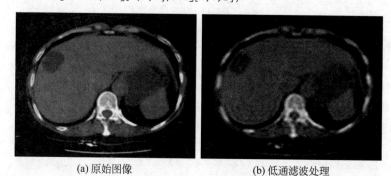

(a) 原始图像　　　　　　　　(b) 低通滤波处理

图 4-24　低通滤波处理结果

3）高通滤波器

高通滤波器是衰减或抑制低频分量,保留高频分量的滤波形式。因为边缘及灰度急剧变化部分与高频分量相关联,在频率域中进行高通滤波可以使图像得到锐化。理想的高通滤波器转移函数如式(4-19)所示:

$$H = \begin{cases} 1, & D(u,v) > D_0 \\ 0, & D(u,v) \leqslant D_0 \end{cases} \tag{4-19}$$

式中,D_0 是频率平面上从原点算起的截止距离,称为截止频率。

在一幅图像内,高频信号对应图像内变化越来越快的灰度分量,高通滤波器允许高频信号通过,增强图像的尖锐细节,导致图像对比度降低。代码如下所示,图 4-25 所示为代码运行结果。

```
1.   f = np.fft.fft2(img)              # 傅里叶变换
2.   fshift = np.fft.fftshift(f)
3.   rows,cols = img.shape             # 设置高通滤波器
4.   crow,ccol = int(rows/2),int(cols/2)
5.   fshift[crow-30:crow+30,ccol-30:ccol+30] = 0
6.   ishift = np.fft.ifftshift(fshift)
7.   iimg = np.fft.ifft2(ishift)
8.   iimg = np.abs(iimg)              # 傅里叶逆变换
```

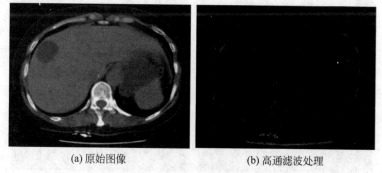

(a) 原始图像　　　　　　　　(b) 高通滤波处理

图 4-25　高通滤波处理结果

4.2.3 案例：医学图像增强

实现对一幅医学图像进行直方图增强、空域与频域滤波增强。

实现步骤：

1. 实验环境

Python＋PIL＋Cv2。

2. 代码实现

案例-1 代码：

```
1.  #读取图像
2.  import numpy as np
3.  from PIL import Image
4.  from PIL import ImageOps
5.  from PIL import ImageFilter
6.  from numpy import *
7.  from scipy.ndimage import filters
8.  from PIL import ImageMorph
9.  img = Image.open(r"image1.png")
10. image_width, image_height = img.size
11. display(img)
12. #实现直方图增强
13. hist_img = ImageOps.equalize(img,mask = None)
14. display(hist_img)
15. #空域滤波增强—均值滤波
16. smoothmore_img = img.filter(ImageFilter.SMOOTH_MORE)
17. display(smoothmore_img)
18. #空域滤波增强—中值滤波
19. medianfilter_img = img.filter(ImageFilter.MedianFilter(size = 9))
20. display(medianfilter_img)
```

代码运行结果如图 4-26 所示。

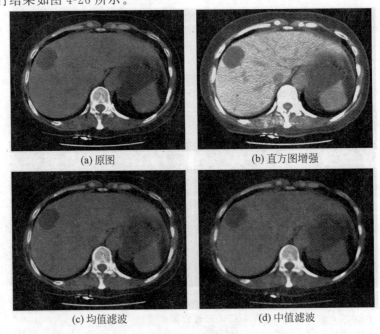

(a) 原图   (b) 直方图增强

(c) 均值滤波   (d) 中值滤波

图 4-26　案例结果-1

案例-2 代码：

```
1.   import cv2
2.   import numpy as np
3.   from matplotlib import pyplot as plt
4.   #读取图像
5.   img = cv2.imread('image1.png', 0)
6.   #傅里叶变换
7.   dft = cv2.dft(np.float32(img), flags = cv2.DFT_COMPLEX_OUTPUT)
8.   fshift = np.fft.fftshift(dft)
9.   #设置低通滤波器
10.  rows, cols = img.shape
11.  crow, ccol = int(rows/2), int(cols/2) #中心位置
12.  mask = np.zeros((rows, cols, 2), .uint8)
13.  mask[crow - 30:crow + 30,  ccol - 30:ccol + 30] = 1
14.  #掩模图像和频谱图像乘积
15.  f = fshift * mask
16.  #傅里叶逆变换
17.  ishift = np.fft.ifftshift(f)
18.  iimg = cv2.idft(ishift)
19.  res = cv2.magnitude(iimg[:,:,0], iimg[:,:,1])
20.  #显示原始图像和低通滤波处理图像
21.  plt.imshow(res, cmap = 'gray')
22.  plt.axis('off')
23.  plt.show()
24.  #读取图像
25.  img = cv2.imread('image1.png', 0)
26.  #傅里叶变换
27.  f = np.fft.fft2(img)
28.  fshift = np.fft.fftshift(f)
29.  #设置高通滤波器
30.  rows, cols = img.shape
31.  crow, ccol = int(rows/2), int(cols/2)
32.  fshift[crow - 30:crow + 30, ccol - 30:ccol + 30] = 0
33.  #傅里叶逆变换
34.  ishift = np.fft.ifftshift(fshift)
35.  iimg = np.fft.ifft2(ishift)
36.  iimg = np.abs(iimg)
37.  #显示原始图像和高通滤波处理图像
38.  plt.imshow(iimg, cmap = 'gray')
39.  plt.axis('off')
40.  plt.show()
```

代码运行结果如图 4-27 所示。

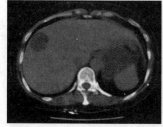
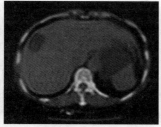

(a) 原始图像　　　　　　　　(b) 低通滤波　　　　　　　　(c) 高通滤波

图 4-27　案例结果-2

4.3　医学图像分割

图像分割是指将图像划为一些区域,在同一区域内,图像的特征相近,而不同的区域,图像特征相差较远。所谓图像特征可以是图像本身的特征,如图像像素的灰度值、边缘轮廓和纹理等。图像分割也可以考虑为图像像素的分类问题,例如,可以根据像素的灰度值等特性判断哪些像素属于物体,哪些像素属于背景,或判断哪些像素属于各个区域内部像素,哪些像素属于区域之间边界的像素等。由于区域之间应有明显的界限,因此也可以用检出区域边界的方法分割图像。

4.3.1　阈值分割

阈值分割技术是一种基于区域的图像分割技术,原理是把图像像素点分为若干类。图像阈值分割是一种传统的最常用的图像分割方法,因实现简单,计算量小,性能稳定而成为图像分割中最基本和应用最广泛的分割技术。

所谓的阈值法就是选用一个或几个阈值将图像的灰度级分为几个部分,如图 4-28 所示,认为属于同一个部分的像素属于同一物体。阈值法可分为全局阈值法和局部阈值法两种。假设一幅图像由亮对象和暗背景两部分组成,其灰度直方图如图 4-28(a)所示。显然,在如图所示的位置选取阈值可将对象和背景分开,将灰度值大于 T 的像素点归为对象,其余的像素点归为背景。表达式如式(4-20)所示:

$$g(x,y) = \begin{cases} 1, & f(x,y) > T \\ 0, & \text{其他} \end{cases} \tag{4-20}$$

式中: $g(x,y)$——分割后得到的二值图像;

$f(x,y)$——原始图像。

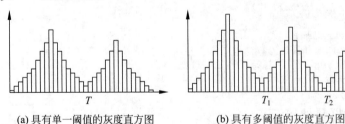

(a) 具有单一阈值的灰度直方图　　　(b) 具有多阈值的灰度直方图

图 4-28　灰度直方图

由此可见,在阈值分割中确定阈值很关键,合适的阈值可以方便地将图像分割。阈值选取一般可写为如式(4-21)所示:

$$T = T[x, y, f(x,y), p(x,y)] \tag{4-21}$$

式中: $f(x,y)$——像素点 (x,y) 处的灰度值;

$p(x,y)$——该点邻域的某种局部性质。

借助式(4-21)可以将阈值分割方法分为三类:

仅根据 $f(x,y)$ 来选取阈值,所得的阈值仅与图像像素本身性质相关,称为全局阈值,即确定的阈值对全图使用;

如果阈值是根据 $f(x,y)$ 和 $p(x,y)$ 来选取的，所得的阈值就与局部区域性质相关，称为局部阈值，即分割结果依赖于区域的阈值选取；

如果阈值取决于空间坐标 (x,y)，所得的阈值与坐标相关，称为动态阈值，相应地前两种阈值也称为固定阈值。

1. 全局阈值法

全局阈值法是从整个图像的数据特征或统计特征出发来确定阈值的方法。应用的统计特征包括直方图或概率分布、极值（最大值和最小值）、类内协方差，类间协方差等。全局阈值法的实现方法主要有双峰法、迭代法、最大类间方差法、最小误差法、最大熵法。下面介绍迭代法、最大类间方差法、最大熵法。

1）迭代法

设定阈值 T，然后对图像进行扫描并将像素标记为对象或背景，从而实现对图像的分割，这是基本的全局阈值法。利用迭代法可以自动得到阈值 T。迭代法是基于最优逼近的思想，通过迭代的过程选择一个最佳阈值，实现图像的分割。其基本算法如下：

（1）为阈值 T 选一个初始估计值，一般选取图像中最大亮度值和最小亮度值的中间值；

（2）使用 T 值作为阈值分割图像，这样会产生两组像素，即亮度大于或等于 T 的所有像素组成 G_1，亮度小于 T 的所有像素组成 G_2；

（3）计算 G_1 和 G_2 各自范围内像素的平均值 μ_1 和 μ_2；

（4）计算一个新阈值 $T=(\mu_1+\mu_2)/2$；

（5）重复步骤（2）～（4），直到逐次迭代所得的 T 值之差比预先指定的参数值小则停止。

对于直方图呈现双峰形状且峰谷特征比较明显的图像，采用迭代法可以较快地收敛得到满意结果，此时利用迭代所得的值分割图像能较好地区分目标和背景。但是对于直方图双峰特征不明显，或目标和背景比例差异悬殊的图像，采用迭代法分割可能就会得到不理想的结果。对某些特定图像，迭代过程中微小数据的变化会引起分割结果的巨大变化，导致分割失效，这是由于非线性迭代系统对初始条件敏感造成的，这种现象也就是俗称的"蝴蝶效应"。

迭代法代码如下。

```
1.   #导入相关库
2.   import cv2 as cv
3.   import numpy as np
4.   import matplotlib.pyplot as plt
5.   #读取图片
6.   img = cv.imread('./test0.png', 0)
7.   #使用图像均值作为初始阈值
8.   T = img.mean()
9.   #迭代更新阈值
10.  while True:
11.    #大于当前阈值的像素点的均值
12.    t0 = img[img < T].mean()
13.    #小于当前阈值的像素点的均值
14.    t1 = img[img >= T].mean()
15.    t = (t0 + t1)/2
16.    if abs(T - t) < 1:
17.      break
```

```
18.     #更新阈值
19.       T = t
20.     #将更新后的阈值转换为整型
21.     T = int(T)
22.     #使用新的阈值 T 进行分割
23.     th,img_bin = cv.threshold(img,T,255,0)
24.     plt.imshow(img_bin)
```

2) 最大类间方差法

最大类间方差法由日本学者大津展之(Nobuyuki Otsu)于 1979 年提出,是一种自适应的阈值确定方法,又称为大津法,简称 Otsu 法。它根据灰度特性将图像分成目标和背景两部分。若目标和背景之间的类间方差越大,则说明构成图像的两部分差别越大,当目标部分错分为背景或背景部分错分为目标时都会导致两部分的差别变小。因此,使类间方差最大的分割意味着错分的概率最小。对于图像 $I(x,y)$,目标和背景间的分割阈值记作 T,属于目标的像素点数占整幅图像的比例记为 ω_1,其平均灰度为 μ_1;属于背景的像素点数占整幅图像的比例记为 ω_2,其平均灰度为 μ_2。图像的总平均灰度记为 μ,类间方差记为 g。

假设图像尺寸为 $M \times N$,背景暗、目标亮,则像素灰度值小于阈值 T 的像素个数记作 N_1,像素灰度值大于阈值 T 的像素个数记作 N_2,于是有以下公式:

$$\omega_1 = \frac{N_1}{M \times N} \tag{4-22}$$

$$\omega_2 = \frac{N_2}{M \times N} \tag{4-23}$$

$$N_1 + N_2 = M \times N \tag{4-24}$$

$$\omega_1 + \omega_2 = 1 \tag{4-25}$$

$$\mu = \mu_1 \times \omega_1 + \mu_2 \times \omega_2 \tag{4-26}$$

$$g = \omega_1 \times (\mu - \mu_1)^2 + \omega_2 \times (\mu - \mu_2)^2 \tag{4-27}$$

式中: N_1——像素灰度值小于阈值 T 的像素个数;

N_2——像素灰度值大于阈值 T 的像素个数;

$M \times N$——图像尺寸;

ω_1,μ_1——属于目标的像素点数占整幅图像的比例和平均灰度;

ω_2,μ_2——属于背景的像素点数占整幅图像的比例和平均灰度;

μ——图像的总平均灰度;

g——类间方差。

将(4-26)代入式(4-27),得到等价式(4-28):

$$g = \omega_1 \times \omega_2 \times (\mu_1 - \mu_2)^2 \tag{4-28}$$

采用遍历的方法得到使类间方差最大的阈值 T,即为所求的最佳值。OTSU 法属于一种单阈值的分割方法,当图像中的目标相比背景而言所占比例很小时,该方法的分割结果可能不好。尽管如此,OTSU 法仍然是一种极为优良的自动化阈值分割方法,在图像分割领域被广泛应用。OpenCV 库中实现 Ostu 法的代码如下。

```
1.     #导入相关库函数
2.     import cv2
```

3. #读取数据
4. img = cv2.imread('./test0.png')
5. #转为灰度图
6. gray_img = cv2.cvtColor(img, cv2.COLOR_BGR2GRAY)
7. #使用 Otsu 法进行阈值分割
8. ret2, th2 = cv2.threshold(gray_img, 0, 255, cv2.THRESH_BINARY + cv2.THRESH_OTSU)
9. plt.imshow(img_o2,cmap = 'gray')

3）最大熵法

熵是信息论中的一个术语，它表示对象所含平均信息量的大小。其定义如下：

$$H = \int_{-\infty}^{+\infty} p(x) \lg p(x) dx \tag{4-29}$$

式中：$p(x)$——随机变量 x 的概率密度函数。

基于最大熵原则进行阈值分割的目的在于将图像的灰度直方图分成两个或者多个独立的类，使得各类熵的总量最大。从信息论的角度来说，选取的阈值要使获得的信息量最大。这里只简单介绍一维最大熵的阈值分割方法。

假设灰度级为 L 的图像以阈值 t 来分割，灰度值低于 t 的像素点属于目标区域，其余的像素点属于背景区域，统计图像中每个灰度级出现的概率为 p，那么各个灰度级在本区域的分布概率如下所示：

目标区：

$$\frac{p_i}{p_t}, \quad i = 1,2,\cdots,t \tag{4-30}$$

背景区：

$$\frac{p_i}{1-p_t}, \quad i = t+1,t+2,\cdots,L-1 \tag{4-31}$$

式中：p——图像中每个灰度级出现的概率；

$p_t = \sum_{i=0}^{t} p_i$。

分别计算目标和背景的熵如下：

$$H_0 = -\sum_i (p_i/p_t) \lg(p_i/p_t), \quad i = 1,2,\cdots,t \tag{4-32}$$

$$H_p = -\sum_i [p_i/(1-p_t)] \lg[p_i/(1-p_t)], i = t+1,t+2,\cdots,L-1 \tag{4-33}$$

对图像中的每个灰度级分别求取 $w = H_0 + H_B$，找到最大的 w 所对应的灰度级，并将其作为分割图像的阈值。图 4-29 给出了迭代法，OSTU 法，最大熵法的分割结果。

2. 自适应阈值分割

用与坐标相关的一系列阈值来对图像进行分割的方法叫作自适应阈值分割法。它的基本思想：首先，将图像分解成一系列子图像，这些子图像可以互相重叠也可以相邻。如果分解成的子图像比较小，则由阴影或对比度空间变化等问题对分割结果造成的影响就会比较小；然后，对每个子图像计算一个阈值，此时的阈值可根据图像具体情况采用上述的阈值选取法。通过对这些子图像获得的阈值进行插值就可得到对图像中每个像素进行分割所需的阈值；最后，将图像中每个像素与对应的阈值相比较即可实现分割。对应每个像素的阈值组成图像上的一个曲面，称这个曲面为阈值曲面。采用的步骤如下：

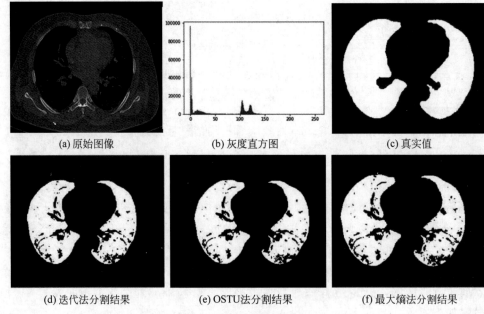

(a) 原始图像　　　　　　　(b) 灰度直方图　　　　　　　(c) 真实值

(d) 迭代法分割结果　　　(e) OSTU法分割结果　　　(f) 最大熵法分割结果

图 4-29　基于全局阈值的分割方法

（1）将整幅图像分成一系列互相之间有 50% 重叠的子图像；

（2）作出每个子图像的直方图；

（3）检测各个子图像的直方图是否为双峰，如果是双峰，则采用双峰法确定一个阈值，否则就不进行处理；

（4）根据对直方图为双峰的子图像得到的阈值，通过插值得到所有子图像的阈值；

（5）根据各子图像的阈值，再通过插值得到所有像素的阈值 $T_{x,y}$，然后根据式（4-34）对图像进行分割：

$$g(x,y)=\begin{cases}1, & 若\ f(x,y)\geqslant T_{x,y}\\ 0, & 其他\end{cases} \qquad (4-34)$$

式中：$T_{x,y}$——像素的阈值。

OpenCV 库中提供了自适应阈值分割的代码。函数原型为

dst = cv2. adaptiveThreshold（src，maxValue，adaptiveMethod，thresholdType，blockSize，C）

参数说明：src：需要进行阈值化的原始图像，必须是单通道的灰度图像。maxValue：阈值化后的最大像素值，当像素值大于阈值时设为该值。adaptiveMethod：自适应阈值化的算法，通常采用 cv2. ADAPTIVE_THRESH_MEAN_C 或 cv2. ADAPTIVE_THRESH_GAUSSIAN_C。thresholdType：阈值化类型，通常采用 cv2. THRESH_BINARY 或 cv2. THRESH_BINARY_INV。blockSize：阈值化计算的区域大小，通常为一个奇数，如 3、5、7 等。C：用于调节阈值的参数，通常为一个小的数，如 3、5、7 等。

cv2. ADAPTIVE_THRESH_MEAN_C 的计算方法是计算出邻域的平均值再减去第七个参数值。cv2. ADAPTIVE_THRESH_GAUSSIAN_C 的计算方法是计算出邻域的高

斯均值再减去第七个参数值。

函数返回值包括：dst：阈值化后的输出图像，与输入图像的大小和类型一致。

自适应阈值分割法代码如下。

```
1.  # 导入相关库函数
2.  import cv2
3.  import matplotlib.pyplot as plt
4.  # 读取图像
5.  img = cv2.imread('./test0.png', 0)
6.  # 均值自适应分割
7.  athMEAN = cv2.adaptiveThreshold(img, 255, cv2.ADAPTIVE_THRESH_MEAN_C, cv2.THRESH_
    BINARY, 5, 3)
8.  # 高斯自适应分割
9.  athGAUS = cv2.adaptiveThreshold(img, 255, cv2.ADAPTIVE_THRESH_GAUSSIAN_C, cv2.THRESH_
    BINARY, 5, 3)
10. plt.imshow(athMEAN)
11. plt.imshow(athGAUS)
```

分割结果如图 4-30 所示。

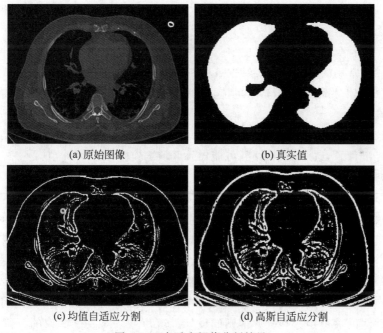

(a) 原始图像   (b) 真实值

(c) 均值自适应分割   (d) 高斯自适应分割

图 4-30 自适应阈值分割结果

阈值法的优点是实现简单，当不同类型的物体的灰度值或其他特性相差很大时，该方法能有效地对图像进行分割。因此，当不同结构的对比度很强时，阈值法是一个简单而有效的分割方法。阈值法的缺点是不适用于多通道图像和特征值相差不大的图像，对于不存在明显的灰度差异或各物体的灰度值范围有较大重叠的图像，难以得到准确的分割结果。同时，对于单一阈值的选取问题，解决方法较为简单，但是对于多目标的图像来讲，如何选取合适的阈值仍然是阈值法的困难所在。

4.3.2　区域分割

区域分割技术是指将一张图片按照局部的相似度划分为多个不同的区域,这一技术主要有区域生长法和区域分裂合并法两种方法。

1. 区域生长法

区域生长法是根据事先定义的准则将像素或者子区域聚合成更大区域的过程。其基本思想是从一组生长点开始(生长点可以是单个像素,也可以是某个小区域),将与该生长点性质相似的相邻像素或者区域与生长点合并。然后将这些新像素当作新的生长点,继续上面的操作,一直重复此过程,直到没有满足条件的像素可被包括进来,此时就表示生长点已经不能生长,这样一个区域就生长成了。生长点和相似区域的相似性判断依据可以是灰度值、纹理、颜色等图像信息。在实际应用区域生长法时需要解决以下三个问题:

(1)选择或确定一组能正确代表所需区域的种子像素。种子像素的选取常可借助具体问题的特点。如果对具体问题没有先验知识,则常可借助生长所用准则对每个像素进行相应计算。如果计算结果呈现聚类的情况则接近聚类中心的像素可取为种子像素。

(2)确定在生长过程中能将相邻像素包括进来的准则。生长准则的选取不仅依赖于具体问题本身,也和所需图像数据的种类有关。另外还需考虑像素间的连通性和邻近性,否则有时会出现无意义的分割结果。

(3)制定让生长停止的条件或规则。一般生长过程在进行到没有满足生长准则需要的像素时停止。但常用的基于灰度、纹理、彩色的准则大都基于图像的局部性质,并没有充分考虑生长的"历史",为增加区域生长的能力常需考虑一些与尺寸、形状等图像和目标的全局性质有关的准则。

区域生长法的优点是计算简单,对于较均匀的连通目标有较好的分割效果。它的缺点是需要人为确定种子点,对噪声敏感,可能导致区域内有空洞。另外,它是一种串行算法,当目标较大时,分割速度较慢,因此在设计算法时,要尽量提高效率。

2. 区域分裂合并法

区域生长是从某个或者某些像素点出发,最后得到整个区域,进而实现目标提取。分裂合并差不多是区域生长的逆过程:从整个图像出发,不断分裂得到各个子区域,然后再把前景区域合并,实现目标提取。分裂合并的假设是对于一幅图像,前景区域由一些相互连通的像素组成的,因此,如果把一幅图像分裂到像素级,那么就可以判定该像素是否为前景像素。当所有像素点或者子区域完成判断以后,把前景区域或者像素合并就可得到前景目标。

分裂合并法的关键是分裂合并准则的设计。这种方法对复杂图像的分割效果较好,但算法较复杂,计算量大,分裂还可能破坏区域的边界。

图 4-31 为区域生长法和区域分裂合并法的分割结果。

4.3.3　基于聚类的分割技术

基于聚类的分割技术是医学图像分割领域中一类极其重要且应用非常广泛的分割技术。正如我们所讲的"人以群分,物以类聚",聚类(clustering)是按照某种相似性准则,将待处理的数据集划分为若干个类或簇(cluster)的过程。划分到同一类中的数据应具有尽可能大的相似性,而划分到不同类中的数据的相异性应尽可能大,即把属于同一类的数据对象尽

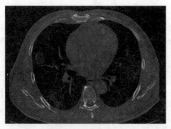

(a) 原始图像　　　　　　　　　　(b) 真实值

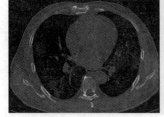

(c) 区域生长法选取种子点　　　(d) 区域生长法分割结果　　　(e) 分裂合并法分割结果

图 4-31　区域生长法和区域分裂合并法的分割结果

可能地聚集在一起,而属于不同类的数据尽可能地分离。为了将数据空间中的数据点进行分类,就要确定数据点之间的关系。数据点之间的关系主要用相似性测度来度量,常用的两类相似性测度为:①距离,即计算任意两个数据点之间的距离,距离越小说明这两点越相似。把距离较近的数据点归为一类,距离较远的数据点归为不同的类。常用的距离测度有明氏(Minkowski)距离和马氏(Mahalanobis)距离。②相似系数,利用相似系数度量数据点之间的相似程度,越相似的数据点,它们的相似系数越接近于1;而差别较大的数据点,它们的相似系数则接近于零。把较相似的数据点归为一类,把差别较大的数据点归为不同的类。数据点之间的相似系数通常包括夹角余弦和相关系数。在图像分割中常用的聚类算法是 K-均值(K-Means)算法和模糊 C 均值(fuzzy C-means,FCM)算法。下面介绍这两种算法。

1. K-均值算法

K-均值算法以 K 为参数,把 n 个样本对象划分为 K 个类,使类内具有较高的相似度,而类间相似度较低。相似度是根据一个簇中样本对象的平均值即聚类的质心来进行计算的。

算法的处理过程如下:首先,随机选取 K 个对象作为初始的聚类质心;然后,将其余对象根据与各个聚类中心的距离分配到最近的聚类中;最后,重新计算各个聚类的质心。这个过程不断重复,直到目标函数最小为止。通常采用的目标函数形式为误差平方和准则函数:

$$J_e = \sum_{i=1}^{k} \sum_{x \in C_i} \| x - m_i \|^2 \tag{4-35}$$

式中:x——样本对象;

　m_i——聚类 C 的质心。

聚类 C 中的样本数为 N,即

$$m_i = \frac{1}{N} \sum_{x \in C_i} x \tag{4-36}$$

式中：x——样本对象；

　　N——聚类 C 中的样本数。

J_e 度量了用 K 个聚类中心 $m_1,m_2,\cdots,m_k$ 代表 K 个样本子集 $C_1,C_2,\cdots,C_K$ 时所产生的总的误差平方。对于不同的聚类，J_e 的值当然是不同的，使 J_e 极小的聚类是误差平方和准则下的最优结果。

传统的 K-均值算法存在如下的不足：①K 值需人工事先确定；②聚类中心的选取对算法效率和结果有较大的影响；③算法对孤立点敏感；④没有考虑像素的空间位置信息，对噪声和灰度不均匀敏感；⑤如果采用误差平方和函数作为准则函数，有可能会将大类分割，产生局部最优。这些不足极大地限制了 K-均值算法的应用，研究者提出了相应的改进算法，其中最为典型的算法则是模糊均值算法。

在 OpenCV 库中提供了 K-均值聚类的函数，函数原型为

compactness, labels, centers = cv2.kmeans(data,K,bestLabels,criteria,attempts,flags)

参数说明：data：需要聚类的数据，每行代表一个数据点，每列代表不同的特征，通常是一个 NumPy 数组。K：聚类的数量，即分成几个簇。bestLabels：用于返回每个数据点所属的簇的标签，通常是 None，表示不需要返回标签。criteria：终止迭代的条件，通常是一个包含三个元素的元组（cv2. TERM_CRITERIA_EPS，cv2. TERM_CRITERIA_MAX_ITER，epsilon），其中，cv2. TERM_CRITERIA_EPS 表示误差的变化率小于 epsilon 时结束迭代，cv2. TERM_CRITERIA_MAX_ITER 表示迭代的最大次数，epsilon 表示误差的阈值。attempts：重复聚类的次数，每次聚类的结果可能会不同，通过多次聚类可以提高聚类的准确度。flags：聚类的标志，通常是 cv2. KMEANS_RANDOM_CENTERS，表示随机初始化聚类中心。

函数返回值包括：compactness：返回每个聚类的误差平方和，即每个数据点与所属簇的中心点的距离平方和。labels：返回每个数据点所属的簇的标签，通常在 bestLabels 参数设置为 None 时才有。centers：返回聚类的中心点坐标。

代码如下。

```
1.   #导入相关库
2.   import cv2
3.   import numpy as np
4.   import matplotlib.pyplot as plt
5.   #读取原始图像灰度颜色,第二参数 0 表示以灰度形式读取
6.   img = cv2.imread('test1.png', 0)
7.   #获取图像高度、宽度
8.   rows, cols = img.shape[:]
9.   #图像二维像素转换为一维
10.  data = img.reshape((rows * cols, 1))
11.  data = np.float32(data)
12.  #定义终止迭代的条件
13.  criteria = (cv2.TERM_CRITERIA_EPS +  cv2.TERM_CRITERIA_MAX_ITER, 10, 1.0)
14.  #聚类的标志,表示随机初始化聚类中心.
15.  flags = cv2.KMEANS_RANDOM_CENTERS
16.  #K-Means 聚类 聚集成 2 类
17.  compactness, labels, centers = cv2.kmeans(data, 2, None, criteria, 10, flags)
18.  #生成最终图像
19.  dst = labels.reshape((img.shape[0], img.shape[1]))
20.    plt.show(dst)
```

2. FCM 算法

FCM 算法与 K-均值算法相比，引入了模糊的概念，是 K-均值算法的推广。在实际应用中更为广泛。FCM 算法最先由 Dunn 等提出，后经 Bezdek 等改进，并在相关文献中给出了 FCM 算法基于最小二乘法原理的迭代优化算法，并且 Bezdek 等证明了该算法收敛于一个极值。FCM 算法采用迭代法优化目标函数来获得对数据集的模糊分类，具有很好的收敛性。

FCM 算法原理：定义 $\{x_i, i=1,2,\cdots,n\}$ 是 n 个样本组成的样本集，C 为设定的分类数目，m_j 为每个聚类的中心，$\mu_j(x_i)$ 是第 i 个样本对于第 j 类的隶属度函数。用隶属度函数定义的目标函数可以写为式(4-37)：

$$J_{\text{FCM}} = \sum_{j=1}^{C}\sum_{i=1}^{n}[\mu_j(x_i)]^p \parallel x_i - m_j \parallel^2 \tag{4-37}$$

式中：$\mu_j(x_i)$——第 i 个样本对于第 j 类的隶属度函数；

　　m_j——每个聚类的中心；

　　p——$p>1$，控制聚类结果的模糊程度。

隶属度函数要求满足如下条件：

(1) 对于任意的 j 和 i，$\mu_j(x_i) \in [0,1]$；

(2) 对于任意 i，$\sum_{j=1}^{C}\mu_j(x_i) = 1$；

(3) 对于任意的 j，$0 < \sum_{j=1}^{n}\mu_j(x_i) < n$。

在上述条件的约束下，求目标函数的极小值，令 J_{FCM} 对聚类中心 m_j 和隶属度函数 μ_j 的偏导数分别为零，可得如式(4-38)和式(4-39)所示的计算公式：

$$m_j = \frac{\sum_{i=1}^{n}[\mu_j(x_i)]^p x_i}{\sum_{i=1}^{n}[\mu_j(x_i)]^p}, \quad j=1,2,\cdots,C \tag{4-38}$$

$$\mu_j(x_i) = \frac{1/(\parallel x_i - m_j \parallel)^{i/(P-1)}}{\sum_{i=1}^{n}1/(\parallel x_i - m_j \parallel^2)^{i/(P-1)}}, \quad i=1,2,\cdots,n, j=1,2,\cdots,C \tag{4-39}$$

式中：$\mu_j(x_i)$——第 i 个样本对于第 j 类的隶属度函数；

　　m_j——每个聚类的中心；

　　p——$p>1$，控制聚类结果的模糊程度。

用迭代方法求式(4-38)和式(4-39)，算法步骤如下：

(1) 设定聚类数目 C 和参数 p；

(2) 初始化各聚类中心 m；

(3) 用当前的聚类中心计算隶属度函数；

(4) 用当前的隶属度函数更新计算各个聚类中心；

(5) 重复步骤(3)和(4)，直到各个样本的聚类中心稳定。

当算法收敛时，就得到了各类的聚类中心和各样本分属于不同类别的隶属度值，从而完成了模糊聚类划分。

采用 FCM 进行图像分割的优点是避免了设定阈值的问题,并且能解决阈值分割难以解决的多分支分割的问题。FCM 特别适于分割存在不确定性和模糊性特点的图像,同时,FCM 算法是属于无监督的聚类方法,聚类过程中不需要任何人工干预,很适合于自动分割的应用领域。然而,利用 FCM 进行图像分割也存在着多个方面的问题:①在进行聚类之前必须确定聚类的类别数目,否则聚类无法进行,聚类的类别数可以人工设定,也可以通过试探的方法自动确定;②初始类中心的确定。数学理论分析表明,一个迭代并且收敛的序列,如果迭代的初始值比较接近于最后的收敛结果,则收敛速度会明显提高,且迭代次数也会大幅度减小,然而如果聚类迭代的初始值接近于某个局部极值,聚类结果就很可能最终陷入局部极值,从而得不到全局最优值,所以 FCM 初始参数的确定对降低计算量、保证最终聚类结果尤为重要;③由于聚类中的迭代优化本质上属于局部搜索方法,很容易陷入局部极值点。④计算量问题。由于聚类是一个非线性优化过程,而图像分割又是大样本分类问题,迭代算法计算量大,耗时长,使得 FCM 算法的实际应用具有一定的局限性;⑤空间信息的使用。FCM 分割的另一个问题是它只考虑到了灰度特征或彩色图像的颜色特征,忽略了图像中固有的丰富的空间信息,使得分割出的区域往往不连续,有效地利用空间信息能够提高分割质量,但附带的问题是计算量的增加;⑥后处理的问题。由于 FCM 分割一般都没有有效地利用图像像素之间的空间关系信息,容易导致分割出来的区域可能不连续,另外,分割时类别数未必是正确的,往往有过分分割的可能,所以一般在聚类完成后,对分割的结果需要进行一些合并类的后处理,使得最后分割出的区域有意义。

FCM 算法与 K-均值算法相比,引入了模糊的概念,是 K-均值算法的推广。FCM 引入了隶属度的概念使得某个样本对象不再直接属于某个类,而是用介于 $0\sim1$ 的数字来表示样本隶属于某一类的程度。

fuzz. cluster. cmeans 函数是 Python 中执行 FCM 聚类的函数,它包含在 Python 的 fuzzywuzzy 库中。FCM 聚类是一种无监督学习算法,用于将一组数据点分割成不同的簇,每个簇具有相似的属性,但每个数据点可以属于多个簇。函数原型为

cntr, u, u0, d, jm, p, fpc = fuzz. cluster. cmeans(data, c, m, error, maxiter, seed)

参数说明:data:需要聚类的数据,每行代表一个数据点,每列代表不同的特征,通常是一个 Numpy 数组。c:聚类的数量,即分成几个簇。m:模糊因子,通常设置为 2,表示在每个数据点与中心点之间存在不确定性。error:中心点的变化率,通常设置为 0.005,表示在中心点变化小于 0.005 时终止迭代。maxiter:迭代的最大次数,通常设置为 1000。seed:随机数种子,用于控制随机初始化中心点的位置,通常设置为 None 表示使用系统时间作为种子。

函数返回值包括:cntr:聚类的中心,每行代表一个中心点,每列代表不同的特征。u:每个数据点所属每个簇的概率,即隶属度矩阵,每行代表一个数据点,每列代表不同的簇。u0:隶属度矩阵的初始值。d:每个数据点到每个聚类中心的距离。jm:聚类结果的模糊化程度模化指数。p:聚类结果达到最优的迭代次数。fpc:模糊分区系数,用于确定聚类数量的适当性。

代码如下。

```
1.  #导入相关库
2.  import numpy as np
3.  import cv2
4.  import skfuzzy as fuzz
```

```
5.   import matplotlib.pyplot as plt
6.   from time import time
7.   import glob
8.   img = cv2.imread(image)
9.   img = cv2.medianBlur(img, 3)
10.  m,n,l = img.shape
11.  Z = img.reshape((-1,3))
12.  Z = np.float32(Z)
13.  new_time = time()
14.  cntr, u, u0, d, jm, p, fpc = fuzz.cluster.cmeans( Z.T, 2, 2, error = 0.005, maxiter =
     1000, init = None)
15.  #计算模糊分区系数,表示聚类结果的模糊程度.
16.  vpc = (sum(sum(x ** 2 for x in u)))/(m * n)
17.  #计算模糊分区熵,表示聚类结果的不确定性.
18.  vpe = -((sum(sum(x * np.log2(x) for x in u)))/(m * n))
19.  #找到每个数据点对应的最大隶属度
20.  maxu = np.max(u, axis = 0)
21.  crispu = np.zeros(u.shape)
22.  for i in range(2):
23.    for j in range(len(Z)):
24.      #如果第 j 个数据点的隶属度最大值对应的簇为第 i 个簇
25.      if(u[i,j] == maxu[j]):
26.        #表示该数据点属于第 i 个簇
27.        crispu[i,j] = 1
28.  #第一个簇的结果
29.  img1 = crispu[0,:].reshape(m,n)
30.  #第二个簇的结果
31.  img2 = crispu[1,:].reshape(m,n)
32.  plt.imshow(img1)
33.  plt.imshow(img2)
```

图 4-32 为 K-均值聚类分割和 FCM 分割的结果。

4.3.4　基于图论的分割技术

基于图论的分割方法就是把要进行分割的图像看成是一个带权无向图。原图像中的各像素点就是带权无向图中的结点。边是在各结点之间形成的。边的权值 $W(i,j)$ 可以对比出顶点 i 与顶点 j 之间的相似程度,它可以由空间关系(如顶点 i 到顶点 j 的距离)与灰度测试(如纹理、颜色、灰度值)形成。可以将原带权无向图按照各个像素之间的相似程度切割成若干个子集区域。每个子集区域内的像素相似度比较高,不同子集区域的像素相似度较低。切割的过程实际上就是去除相似度低的结点之间的边。下面以 GraphCut(图割算法)为例介绍基于图论的分割技术。

图割算法是一种十分有用和流行的能量优化算法,在计算机视觉领域普遍应用于前景背景分割、立体视觉、抠图等。图割算法算法仅需要在前景和背景处各画几笔作为输入,算法将建立各个像素点与前景背景相似度的赋权图,并通过求解最小切割区分前景和背景。由于它是基于颜色统计采样的方法,因此对前景和背景相差较大的图像效果较佳。

此类方法把图像分割问题与图的最小割(min cut)问题相关联。首先用一个无向图 $G=<V,E>$ 表示要分割的图像,V 和 E 分别是顶点(vertex)和边(edge)的集合。此处的图和普通的图稍有不同。普通的图由顶点和边构成,如果边是有方向的,这样的图被则称为有向图,否则为无向图,且边是有权值的,不同的边可以有不同的权值,分别代表不同的物理意义。而图割图在普通图的基础上多了 2 个顶点,这 2 个顶点分别用符号"S"和"T"表示,统

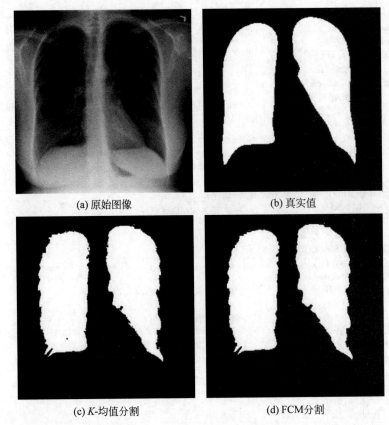

(a) 原始图像　　　　　　　　　　(b) 真实值

(c) *K*-均值分割　　　　　　　　　(d) FCM分割

图 4-32　*K*-均值和 FCM 分割结果

称为终端顶点。其他所有的顶点都必须和这 2 个顶点相连形成边集合中的一部分。所以图割图中有两种顶点，也有两种边。

　　第一种普通顶点对应于图像中的每个像素。每两个邻域顶点（对应于图像中每两个邻域像素）的连接就是一条边。这种边也叫 n-links。除图像像素外，还有另外两个终端顶点，分别叫 S(source：源点，取源头之意)和 T(sink：汇点，取汇聚之意)。每个普通顶点和这 2 个终端顶点之间都有连接，组成第二种边，这种边也叫 t-links。图割图如图 4-33 所示。

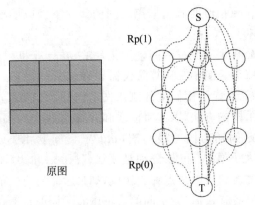

原图　　　　　　　　　　

图 4-33　图割中的图

图割中的"割"是指这样一个边的集合,很显然这个边的集合包括了上面2种边,该集合汇总所有边的断开会导致残留"S"和"T"图的分开,所以就称为"割"。如果一个割,它的边的所有权值之和最小,那么就称它为最小割,也就是图割的结果。最大流量最小割算法就可以用来获得S-T图的最小割,这个最小割把图的顶点划分为两个不相交的子集 S 和 T,其中 $s \in S, t \in T$ 和 $S \cup T = V$。

假设整幅图的标签(label)为 $L = \{l_1, l_2, \cdots, l_p\}$,其中,$l_i$ 为 0(背景)或者 1(目标)。那么假设图像的分割为 L 时,图像的能量可以表示为式(4-40):

$$E(L) = \alpha R(L) + B(L) \tag{4-40}$$

式中:$R(L)$——区域项;

$B(L)$——边界项;

α——区域项和边界项之间的重要因子,决定它们对能量的影响大小;

$E(L)$——表示权值,即损失函数,图割的目标就是优化能量函数使其值达到最小。

区域项 $R(L)$ 是指 t-links 中边的权值计算,如式(4-41)所示:

$$R(L) = \sum_{p \in P} R_p(l_p) \tag{4-41}$$

式中:$R_p(l_p)$——像素 p 分配标签 l_p 的惩罚。

该惩罚可以通过比较像素 p 的灰度和给定的目标和背景的灰度直方图来获得,换句话说就是像素 p 属于标签 l_p 的概率,故 t-links 的权值如下:

$$R_p(1) = -\ln Pr(l_p \mid \text{'obj'}), \quad R_p(0) = -\ln Pr(l_p \mid \text{'bkg'}) \tag{4-42}$$

式中:'obj'——灰度值属于目标;

'bkg'——灰度值属于背景。

边界项 $B(L)$ 是指 n-links 中每条边的权值,计算如下所示:

$$B(L) = \sum_{(p,q) \in N} B_{<p,q>} \cdot \delta(l_p, l_q) \tag{4-43}$$

$$\delta(l_p, l_q) = \begin{cases} 0, & \text{if}(l_p = l_q) \\ 1, & \text{if}(l_p \neq l_q) \end{cases} \tag{4-44}$$

$$B_{<p,q>} \propto \exp\left(-\frac{(l_p - l_q)^2}{2\sigma^2}\right) \tag{4-45}$$

式中:p, q——邻域像素;

$B_{<p,q>}$——像素 p 和 q 之间不连续的惩罚。

确定每条边的权值之后,就可以通过最大流量最小割算法来找到最小的割,这些边断开恰好可以使目标和背景被分割开,也就是能量最小化。

OpenCV 度中提供了图割的函数,下面这段代码使用 cv2.grabCut 函数来实现图割算法,该函数对 g_img.img_gc 进行前景提取,输入参数包括:g_img.img_gc:输入的图像。mask:一个与输入图像大小相同的单通道8位深的掩码图像,用于指定图像的初始分割,可能包括 cv2.GC_PR_BGD、cv2.GC_FGD、cv2.GC_PR_BGD、cv2.GC_PR_FGD 四种像素状态。rect:一个包含前景的矩形,格式为(x,y,w,h),其中(x,y)是矩形左上角的坐标,w 和 h 是矩形的宽度和高度,这里的矩形是根据鼠标交互获得的前景区域。bgdModel:用于存储背景模型的数组,需要传入一个单通道浮点型数组,大小为$(1,65)$。fgdModel:用于存储前景模型的数组,需要传入一个单通道浮点型数组,大小为$(1,65)$。cv2.GC_INIT_WITH_MASK:掩码模式,使用 mask 进行初始化。代码如下所示,图 4-34 所示为代码运行结果。

```
1.  cv2.grabCut(g_img.img_gc, mask, rect, bgdModel, fgdModel, 5, cv2.GC_INIT_WITH_MASK)
    # 像素值 0 为背景,像素值为 1 为前景
2.  mask2 = np.where((mask == 2) | (mask == 0), 0, 1).astype('uint8')   # 使用蒙板来获
    取前景区域,输入图像中的背景像素将变为 0,前景像素保持不变。
3.  g_img.img_gc = g_img.img_gc * mask2[:, :, np.newaxis]
4.  cv2.imshow('img', g_img.img_gc)
```

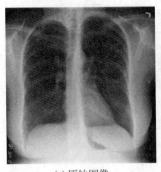  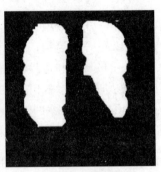

(a) 原始图像　　　　　　　　(b) 真实值　　　　　　　　(c) 图割分割结果

图 4-34　基于图割的分割结果

4.3.5　基于深度学习的图像分割技术

基于深度学习的图像分割技术是指利用深度卷积神经网络来完成对医学图像的分割。此时的分割任务可以看作是一个分类任务,即对于图像中的每一个像素,都将其分为一个类别。有别于机器学习中使用聚类进行的图像分割,深度学习中的图像分割是个有监督问题,即需要用已经分割好的图像作为训练集来训练神经网络。在网络训练完成后,就可以利用它来对未分割的图像进行分割。

U-Net 网络是一个基于深度卷积的图像分割网络,主要用于医学图像分割,最初提出时是用于细胞壁的分割,之后在肺结节检测以及眼底视网膜上的血管提取等方面都有着出色的表现。U-Net 网络如图 4-35 所示。最初的 U-Net 网络结构主要由卷积层、最大池化层(下采样)、反卷积层(上采样)以及 ReLU 非线性激活函数组成。

图像在 U-Net 网络中的变换主要分为上采样部分和下采样部分。如图 4-35 所示,左侧一半为下采样过程,右侧一半为上采样过程。在下采样过程中,主要利用连续的卷积网络提取图像中的特征信息,并逐步将特征信息映射到高维。在这个过程中,图像的大小由原来的 572×572 变为 32×32,通道数由原来的 1 变为 1024。在上采样过程中,U-Net 模型并没有直接将其池化并直接上采样至与原图大小一致的输出图像,而是通过反卷积,将高维特征再次向低维映射,在映射过程中,为了增强分割的精度,会将同维度下收缩网络中与其维度相同的图像进行融合,由于在融合过程中维度会变为原来的 2 倍,此时需要再次卷积,保证处理过后的维度与融合操作之前的维度相同以便于进行再一次的反卷积后能够和同维度下的图像进行二次融合,一直到最终能与原图像的维度相同时输出图像。在上采样过程中,图像大小由 32×32 变为了 388×388。

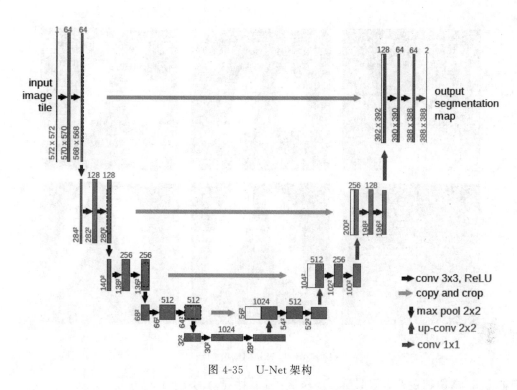

图 4-35 U-Net 架构

和前文提到的几种分割方法不同,U-Net 网络并不能直接对图像进行分割。在分割之前,需要对网络进行训练。在初始化网络参数之后,网络会对输入图像进行分割,分割之后的图像称为预测值,事先有人工分割好的图像称为真实值(ground-truth)。使用一个函数(即损失函数)计算预测值和真实值之间的误差,并利用这个误差不断地更新网络参数,进而提升网络的正确分割能力。

在训练好网络参数后,便可以使用这个网络来进行推理了。给网络输入一张待分割的图像,将得到一个分割后的 mask。图 4-36 所示为 U-Net 网络对肺叶的分割结果,左侧为原始待分割图像,中间为人工分割的结果,右侧为 U-Net 网络分割的结果。

U-Net 网络的优点主要有:深/浅层特征有着各自意义:网络越深,感受视野越大,网络关注那些全局特征(更抽象、更本质);浅层网络则更加关注纹理等局部特征;通过特征拼接来实现边缘特征的找回。通过上采样(转置卷积)固然能够得到更大尺寸的特征图,但特征图的边缘是缺少信息的。毕竟每一次下采样提取特征的同时,必然会损失一些边缘特征,而上采样并不能找回这些失去的特征。

4.3.6 案例:医学图像训练

数据集:本案例使用的数据集来源于 Kaggle 竞赛平台。共有 1200 张肺部 X 射线图片及其人工标注完成的 mask 图片。其中 1000 张用于训练,200 张用于测试。

本方法使用 U-Net 网络对训练集中的图像进行训练,并在测试集上验证训练结果。评价指标有损失值(loss),准确率(acc),Dice 系数(dice),杰卡德系数(jac)。

准确率为预测正确的像素数量除以总的像素数量;Dice 系数源于二分类,本质上是衡量两个样本的重叠部分,是一种集合相似度度量函数,该指标范围从 0 到 1,其中"1"表示完

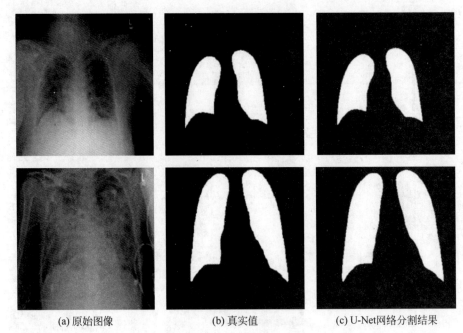

(a) 原始图像	(b) 真实值	(c) U-Net网络分割结果

图 4-36   U-Net 网络分割结果

整的重叠,取值越接近 1 说明模型效果越好。其计算公式如式(4-46)所示:

$$\text{Dice} = \frac{2\,|\,X \cap Y\,|}{|\,X\,| + |\,Y\,|}$$

(4-46)

式中:$|X \cap Y|$——X 和 Y 之间的交集;

　　$|X|$—— X 元素的个数;

　　$|Y|$—— Y 元素的个数。

　　杰卡德系数(Jaccard similarity coefficient)只关心个体间共同具有的特征是否一致这个问题,用于比较有限样本集之间的相似性与差异性。杰卡德系数值越大,样本相似度越高。杰卡德相似系数定义为

$$\text{Jac} = \frac{|\,X \cap Y\,|}{|\,X\,| + |\,Y\,| - |\,X \cap Y\,|}$$

(4-47)

式中:$|X \cap Y|$——X 和 Y 之间的交集;

　　$|X|$—— X 元素的个数;

　　$|Y|$—— Y 元素的个数。

　　损失值由三部分组成,分别为二分类损失、Dice 损失、杰卡德损失。

　　代码如下。

　　定义数据转换:

```
1.    # 对原图作转换
2.    x_transforms = transforms.Compose([
3.      transforms.Resize((256,256)),
4.      transforms.ToTensor(),
5.      transforms.Normalize([0], [1])
6.    ])
7.
8.    # 对 mask 作转换,mask 只需要转换为 tensor
```

```
9.   y_transforms = transforms.Compose([
10.     transforms.Resize((256,256)),
11.     transforms.ToTensor(),
12.   ])
```

分别定义训练集和验证集数据加载器：

```
1.   from torch.utils.data import Dataset
2.   import PIL.Image as Image
3.   import os
4.   import numpy as np
5.
6.
7.   def train_dataset(img_root, label_root):
8.     imgs = []
9.     all_img = os.listdir(img_root)
10.    n = len(all_img)
11.
12.    for i in range(n):
13.      img = os.path.join(img_root, all_img[i])
14.
15.      label = os.path.join(label_root, all_img[i])
16.
17.      imgs.append((img, label))
18.    return imgs
19.
20.
21.  def val_dataset(img_root,label_root):
22.    imgs = []
23.    all_img = os.listdir(img_root)
24.    n = len(all_img)
25.    for i in range(n):
26.      img = os.path.join(img_root, all_img[i])
27.      label = os.path.join(label_root,all_img[i])
28.      imgs.append((img,label))
29.    return imgs
30.
31.
32.  class TrainDataset(Dataset):
33.    def __init__(self, img_root, label_root, transform = None, target_transform = None):
34.      imgs = train_dataset(img_root, label_root)
35.      self.imgs = imgs
36.      self.transform = transform
37.      self.target_transform = target_transform
38.
39.    def __getitem__(self, index):
40.      x_path, y_path = self.imgs[index]
41.      img_x = np.array(Image.open(x_path).convert('L'), dtype = np.float32)
42.      img_y = np.array(Image.open(y_path).convert('L'), dtype = np.float32)
43.
44.      img_y[img_y == 255] = 1
45.
46.      img_x = Image.fromarray(img_x)
47.      img_y = Image.fromarray(img_y)
48.      if self.transform is not None:
49.        img_x = self.transform(img_x)
50.      if self.target_transform is not None:
51.        img_y = self.target_transform(img_y)
52.      return img_x, img_y
```

```
53.
54.    def __len__(self):
55.        return len(self.imgs)
56.
57.
58.  class ValDataset(Dataset):
59.    def __init__(self, img_root, label_root, transform = None, target_transform = None):
60.        imgs = train_dataset(img_root, label_root)
61.        self.imgs = imgs
62.        self.transform = transform
63.        self.target_transform = target_transform
64.
65.    def __getitem__(self, index):
66.        x_path, y_path = self.imgs[index]
67.        img_x = np.array(Image.open(x_path).convert('L'), dtype = np.float32)
68.        img_y = np.array(Image.open(y_path).convert('L'), dtype = np.float32)
69.        img_y[img_y == 255] = 1
70.        img_x = Image.fromarray(img_x)
71.        img_y = Image.fromarray(img_y)
72.        if self.transform is not None:
73.            img_x = self.transform(img_x)
74.        if self.target_transform is None:
75.            img_y = self.target_transform(img_y)
76.        return img_x, img_y
```

加载训练数据和验证数据：

```
1.  Train_dataset = TrainDataset(train_img, train_mask, transform = x_transforms, target_
    transform = y_transforms)
2.  train_dataloader = DataLoader(Train_dataset, batch_size = 16, shuffle = True, drop_last = True)
3.
4.  Val_dataset = ValDataset(val_img, val_mask, transform = x_transforms, target_transform = y_
    transforms)
5.  val_dataloader = DataLoader(Val_dataset, batch_size = 16, shuffle = False, drop_last = True)
```

定义网络模型：

```
1.  import torch
2.  import torch.nn as nn
3.  import torchvision.transforms.functional as TF
4.
5.  # 卷积层代码块,进行两次卷积
6.  class DoubleConv(nn.Module):
7.    def __init__(self, in_ch, out_ch):
8.        super(DoubleConv, self).__init__()
9.        self.conv = nn.Sequential(
10.           nn.Conv2d(in_ch, out_ch, 3, padding = 1),
11.           nn.BatchNorm2d(out_ch),
12.           nn.ReLU(inplace = True),
13.           nn.Conv2d(out_ch, out_ch, 3, padding = 1),
14.           nn.BatchNorm2d(out_ch),
15.           nn.ReLU(inplace = True),
16.        )
17.
18.    def forward(self, input):
19.        return self.conv(input)
20.
21.
22.  # 模型实现
23.  class Unet(nn.Module):
```

```
24.    def __init__(self, in_ch, out_ch):
25.        super(Unet, self).__init__()
26.
27.        self.conv1 = DoubleConv(in_ch, 64)
28.        self.pool1 = nn.MaxPool2d(2)
29.        self.conv2 = DoubleConv(64, 128)
30.        self.pool2 = nn.MaxPool2d(2)
31.        self.conv3 = DoubleConv(128, 256)
32.        self.pool3 = nn.MaxPool2d(2)
33.        self.conv4 = DoubleConv(256, 512)
34.        self.pool4 = nn.MaxPool2d(2)
35.        self.conv5 = DoubleConv(512, 1024)
36.        self.up6 = nn.ConvTranspose2d(1024, 512, 2, stride = 2)
37.        self.conv6 = DoubleConv(1024, 512)
38.        self.up7 = nn.ConvTranspose2d(512, 256, 2, stride = 2)
39.        self.conv7 = DoubleConv(512, 256)
40.        self.up8 = nn.ConvTranspose2d(256, 128, 2, stride = 2)
41.        self.conv8 = DoubleConv(256, 128)
42.        self.up9 = nn.ConvTranspose2d(128, 64, 2, stride = 2)
43.        self.conv9 = DoubleConv(128, 64)
44.        self.conv10 = nn.Conv2d(64, out_ch, 1)
45.
46.    def forward(self, x):
47.        c1 = self.conv1(x)
48.        p1 = self.pool1(c1)
49.        c2 = self.conv2(p1)
50.        p2 = self.pool2(c2)
51.        c3 = self.conv3(p2)
52.        p3 = self.pool3(c3)
53.        c4 = self.conv4(p3)
54.        p4 = self.pool4(c4)
55.        c5 = self.conv5(p4)
56.        up_6 = self.up6(c5)
57.        merge6 = torch.cat([up_6, c4], dim = 1)
58.        c6 = self.conv6(merge6)
59.        up_7 = self.up7(c6)
60.        merge7 = torch.cat([up_7, c3], dim = 1)
61.        c7 = self.conv7(merge7)
62.        up_8 = self.up8(c7)
63.        merge8 = torch.cat([up_8, c2], dim = 1)
64.        c8 = self.conv8(merge8)
65.        up_9 = self.up9(c8)
66.        merge9 = torch.cat([up_9, c1], dim = 1)
67.        c9 = self.conv9(merge9)
68.        c10 = self.conv10(c9)
69.        out = nn.Sigmoid()(c10)
70.        return out
```

实例化网络,并定义优化器和损失函数,代码如下。

```
1.    model = Unet(1, 1)
2.    model.to(device)
3.
4.    optimizer = optim.Adam(model.parameters(), lr = 0.0001)
5.    criterion = nn.BCEWithLogitsLoss().to(device)
```

训练部分代码:

```
1.    train_epoch_loss = 0
2.    model.train()
3.    step_train = 0
4.    train_accuracy = 0.0
5.    train_dice_scores = 0.0
6.    train_jac_scores = 0.0
7.    for x,y in  tqdm(train_dataloader):
8.      step_train += 1
9.      inputs = x.to(device)
10.     labels = y.to(device)
11.
12.     optimizer.zero_grad()
13.     outputs = model(inputs)
14.     #outputs = torch.sigmoid(outputs)
15.
16.     outputs = outputs.view(-1)
17.     labels = labels.view(-1)
18.
19.     smooth = 1e-8
20.     intersection = (outputs * labels).sum()           #预测值与真实值之间的交集
21.     union = (outputs.sum() + labels.sum()) - intersection    #预测值与真实值之间的并集
22.     jaccard_loss = 1 - (intersection / (union + smooth))  #jaccard损失,介于0~1,越
        接近0表示预测结果越准确
23.     dice_loss = 1 - (2. * intersection) / (outputs.sum() + labels.sum() + smooth)
        #Dice损失,介于0~1,越接近0表示预测结果越准确
24.     bce = criterion(outputs,labels) #二分类损失
25.
26.     loss = bce + jaccard_loss + dice_loss
27.
28.     preds = (outputs > 0.5).float()
29.     acc = (preds == labels).sum()/torch.numel(preds)
30.     dice = (intersection * 2.) / ((preds + labels).sum() + smooth)
31.     jac = (intersection) / ((preds + labels).sum() - intersection + smooth)
32.
33.     loss.backward()
34.     optimizer.step()
35.
36.     train_accuracy += acc
37.     train_dice_scores += dice
38.     train_jac_scores += jac
39.     train_epoch_loss += loss.item()
```

测试部分代码:

```
1.    model.eval()
2.    val_epoch_loss = 0
3.    step_val = 0
4.    val_accuracy = 0.0
5.    val_dice_scores = 0.0
6.    val_iou_scores = 0.0
7.    with torch.no_grad():
8.      for x,y in tqdm(val_dataloader):
9.        step_val += 1
10.       inputs = x.to(device)
11.       labels = y.to(device)
12.
13.       outputs = model(inputs)
14.       #outputs = torch.sigmoid(outputs)
15.
```

```
16.        outputs = outputs.view( - 1)
17.        labels = labels.view( - 1)
18.
19.        smooth = 1e - 8
20.        intersection = (outputs * labels).sum()
21.        union = (outputs.sum() + labels.sum()) - intersection
22.        jaccard_loss = 1 - (intersection / (union + smooth))
23.        dice_loss = 1 - (2. * intersection) / (outputs.sum() + labels.sum() + smooth)
24.
25.        bce = criterion(outputs, labels)
26.
27.        loss = bce + jaccard_loss + dice_loss
28.        preds = (outputs > 0.5).float()
29.        acc = (preds == labels).sum() / torch.numel(preds)
30.        dice = (intersection * 2.) / ((preds + labels).sum() + smooth)
31.        jac = (intersection) / ((preds + labels).sum() - intersection + smooth)
32.        val_accuracy += acc
33.        val_dice_scores += dice
34.        val_jac_scores += jac
35.         val_epoch_loss += loss.item()
```

分割案例方法性能如表 4-1 所示。

表 4-1　分割案例方法性能

方　　法	loss	acc	dice	jac
U-net 网络	0.640	0.996	0.990	0.981

4.4　医学图像识别

当今,医学图像在医疗领域的应用越来越广泛,它们在疾病诊断、治疗和手术方面都发挥了重要作用。医学图像分析是指将计算机视觉技术应用于医学图像,以自动识别、分割、量化和分析病灶。前面已经介绍了医学图像的基础运算、增强以及分割的内容方法,接下来介绍医学图像识别的实现。医学图像识别是医学图像分析中的一种重要方法,利用计算机视觉技术来对医学图像进行自动识别和分类,帮助医生更快速、准确地诊断和治疗疾病。

在医学图像识别这一部分中,将介绍如何使用计算机视觉技术来对医学图像进行自动识别和分类。主要包括两个内容:基于手工特征提取的医学图像识别和基于深度学习的医学图像识别。

4.4.1　基于手工特征提取的医学图像识别

在医学图像识别中,手工特征提取方法已经被广泛应用于肿瘤检测、病理切片分析、眼底疾病识别等方面。例如,在病理切片图像中,可以通过提取细胞核的形态学特征、纹理特征等来识别不同类型的癌症。在眼底图像识别中,可以利用颜色特征、纹理特征、形状特征等来识别不同的眼底病变类型。

基于手工特征提取的医学图像识别是一种传统的图像识别方法。其基本思想是先对图像进行预处理,然后提取图像的一些特征,再利用分类器对特征进行分类。在医学图像识别中,常用的手工特征包括纹理特征、形状特征、颜色特征等。手工特征提取的优点是易于理解和实现,计算速度较快,且对小样本数据具有较好的鲁棒性。

本节将介绍基于手工特征提取的医学图像识别技术。这种方法通常需要手动提取和选择一些特征,如颜色、形状、纹理、尺度不变特征转换(scale-invariant feature transform,SIFT),还会介绍 SVM 分类器,以及分类器效果的评价性能。

1. 特征提取

手工特征提取是一种传统的图像识别方法,其基本思想是利用图像的颜色、形状、纹理、SIFT 等特征来描述图像的视觉信息,并将这些特征提取出来,用于后续的分类和识别。

1) 颜色

计算机视觉的特征提取算法研究至关重要。在一些算法中,一个高复杂度特征的提取可能能够解决问题(进行目标检测等目的),但这将以处理更多数据,需要更高的处理效果为代价。而颜色特征无需进行大量计算。只需将数字图像中的像素值进行相应转换,表现为数值即可。因此颜色特征以其低复杂度成为了一个较好的特征。

在图像处理中,可以将一个具体的像素点所呈现的颜色用多种方法分析,并提取出颜色特征分量。比如通过手工标记区域提取一个特定区域(region)的颜色特征,用该区域在一个颜色空间三个分量各自的平均值表示,或者可以建立三个颜色直方图等方法。下面介绍颜色直方图和颜色矩的概念。

(1) 颜色直方图。颜色直方图用以反映图像颜色的组成分布,即各种颜色出现的概率。Swain 和 Ballard 最先提出了应用颜色直方图进行图像特征提取的方法,首先利用颜色空间三个分量的剥离得到颜色直方图,之后通过观察实验数据发现将图像进行旋转变换、缩放变换、模糊变换后,图像的颜色直方图改变不大,即图像直方图对图像的物理变换是不敏感的。因此常提取颜色特征并用颜色直方图应用于衡量和比较两幅图像的全局差。另外,如果图像可以分为多个区域,并且前景与背景颜色分布具有明显差异,则颜色直方图呈现双峰形。

颜色直方图也有其缺点:由于颜色直方图是全局颜色统计的结果,因此丢失了像素点间的位置特征。可能有几幅图像具有相同或相近的颜色直方图,但其图像像素位置分布完全不同。因此,图像与颜色直方图的多对一关系使得颜色直方图在识别前景物体上不能获得很好的效果。

(2) 颜色矩。颜色矩是一种有效的颜色特征,由 Stricker 和 Orengo 提出,该方法利用线性代数中矩的概念,将图像中的颜色分布用矩表示。利用颜色一阶矩(平均值 average)、颜色二阶矩(方差 variance)和颜色三阶矩(偏斜度 skewness)来描述颜色分布。与颜色直方图不同,利用颜色矩进行图像描述无需量化图像特征。由于每个像素具有颜色空间的三个颜色通道,因此图像的颜色矩用 9 个分量来描述。由于颜色矩的维度较少,因此常将颜色矩与其他图像特征综合使用。

2) 形状

形状特征是指利用图像中物体的轮廓、边缘等特征来描述图像的特征。通常使用边缘检测、形态学处理等方法来提取图像的形状特征。其中,边缘检测是指对图像中的边缘进行检测,提取出边缘信息,用于描述物体的轮廓。形态学处理则是利用形态学运算对图像进行处理,提取出形状信息。

边缘检测是图形图像处理、计算机视觉和机器视觉中的一个基本工具,通常用于特征提取和特征检测,旨在检测一张数字图像中有明显变化的边缘或者不连续的区域,在一维空间中,类似的操作被称作步长检测(step detection)。边缘是一幅图像中不同区域之间的边界线,通常一个边缘图像是一个二值图像。边缘检测的目的是捕捉亮度急剧变化的区域,而这些区域通常是我们关注的。下面介绍一个边缘检测算法:Canny算子。

Canny算子是一种常用于边缘检测的算法,它于1986年由John F. Canny提出,被广泛应用于图像处理领域。Canny算子通过寻找图像中的强度变化处来检测边缘,可以有效地提取图像中的边缘信息,对于医学图像识别中的边缘检测任务也具有广泛的应用。

基于Canny算子的边缘检测主要有5个步骤,依次是高斯滤波、像素梯度计算、非极大值抑制、滞后阈值处理和孤立弱边缘抑制。

高斯滤波,即使用某一尺寸的二维高斯核与图像进行卷积。由于数字图像的数据形式为离散矩阵,高斯核是对连续高斯函数的离散近似,通过对高斯曲面进行离散采样和归一化得出。例如,尺寸为3×3,标准差为1的高斯核如式(4-48)所示:

$$\begin{bmatrix} 0.0751136 & 0.1238414 & 0.0751136 \\ 0.1238414 & 0.2041799 & 0.1238414 \\ 0.0751136 & 0.1238414 & 0.0751136 \end{bmatrix} \tag{4-48}$$

在确定高斯核后,将其与图像进行离散卷积即可。

使用Sobel、Prewitt等算子计算图像像素的梯度,以获得图像中的边缘强度和方向信息。像素梯度计算可以帮助我们找到图像中的边缘区域。通过计算梯度的幅值和方向,可以得到图像中边缘的强度和方向信息。梯度的幅值越大,说明边缘越明显。

为了使检测到的边缘更加精确,Canny算子采用了非极大值抑制的策略。对于每个像素点,只有在其梯度幅值方向上具有局部最大值时,才被保留作为边缘点。这样可以有效地减少边缘检测结果中的噪声和不必要的边缘。

阈值滞后处理,即Canny算子通过设置两个阈值,高阈值和低阈值,来对边缘进行二值化。高于高阈值的边缘点被认为是强边缘,低于低阈值的边缘点被认为是弱边缘,介于两者之间的边缘点则根据它与强边缘的连接关系进行判断。这一步骤可以帮助过滤边缘中的噪声和弱边缘。

孤立弱边缘抑制。通常而言,由真实边缘引起的弱边缘像素点将连接到强边缘像素点,而噪声响应则未连接。通过查看弱边缘像素及其8个邻域像素,可根据它与强边缘的连接情况来进行判断。一般,可定义只要其中一个邻域像素为强边缘像素点,则该弱边缘就可以保留为强边缘,即真实边缘点。可以采用8邻域或4邻域等方式连接,形成最终的边缘检测结果。

3) 纹理

在医学图像识别中,纹理特征是一种重要的手工提取特征,可以用于描述图像中不同区域的纹理信息,如组织结构、细胞排列等。以下是一些常用的纹理特征提取方法。

统计纹理特征:统计纹理特征基于图像中像素灰度值的统计分布,包括均值、标准差、方差、能量、熵等。这些特征可以用于描述图像的整体纹理信息。

共生矩阵:共生矩阵是一种描述图像中像素之间灰度值关系的矩阵。通过计算共生矩阵中的不同统计量,如对比度、相关性、均匀性等,可以得到用于描述图像纹理的特征。灰度共生矩阵能反映图像灰度关于方向、相邻间隔、变化幅度等综合信息,它是分析图像的局部模式和它们排列规则的基础。

LBP 特征：LBP(local binary pattern,局部二值模式)是一种用来描述图像局部纹理特征的算子,具有多分辨率、灰度尺度不变、旋转不变等特性。主要用于特征提取中的纹理提取。获取图像的 LBP 特征,可对图像的原始 LBP 模式、等价 LBP 模式、旋转不变 LBP 模式,以及等价旋转不变 LBP 模式的 LBP 特征进行提取以及显示。

基于变换的方法：基于变换的方法表示空间(例如频率或比例空间)中的图像,其坐标系的解释与纹理的特性密切相关。代表方法包括基于傅里叶变换的方法、基于 Gabor 分解的方法、基于小波的方法、基于 Contourlet 的方法等。其中 Gabor 分解的方法和基于小波的方法的使用比较广泛。小波变换是一种多尺度的信号处理方法,可以将图像分解成不同尺度和方向的子图像。通过对小波系数的统计特性进行分析,可以提取图像中的纹理信息。Gabor 滤波器是一种基于频域的滤波器,可以用于提取图像中的纹理特征。Gabor 滤波器模拟了生物视觉系统中神经元对不同频率和方向的响应,因此在医学图像中常用于纹理特征提取。

4) SIFT

SIFT 是一种用于图像特征提取和匹配的算法,由 David Lowe 于 1999 年提出。它在计算机视觉和图像处理领域中广泛应用,可以用于目标识别、图像匹配、图像拼接、三维重建等任务。SIFT 算法的主要特点是尺度不变性和旋转不变性。在图像中,同一物体可能会以不同的尺度和角度出现,SIFT 算法通过检测关键点(keypoints)和描述关键点的局部特征(local features)来实现尺度和旋转不变性。

SIFT 特征是基于物体上的一些局部外观的兴趣点,而与图像的大小和旋转无关。对于光线、噪声、微视角改变的容忍度也相当高。基于这些特性,它们是高度显著而且相对容易撷取,在母数庞大的特征数据库中,很容易辨识物体而且鲜有误认。使用 SIFT 特征描述对于部分物体遮蔽的侦测率也相当高,甚至只需要 3 个以上的 SIFT 物体特征就足以计算出位置与方位。在现今的电脑硬件速度下和小型的特征数据库条件下,辨识速度可接近即时运算。SIFT 特征的信息量大,适合在海量数据库中快速准确匹配。

SIFT 特征检测主要包括以下 4 个基本步骤：

尺度空间极值检测：搜索所有尺度上的图像位置。通过高斯微分函数来识别潜在的对于尺度和旋转不变的兴趣点。

关键点定位：在每个候选的位置上,通过一个拟合精细的模型来确定位置和尺度。关键点的选择依据于它们的稳定程度。

方向确定：基于图像局部的梯度方向,分配给每个关键点位置一个或多个方向。所有后面的对图像数据的操作都相对于关键点的方向、尺度和位置进行变换,从而提供对于这些变换的不变性。关键点描述：在每个关键点周围的邻域内,在选定的尺度上测量图像局部的梯度。这些梯度被变换成一种表示,这种表示允许比较大的局部形状变形和光照变化。

2. 分类器

SVM(support vector machine,支持向量机)是一种用于进行二分类或多分类的机器学习算法。它可以根据训练数据集中的样本点,将样本点分为不同的类别。

SVM 分类器的主要思想是通过找到一个最优的超平面,将不同类别的样本点分隔开,使得两个类别的样本点在超平面上的投影最大化。这个超平面被称为分离超平面,它由位于最接近两类样本点之间的支持向量(support vector)所确定。支持向量是离超平面最近的样本点,它们的存在决定了分类器的性能。

如图 4-37 所示,$w \cdot x + b = 0$ 即为分离超平面,对于线性可分的数据集来说,这样的超平面有无穷多个,但是几何间隔最大的分离超平面却是唯一的。

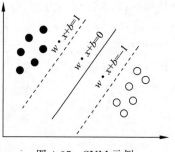

图 4-37　SVM 示例

SVM 分类器有几个重要的特点:

非线性分类:SVM 分类器可以通过使用核函数(kernel function)将样本点从原始特征空间映射到一个高维特征空间,从而实现非线性分类。

最大间隔:SVM 分类器通过最大化不同类别样本点在超平面上的投影距离,使得分类器对于未知样本点的分类具有更好的泛化性能。

少数支持向量:SVM 分类器通常只需要保存支持向量的信息,而不需要保存所有的样本点信息,从而减小了存储和计算的复杂度。

强大的泛化能力:SVM 分类器在处理小样本、高维数据以及噪声数据时,具有较强的泛化能力。

3. 评价性能

在医学图像识别中,对分类器的性能进行评价是非常重要的。下面介绍一些常用的分类器性能评价指标。

混淆矩阵,也称误差矩阵,是精度评价的一种标准格式,用 n 行 n 列的矩阵形式来表示。具体评价指标有总体精度、制图精度、用户精度等,这些精度指标从不同的侧面反映了图像分类的精度。在人工智能中,混淆矩阵(confusion matrix)是可视化工具,特别用于监督学习,在无监督学习中一般叫做匹配矩阵。在图像精度评价中,主要用于比较分类结果和实际测得值,可以把分类结果的精度显示在一个混淆矩阵里面。混淆矩阵是通过将每个实测像素的位置和分类与分类图像中的相应位置和分类相比较计算的。

混淆矩阵的每一列代表了预测类别,每一列的总数表示预测为该类别的数据的数目;每一行代表了数据的真实归属类别,每一行的数据总数表示该类别的数据实例的数目。下面以二分类为例,混淆矩阵如表 4-2 所示。

表 4-2　二分类混淆矩阵

	Positive	Negative
Positive	TP	FN
Negative	FP	TN

准确度(accuracy):准确度是指分类器在所有样本中正确分类的比例,即正确分类的样本数与总样本数的比值,如式(4-49)所示。高准确度表示分类器的分类结果较为准确,但在不平衡数据集中可能会存在偏差。

$$Accuracy = \frac{TP + TN}{TP + FN + TN + FP} \tag{4-49}$$

式中:TP——正样本预测为正样本的数量;

TN——负样本预测为负样本的数量;

FN——正样本预测为负样本的数量；

FP——负样本预测为正样本的数量。

精确率（Precision）、查准率：即正确预测为正样本的占全部预测为正样本的比例，如式（4-50）所示。在所有预测为正样本中真正为正样本的占所有预测为正样本的比例。精确率是针对预测结果而言的，它表示的是预测为正样本中有多少是真正的正样本。那么预测为正样本就有两种可能了，一种就是把正样本预测为正样本（TP），另一种就是把负样本预测为正样本（FP）。

$$Precision = \frac{TP}{TP + FP} \tag{4-50}$$

召回率（Recall）：召回率也称为灵敏度（sensitivity）或真阳性率（true positive rate，TPR），是指分类器正确分类为正样本的样本数与实际正样本数的比值，如式（4-51）所示。召回率较高表示分类器能够较好地识别真实的正样本，但可能会有较高的误报率。

$$Recall = \frac{TP}{TP + FN} \tag{4-51}$$

特异性（Specificity）：特异性也称为真阴性率（true negative rate，TNR），是指分类器正确分类为负样本的样本数与实际负样本数的比值，如式（4-52）所示。特异性较高表示分类器能够较好地识别真实的负样本，但可能会有较高的漏报率。

$$Specificity = \frac{TN}{TN + FP} \tag{4-52}$$

F1 值（F1 score）：F1 值是精确度和召回率的调和平均值，用于综合评估分类器的性能，如式（4-53）所示。F1 值越高表示分类器的性能越好，能够平衡精确率和召回率之间的权衡。

$$F_1 = \frac{2TP}{2TP + FP + FN} \tag{4-53}$$

ROC 曲线（receiver operating characteristic curve，接收者操作特征曲线）：ROC 曲线是以召回率为纵轴、1-特异性为横轴绘制的曲线，用于评估分类器在不同分类阈值下的性能。ROC 曲线越接近左上角，表示分类器性能越好。

AUC（area under the ROC curve）：AUC 是 ROC 曲线下的面积，用于定量评估分类器的性能。AUC 值越接近 1，表示分类器性能越好。

以上是常用的一些分类器性能评价指标，可以根据实际情况选择合适的指标进行分类器性能的评估。在医学图像识别中，评估分类器的性能对于确保准确的诊断和治疗决策非常重要。同时，还需要注意选择合适的训练集和测试集，避免过拟合和数据偏差对性能评价的影响。不同的应用场景和任务可能需要不同的评价指标和方法，因此在实际应用中应综合考虑多个因素来评估分类器的性能。

4.4.2 基于深度学习的图像识别技术

手工特征提取需要针对具体问题进行专门设计，且需要专业领域知识和经验。此外，手工特征提取的性能受到特征设计的限制，可能存在信息损失和不完备性的问题。在医学图像识别中，基于深度学习的方法已经被广泛应用于肿瘤检测、病理切片分析、眼底疾病识别等方面。例如，在肺部 CT 图像中，可以利用卷积神经网络对肺部结节进行分类和定位；在病理切片图像中,可以利用残差网络对不同类型的癌症进行分类。

基于深度学习的图像识别技术是近年来医学图像识别领域的重要发展方向。其基本思想是利用深度神经网络对医学图像进行端到端的学习和分类,避免了手工特征提取过程中信息损失和不完备性的问题。常用的深度学习模型包括卷积神经网络(CNN)、循环神经网络(RNN)、残差网络(residual networks,ResNet)等。下面主要介绍 ResNet 网络。

经典网络 ResNet 由 Kaiming He 等于 2015 年提出,论文名为"Deep Residual Learning for Image Recognition"。ResNet 要解决的是深度神经网络的"退化(degradation)"问题,即使用浅层直接堆叠成深层网络,不仅难以利用深层网络强大的特征提取能力,而且准确率会下降,这个退化不是由于过拟合引起的。

ResNet 的残差块通过跳跃连接(shortcut connection)将前面的特征直接传递到后面的层中,从而在前面的层中直接学习残差,可以更容易地让网络学习到更深层次的特征表示。另外,ResNet 还采用了批归一化(batch normalization)和残差学习(residual learning)等技术,进一步提高了网络的性能和训练效率。残差网络通过加入跳跃连接,变得更加容易

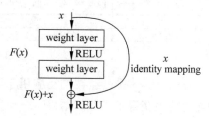

图 4-38 残差块结构

被优化。包含一个跳跃连接的几层网络被称为一个残差块(residual block),如图 4-38 所示。

恒等映射(identity mapping),指的是右侧标有 x 的曲线;残差映射(residual mapping)中残差指的是 $F(x)$ 部分。最后的输出是 $F(x)+x$。$F(x)+x$ 的实现可通过具有跳跃连接的前馈神经网络来实现。跳跃连接是指跳过一层或多层的连接。图中的"weight layer"指卷积操作。如果网络已经达到最优,继续加深网络,残差映射将变为 0,只剩下恒等映射,这样理论上网络会一直处于最优状态,网络的性能也就不会随着深度增加而降低。

残差块由多个级联的卷积层和一个跳跃连接组成,将二者的输出值累加后,通过 ReLU 激活层得到残差块的输出。多个残差块可以串联起来,从而实现更深的网络。残差块有两种设计方式,如图 4-39 所示:左图针对较浅的网络,如 ResNet-18/34;右图针对较深的网络,如 ResNet-50/101/152,使用此方式的目的是降低参数数目。

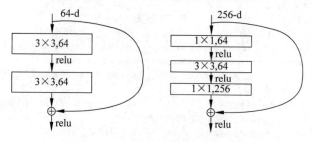

图 4-39 残差块的两种设计方式

论文中给出了 5 种不同层数的 ResNet,在层与层之间加入跳跃连接,就将普通网络转换为对应的 ResNet 网络,网络结构如图 4-40 所示。

ResNet 的一个重要的特点是可以通过增加层数来提高网络的性能,而不会出现过拟合等问题。同时,由于残差块的存在,ResNet 的网络深度不会影响网络性能,反而可以提高性能。

layer name	output size	18-layer	34-layer	50-layer	101-layer	152-layer
conv1	112×112	7×7,64,stride 2				
		3×3 max pool,stride 2				
conv2_x	56×56	$\begin{bmatrix} 3\times3,64 \\ 3\times3,64 \end{bmatrix}\times2$	$\begin{bmatrix} 3\times3,64 \\ 3\times3,64 \end{bmatrix}\times3$	$\begin{bmatrix} 1\times1,64 \\ 3\times3,64 \\ 1\times1,256 \end{bmatrix}\times3$	$\begin{bmatrix} 1\times1,64 \\ 3\times3,64 \\ 1\times1,256 \end{bmatrix}\times3$	$\begin{bmatrix} 1\times1,64 \\ 3\times3,64 \\ 1\times1,256 \end{bmatrix}\times3$
conv3_x	28×28	$\begin{bmatrix} 3\times3,128 \\ 3\times3,128 \end{bmatrix}\times2$	$\begin{bmatrix} 3\times3,128 \\ 3\times3,128 \end{bmatrix}\times4$	$\begin{bmatrix} 1\times1,128 \\ 3\times3,128 \\ 1\times1,512 \end{bmatrix}\times4$	$\begin{bmatrix} 1\times1,128 \\ 3\times3,128 \\ 1\times1,512 \end{bmatrix}\times4$	$\begin{bmatrix} 1\times1,128 \\ 3\times3,128 \\ 1\times1,512 \end{bmatrix}\times8$
conv4_x	14×14	$\begin{bmatrix} 3\times3,256 \\ 3\times3,256 \end{bmatrix}\times2$	$\begin{bmatrix} 3\times3,256 \\ 3\times3,256 \end{bmatrix}\times6$	$\begin{bmatrix} 1\times1,256 \\ 3\times3,256 \\ 1\times1,1024 \end{bmatrix}\times6$	$\begin{bmatrix} 1\times1,256 \\ 3\times3,256 \\ 1\times1,1024 \end{bmatrix}\times23$	$\begin{bmatrix} 1\times1,256 \\ 3\times3,256 \\ 1\times1,1024 \end{bmatrix}\times36$
conv5_x	7×7	$\begin{bmatrix} 3\times3,512 \\ 3\times3,512 \end{bmatrix}\times2$	$\begin{bmatrix} 3\times3,512 \\ 3\times3,512 \end{bmatrix}\times3$	$\begin{bmatrix} 1\times1,512 \\ 3\times3,512 \\ 1\times1,2048 \end{bmatrix}\times3$	$\begin{bmatrix} 1\times1,512 \\ 3\times3,512 \\ 1\times1,2048 \end{bmatrix}\times3$	$\begin{bmatrix} 1\times1,512 \\ 3\times3,512 \\ 1\times1,2048 \end{bmatrix}\times3$
	1×1	average pool,1000-d fc,softmax				
FLOPs		1.8×10^9	3.6×10^9	3.8×10^9	7.6×10^9	11.3×10^9

图 4-40　ResNet 网络结构

目前,ResNet 已经被广泛应用于图像分类、目标检测、人脸识别等领域,并在多个图像分类比赛中获得了最好的结果。

4.4.3　案例:医学图像识别

数据集:Shenzhen chest X-ray set 数据集包含 662 张胸部 X 光影像,其中包含正常胸部 X 光影像和肺炎患者的胸部 X 光影像。

实验一:采用手工特征提取的方式,提取颜色、形状、纹理和 SIFT 特征,并使用 SVM 分类器进行训练和测试,并计算分类器的准确度、精确率、召回率和 F1 值。代码如下。

```
1.   # 定义一个特征提取函数:
2.   def extract_features(image_path):
3.       # 读取图像
4.       image = cv2.imread(image_path)
5.       # 提取颜色特征
6.       hsv = cv2.cvtColor(image, cv2.COLOR_BGR2HSV)
7.       hist = cv2.calcHist([hsv], [0, 1], None, [180, 256], [0, 180, 0, 256])
8.       cv2.normalize(hist, hist)
9.       color_feature = hist.flatten()
10.      # 提取形状特征
11.      gray = cv2.cvtColor(image, cv2.COLOR_BGR2GRAY)
12.      canny = cv2.Canny(gray, 100, 200)
13.      contours, _ = cv2.findContours(canny, cv2.RETR_TREE, cv2.CHAIN_APPROX_SIMPLE)
14.      contour_area = [cv2.contourArea(cnt) for cnt in contours]
15.      shape_feature = [np.sum(contour_area), np.mean(contour_area), np.std(contour_area)]
16.      # 提取纹理特征
17.      glcm = greycomatrix(gray, [5], [0], 256, symmetric = True, normed = True)
18.      contrast = greycoprops(glcm, 'contrast')[0, 0]
19.      dissimilarity = greycoprops(glcm, 'dissimilarity')[0, 0]
20.      homogeneity = greycoprops(glcm, 'homogeneity')[0, 0]
21.      energy = greycoprops(glcm, 'energy')[0, 0]
22.      texture_feature = np.array([contrast, dissimilarity, homogeneity, energy])
23.      # 提取 SIFT 特征
24.      sift = cv2.SIFT_create()
25.      kp, des = sift.detectAndCompute(gray, None)
26.      sift_features = np.zeros(128)
27.      if des is not None:
```

```
28.      sift_features = np.mean(des, axis = 0)
29.      features = np.concatenate((color_feature, shape_feature, texture_feature, sift_features))
30.      return features
31.    实现过程:
32.  data = []
33.  label = []
34.  image_folder = 'Shenzhen chest X - ray set/images/images'
35.  images = os.listdir(image_folder)
36.  for image_name in images:
37.      if not image_name.endswith('.png'):
38.          continue
39.      features = extract_features(os.path.join(image_folder, image_name))
40.      data.append(features)
41.      if(image_name[ - 5] == "0"):
42.          label.append(0)
43.      else:
44.          label.append(1)
45.  data = np.array(data)
46.  label = np.array(label)
47.  #将数据集分成训练集和测试集:
48.  X_train, X_test, y_train, y_test = train_test_split(data, label, test_size = 0.2,
       random_state = 42)
49.  #训练 SVM 分类器:
50.  svm = SVC(kernel = 'linear', C = 1.0, random_state = 42)
51.  svm.fit(X_train, y_train)
52.  #对测试集进行预测:
53.  y_pred = svm.predict(X_test)
54.  #计算分类器的准确率、召回率和 F1 值
55.  accuracy = accuracy_score(y_test, y_pred)
56.  precision = precision_score(y_test, y_pred, average = 'weighted')
57.  recall = recall_score(y_test, y_pred, average = 'weighted')
58.  f1 = f1_score(y_test, y_pred, average = 'weighted')
59.  cm = confusion_matrix(y_test, y_pred)
```

手工特征混淆矩阵如图 4-41 所示。

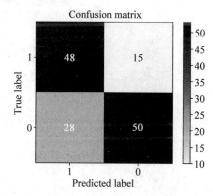

图 4-41　手工特征混淆矩阵

手工特征识别结果如表 4-3 所示。

表 4-3　手工特征识别结果

方法	准确度	精确度	召回率	F1 值
手工特征	0.7368	0.7059	0.7619	0.7328

　　实验二：采用深度学习的方式，使用 ResNet-50 对数据进行分类分析，计算性能指标，准确度、精确率、召回率和 F1 值。代码如下。

```
1.   # 封装 dataloader:
2.   # 定义数据转换
3.   transform_train = transforms.Compose([
4.     transforms.Resize((224, 224)),                          # 调整图像大小
5.     transforms.RandomHorizontalFlip(),                      # 随机水平翻转
6.     transforms.ToTensor(),                                  # 转为 tensor
7.     transforms.Normalize((0.485, 0.456, 0.406), (0.229, 0.224, 0.225))  # 归一化
8.   ])
9.   transform_test = transforms.Compose([
10.    transforms.Resize((224, 224)),                          # 调整图像大小
11.    transforms.ToTensor(),                                  # 转为 tensor
12.    transforms.Normalize((0.485, 0.456, 0.406), (0.229, 0.224, 0.225))  # 归一化
13.  ])
14.  # 加载训练集和测试集数据
15.  train_data = ImageFolder(transform = transform_train, root = 'Shenzhen chest X - ray
     set/images/train/')
16.  test_data = ImageFolder(transform = transform_test, root = 'Shenzhen chest X - ray set/
     images/test/')
17.  # 定义训练集和测试集的 dataloader
18.  train_loader = torch.utils.data.DataLoader(train_data, batch_size = 32, shuffle = True)
19.  test_loader = torch.utils.data.DataLoader(test_data, batch_size = 32, shuffle = False)
20.  # 定义 ResNet50 模型:
21.  device = torch.device("cuda:4" if torch.cuda.is_available() else "cpu")
22.  model = models.resnet50(pretrained = True)
23.  num_ftrs = model.fc.in_features
24.  model.fc = nn.Linear(num_ftrs, 2)
25.  model = model.to(device)
26.  criterion = nn.CrossEntropyLoss()
27.  optimizer = optim.SGD(model.parameters(), lr = 0.001, momentum = 0.9)
28.  # 训练模型:
29.  num_epochs = 10
30.  loss_list = []
31.  acc_list = []
32.  for epoch in range(num_epochs):
33.    model.train()
34.    running_loss = 0.0
35.    running_corrects = 0.0
36.    for inputs, labels in train_loader:
37.      inputs = inputs.to(device)
38.      labels = labels.to(device)
39.      optimizer.zero_grad()
40.      outputs = model(inputs)
41.      _, preds = torch.max(outputs, 1)
42.      loss = criterion(outputs, labels)
43.      loss.backward()
44.      optimizer.step()
45.      running_loss += loss.item() * inputs.size(0)
46.      running_corrects += torch.sum(preds == labels.data)
47.    epoch_loss = running_loss / len(train_loader.dataset)
48.    epoch_acc = running_corrects.double() / len(train_loader.dataset)
49.    loss_list.append(epoch_loss)
```

```
50.     acc_list.append(epoch_acc.cpu().data)
51.     print('Epoch [{}/{}], Loss: {:.4f}, Acc: {:.4f}'.format(epoch+1, num_epochs, epoch_
        loss, epoch_acc))
52.   #测试模型:
53.   model.eval()
54.   y_true = []
55.   y_pred = []
56.   with torch.no_grad():
57.     for inputs, labels in test_loader:
58.       inputs = inputs.to(device)
59.       labels = labels.to(device)
60.       outputs = model(inputs)
61.       _, preds = torch.max(outputs, 1)
62.       y_true.extend(labels.cpu().numpy())
63.         y_pred.extend(preds.cpu().numpy())
64.   #计算评价指标:
65.   accuracy = accuracy_score(y_test, y_pred)
66.   precision = precision_score(y_test, y_pred, labels=1)
67.   recall = recall_score(y_test, y_pred, labels=1)
68.   f1 = f1_score(y_test, y_pred, labels=1)
69.   cm = confusion_matrix(y_test, y_pred, labels=[1,0])
```

ResNet 模型训练曲线如图 4-42 所示。

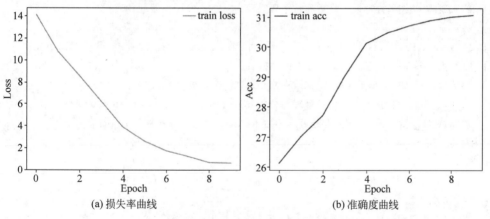

(a) 损失率曲线   (b) 准确度曲线

图 4-42　ResNet 模型训练曲线

ResNet 模型预测混淆矩阵如图 4-43 所示。

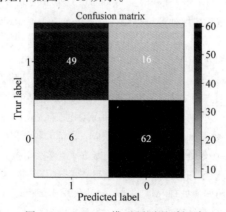

图 4-43　ResNet 模型预测混淆矩阵

ResNet 模型识别结果如表 4-4 所示。

表 4-4　ResNet 模型识别结果

方　　法	准　确　度	精　确　度	召　回　率	F1 值
ResNet 模型	0.8346	0.8909	0.7538	0.8167

参考文献

[1]　刘惠,郭冬梅,邱天爽,等.医学图像处理[M].北京:电子工业出版社,2020.

[2]　郑光远.深度学习在医学图像中的应用[M].北京:电子工业出版社,2022.

[3]　聂生东,邱建峰.医学图像处理[M].上海:复旦大学出版社,2010.

[4]　杨慧芳.AI 医学图像处理[M].北京:人民邮电出版社,2023.

[5]　梁隆恺,付鹤,陈峰蔚,等.深度学习与医学图像处理[M].北京:人民邮电出版社,2023.

[6]　周志尊.医学图像处理[M].北京:人民卫生出版社,2013.

[7]　张兆臣,李强,张春玲,等.医学数字图像处理及应用[M].北京:清华大学出版社,2017.

[8]　董育宁,刘天亮,戴修斌,等.医学图像处理理论与应用[M].南京:东南大学出版社,2020.

[9]　丁明跃,蔡超,张旭明.医学图像处理[M].北京:高等教育出版社,2010.

[10]　陈家新.医学图像处理及三维重建技术研究[M].北京:科学出版社,2010.

[11]　聂生东,邱建峰.医学影像图像处理实践教程[M].北京:清华大学出版社,2013.

[12]　Kaehler A,Bradski G.学习 OpenCV3[M].刘昌祥,王成龙,等译.北京:清华大学出版社,2018.

[13]　夏帮贵.OpenCV 计算机视觉基础教程[M].北京:人民邮电出版社,2021.

[14]　罗述谦,周果宏.医学图像处理与分析[M].北京:科学出版社,2010.

[15]　田捷,包尚联,周明全.医学影像处理与分析[M].北京:电子工业出版社,2003.

[16]　贾克斌.数字医学图像处理、存档及传输技术[M].北京:科学出版社,2006.

[17]　左飞,万晋森,刘航.数字图像处理原理与实践:基于 Visual C++开发[M].北京:电子工业出版社,2011.

[18]　刘嵩,曲海成,尹艳梅.数字图像处理原理、实现方法及实践探究[M].哈尔滨:哈尔滨工业大学出版社,2017.

[19]　秦志远.数字图像处理原理与实践[M].北京:化学工业出版社,2017.

[20]　朱伟.OpenCV 图像处理编程实例[M].北京:电子工业出版社,2016.

[21]　张广渊,王爱侠,王超.数字图像处理基础及 OpenCV 实现[M].北京:知识产权出版社,2014.

[22]　张铮,徐超,任淑霞,等.数字图像处理与机器视觉:Visual C++与 MATLAB 实现[M].北京:人民邮电出版社,2014.

[23]　李俊山,李旭辉.数字图像处理[M].北京:清华大学出版社,2013.

[24]　蓝章礼,李益才,李艾星.数字图像处理与图像通信[M].北京:清华大学出版社,2009.

[25]　林瑶,田捷.医学图像分割方法综述[J].模式识别与人工智能,2002,15(2):13.

[26]　黄力宇,赵静,李超.医学影像的数字处理[M].北京:电子工业出版社,2012.

[27]　崔屹.图像处理与分析:数学形态学方法及应用[M].北京:科学出版社,2000.

[28]　张勇.傅里叶变换在数字图像处理中的应用[J].廊坊师范学院学报:自然科学版,2015,15(3):3.

[29]　黄贤武,王加俊,李家华.数字图像处理与压缩编码技术[M].成都:电子科技大学出版社,2000.

[30]　郑方,章毓晋.数字信号与图像处理[M].北京:清华大学出版社,2006.

[31]　孙燮华.数字图像处理:原理与算法[M].北京:机械工业出版社,2010.

［32］ 于万波.基于 MATLAB 的图像处理［M］.北京：清华大学出版社,2008.

［33］ 宋余庆.数字医学图像［M］.北京：清华大学出版社,2008.

［34］ Ronneberger O，Fischer P，Brox T. U-net：Convolutional networks for biomedical image segmentation ［C］//Medical Image Computing and Computer-Assisted Intervention-MICCAI 2015：18th International Conference. Munich：Springer International Publishing,2015：234-241.

［35］ He K，Zhang X，Ren S，et al. Deep residual learning for image recognition［C］//Proceedings of the IEEE Conference on Computer Vision and Pattern Recognition. 2016：770-778.

缩写

OpenCV——open source computer vision library

PIL——Python image library

LOG——Laplacian of Gaussian

UM——unsharp masking

DCT——discrete cosine transform

DFT——discrete Fourier transform

WT——wavelet transform

LL——low-low coefficients

LH——low-high coefficients

HL——high-low coefficients

HH——high-high coefficients

pywt——pywavelets

FCM——fuzzy C-means

Acc——accuracy

Dice——Dice coefficient

Jac——Jaccard

SIFT——scale invariant feature transform

SVM——support vector machine

GLCM——gray-level co-occurrence matrix

LBP——local binary pattern

TP——true positives

TN——true negatives

FP——false positives

FN——false negatives

TPR——true positive rate

TNR——true negative rate

ROC——receiver operating characteristic

AUC——area under the ROC

CNN——convolutional neural networks

RNN——recurrent neural networks

ResNet——residual networks

OSTU——最大类间方差法

第5章

健康医疗大数据分析

5.1　移动健康大数据来源与获取

在收集数据时,数据来源包含两种方式。第一种方式就是所谓的直接来源,通过直接来源获取的数据就是第一手数据,这类数据主要来源于直接的调查或实验的结果。第二种方式就是间接数据,也称为第二手数据,第二手数据一般来源于他人的调查或实验,是对结果进行加工整理后的数据。在移动健康大数据中,包含通过可穿戴式设备(如健康手环、智能体脂秤等)直接记录的个人健康数据,也包含通过移动医疗 APP 记录的与健康相关的信息。

5.1.1　可穿戴式设备

可穿戴式设备即直接穿在身上,或是整合到用户的衣服或配件中的一种便携式设备。可穿戴式设备不仅仅是一种硬件设备,还是可通过软件支持以及数据交互、云端交互来实现强大的功能的设备。可穿戴式设备将会对我们的生活、感知带来很大的转变。随着传感技术的发展,可穿戴式设备的种类越来越多样化,智能可穿戴式设备作为新型的便携式电子产品类别,主要产品有智能手表、智能手环、无线耳机等,通过蓝牙连接或 APP 的支持,与手机建立实时传输或数据同步。智能可穿戴式设备有着便携式的特点和多功能化的交互式体验。目前,智能手表/智能手环的市场份额主要由手机厂商和早布局的厂商占据,国内智能手表/手环主要有华为、荣耀、小米、红米、oppo、vivo、一加、努比亚等手机品牌,也有华米、出门问问、小天才等专注于智能穿戴的品牌,国外智能手表/手环品牌主要有苹果、三星、Fitbit、佳明、boAt 等。未来智能可穿戴式设备的功能将不只局限于监测心率、计步、感应体温、睡眠等,还能检测到生理指标的异常,在医疗健康方面起到切实的作用。

智能手表/手环在医疗健康方面提供的检测功能主要是记录用户的运动习惯、健身效果、睡眠质量、饮食安排等一系列相关的数据,并且可以将这些数据同步到用户的移动终端设备中,终端设备可能会根据自己的"分析功能"给出相关建议,并将用户分为不同的状态(健康状态、亚健康状态、生病状态),起到通过数据指导健康生活的作用。然而,对于数据监测状态,大部分人所处的一种状态是无数据或极少数据监测的状态(此时,将其定义为无监测状态),一旦感觉身体不适,才来到医院进行检查,并获得此次检查的身体数据(此时,可将其定义为准确监测状态),以实现健康状态评估和疾病精准诊断。

5.1.2 移动医疗 APP

移动医疗为一个新兴行业,从 2009 年起,我国为满足群众医疗健康需求,缓解医疗卫生发展不均衡矛盾而出台多项推动移动医疗发展的利好政策。互联网的特征表现在:信息量大、使用频率高、用户平均收入低、维护成本低、标准化易复制、爆点之后赢者通吃、边际成本为零;而医疗行业的特征表现在:用户平均收入高、成本高、属地化难以赢者通吃、支付方与决定者不对等、政策及监管的壁垒等。移动医疗通过移动通信技术可以快速提供给患者对应的医疗服务和信息。与传统医疗相比,移动医疗对医疗资源配置进行了优化利用,提高了患者、医生、医院之间的问诊效率,省时更省心。

移动医疗 APP 发展至今已经具备比较成熟的商业模式,根据移动医疗 APP 功能,可以分为以下几类:

(1) 在线寻医问诊类:如平安好医生、春雨掌上医生、丁香医生、阿里健康等。

在线问诊类 APP 是用户通过付费方式向医生问诊,医生提供相应医疗方案。可以利用图文、视频、电话等方式沟通。在线问诊可以说是现在移动医疗 APP 市场竞争最激烈的领域,平台需要提供大量优质的线上医生资源,来为用户提供专业的医疗服务。服务形式有平台分发、医生抢单、用户付费指定医生、付费悬赏等。在线问诊尤其在疫情期间发挥了巨大的作用。

(2) 预约挂号/导诊:如好大夫在线、健康 160、趣医院、挂号网等。

医疗导诊 APP 因渠道丰富,解决了用户挂号、候诊、缴费排队时间长等问题,同时帮助医院进一步优化了医疗资源匹配方式和服务流程,提升了用户就医体验而备受好评。主要通过连接医院应用程序编程接口(application programming interface,API)、数据接口或号源池的方式来实现挂号、导诊等功能。但受医院开发、运维能力以及数据安全稳定等因素制约,并非所有医院都可以提供 API 接口,目前市面上只有少部分挂号 APP 具备这种模式。

(3) 医药服务类:如叮当快药、1 药网、用药助手。

受国家发展医药电商政策影响,医药电商资质审核进一步扩大,不再被互联网药品资质牵制,医药 O2O 平台开始快速发展,市场上开始出现自营医药 B2C、平台医药 B2C、医药 O2O 等服务企业。

(4) 健康管理类(饮食、数据监测):如 keep、微脉、悦动圈等。

这类 APP 通过鼓励用户参与平台各种活动,上传自己身体、健康、饮食。睡眠等数据,形成用户健康档案,为用户提供定制化健康管理方案,一部分平台经过前期用户沉淀已经建立自己的生态圈,开始向线上商城等更多元的方向发展。

(5) 健康知识库:如健康汇、掌上糖医等。

这类 APP 主要整合有价值的健康医疗信息,形成相应的健康知识库。表现形式包含有文字、图片、动画、视频,并且还会有专题知识讲座,不管是小孩还是老人看了图文结合的介绍后都能理解。

5.1.3 开源健康数据获取

穿戴式设备、移动医疗 APP 多元化发展催生了移动健康大数据,而这些设备或 APP 都会考虑保护用户数据隐私,因此很难直接获取到数据。如何获取这些直接或间接产生的数据进行下一步分析成为目前的难题。

Kaggle 成立于 2010 年,是一个进行数据发掘和预测竞赛的在线平台。企业和研究者可在其上发布数据,统计学者和数据挖掘专家可在其上进行竞赛,通过"众包"的形式以产生最好的模型。Kaggle 上的内容可以分为竞赛(competitions)、数据集(datasets)、模型(models)、代码(code)等模块,如图 5-1 所示。

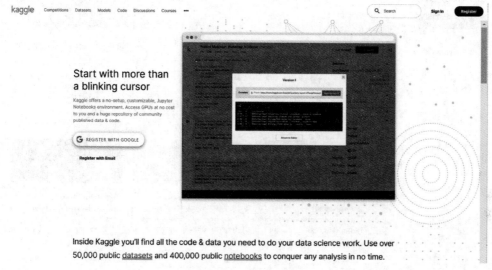

图 5-1　Kaggle 官网

1. 竞赛

Kaggle 上的竞赛有各种分类,例如奖金极高、竞争激烈的"Featured",相对平民化的"Research",等等。但整体的项目模式是一样的,就是通过出题方给予的训练集建立模型,再利用测试集算出结果用来评比。参加比赛的流程相当简单,简单来说就是分为Download、Build、Submit 三个步骤,如图 5-2 所示。

（1）Download

每个比赛都会有较详细的子页面来介绍背景、数据集、评价指标和提交方式等相关要求。Kaggle 负责对这一过程以及竞赛模型的构建、数据的匿名化以及集成最终获胜的模型提供咨询服务。

（2）Build

参赛者在本地构建模型后,输入比赛提供的数据集进行训练,得到的预测结果上传回Kaggle。

（3）Submit

参赛者相互竞赛以获得最优的模型,参赛者提交答案后会根据预测精度被立即评分,并实时显示。

由于这类问题并没有标准答案,只有无限逼近最优解,所以这样的模式可以激励参与者提出更好的方案,甚至推动整个行业的发展。

2. 数据集

Kaggle 上的数据集服务收集了许多公共的数据集(包含计算机视觉、NLP、教育、农业、互联网等数据),并且提供数据下载、介绍、相关脚本(scripts)以及独立的论坛等服务。利用

Kaggle 上的数据集,通过简单下载,就可以自己在本地或在线进行数据挖掘、分析。Kaggle 上的数据集竞赛如图 5-3 所示。

图 5-2　Kaggle 官网竞赛

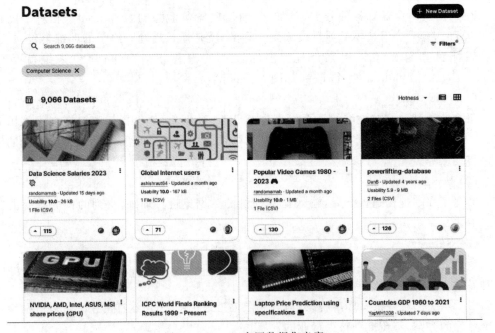

图 5-3　Kaggle 官网数据集竞赛

关于 Kaggle 上的数据集下载的问题,主要有两种途径:①直接下载;②通过提供的 API 下载。

（1）直接下载

对于案例中使用的健康相关数据，采用其他用户分享的小米手环记录的步数和睡眠记录。它的网址如下：https://www.kaggle.com/datasets/damirgadylyaev/more-than-4-years-of-steps-and-sleep-data-mi-band。进入页面，可以看到数据的分享者及数据介绍，如图 5-4 所示。

图 5-4　Fitness tracker data 页面介绍

该页面给出了直接的下载链接，这种数据直接单击下载即可。

开源的手环数据相对较少，在 Kaggle 平台上搜索到还有另一个 google data analytics 项目，创建者分享了包括 Fitbit、小米手环等数据，具体包含活动、心率、步数、睡眠等详细信息，如图 5-5 所示。

（2）通过 API 下载

有些数据集没有提供直接下载的按钮，只提供下载的 API 接口。而且一般都是在 Python 下对 Kaggle 上的数据集进行处理，下面默认已安装过 Python 并且可以使用 pip 进行 Python 库的安装。

首先，使用 pip installl kaggle 语句安装包；完成后输入命令 kaggle compitions list 检查是否成功安装 kaggle 库。

其次，单击"My account"，进去之后，单击"Create New API Token"就可以下载 kaggle.json 文件了；把下载的 kaggle.json 文件放到用户目录下，根据提示 Ensure kaggle.json is in the location ~/.kaggle/kaggle.json to use the API.，下载的 kaggle.json 文件要放到用户目录下的隐藏文件 .kaggle 文件夹下。如果安装完 kaggle 之后是没有看到这个文件夹，就手动创建一下即可。

然后直接在命令行下输入下面的命令即可下载数据集。

```
kaggle datasets download -d dataname
```

Description of data sources used

S. No.	Dataset Name	Contributor	Source URL	Year of tracking	Device used	Number of participants	Number of days	Activity data	Sleep Data	Heart rate data
1	FitBit Fitness Tracker Data	Mobius	https://www.kaggle.com/arashnic/fitbit	2016	FitBit Tracker	33	31	Present	Present	Present
2	fitbit dataset	Akash Kumar	https://www.kaggle.com/singhakash/fitbit-dataset	2016	Fitbit Charge HT fitness tracker	35	32	Present	Absent	Absent
3	One year of Fitbit ChargeHR data	Alket Cecaj	https://www.kaggle.com/alketcecaj/one-year-of-fitbit-chargehr-data	2015	Fitbit Charge HT fitness tracker	1	366	Present	Absent	Absent
4	Fitness Trends Dataset	Arooj Anwar Khan	https://www.kaggle.com/aroojanwarkhan/fitness-data-trends	2017-2018	Samsung Health Application		96	Present	Present	Absent
5	Fitbit Dataset	Josh Smith	https://www.kaggle.com/joshsmith21/fitbit-dataset	2106	Fitbit	1	51	Present	Absent	Present
6	More than 4 years of steps and sleep data. Mi band	Damir Gadylyaev	https://www.kaggle.com/damirgadylyaev/more-than-4-years-of-steps-and-sleep-data-mi-band	2016-2020	Xiaomi Mi Band	1	1570	Present	Present	Absent
7	MI FitBit Dataset	Parul Garg	https://www.kaggle.com/parulgarg123/mi-fitbit-dataset	2018-2019	Mi Fitbit	1	269	Present	Present	Present
8	Exported data from Xiaomi Mi Band fitness tracker	Bekbolat Kuralbayev	https://www.kaggle.com/bekbolsky/exported-data-from-xiaomi-mi-band-fitness-tracker	2017-2019	Xiaomi Mi Band	1	385	Present	Present	Present

图 5-5　其他健康数据

5.1.4　案例：健康数据获取与可视化

利用 Kaggle 上的数据集服务，通过网站链接的方式下载了小米手环记录的步数和睡眠记录，保存文件命名为 Steps.csv。该数据集包含了 2454 条 2016 年 4 月 27 日—2023 年 1 月 14 日的健康数据集，每一条数据均包括日期（date）、步数（steps）、距离（distance）、跑步距离（runDistance）和卡路里（calories），数据的分布情况如图 5-6 所示。本节的可视化方法数据集均使用"./5.1.4/Steps.csv"。

date	steps	distance	runDistance	calories
2016-04-27	4948	3242	46	281
2016-04-28	16573	12060	79	751
...	...	...	...	...
2023-01-13	4508	3169	2578	193
2023-01-14	2104	1408	1176	111

图 5-6　数据集中的数据分布情况

数据可视化有众多展现方式，不同的数据类型要选择适合的展现方法。常见的可视化图表类型包括：直方图、柱状图、条形图、折线图、饼图、散点图和箱形图。

1. 直方图

直方图，又称作质量分布图，它是由一系列高度不等的纵向条纹或线段表示数据分布的情况，一般用横轴表示数据的类型，纵轴表示分布情况。直方图可以利用方块的高度来反映数据的差异，只适用于中小规模的数据集，不适用于大规模的数据集。

直方图主要应用在定量数据的可视化场景中,或者用来进行连续型数据的可视化展示。比如,公共英语考试分数的区间分布、抽样调查中的人均寿命的分布特征以及居民可支配收入的分布特征。

为了构建直方图,第一步是将值的范围分段,即将整个值的范围分成一系列间隔,然后计算每个间隔中有多少值。这些值通常被指定为连续的、不重叠的变量间隔。间隔必须相邻,并且通常是相等的大小。代码如下所示。

针对 Steps.csv 数据集构建的直方图如图 5-7 所示。

```
1.  import pandas as pd
2.  import matplotlib.pyplot as plt
3.  df = pd.read_csv('Steps.csv', header = None)
4.  data = df.iloc[:, :2]
5.  df = pd.DataFrame(data)
6.  # 取 steps 列的数据
7.  # 将列转换为数值型
8.  df[1] = pd.to_numeric(df[1], errors = 'coerce')
9.  # 绘制直方图
10. plt.hist(df[1], bins = 10, edgecolor = 'black')
11. # 设置图形标题和坐标轴标签
12. plt.title('Steps Distribution')
13. plt.xlabel('Steps')
14. plt.ylabel('Frequency')
15. # 给每个柱形加上数量标签
16. for rect in plt.gca().patches:
17.     x = rect.get_x() + rect.get_width() / 2
18.     y = rect.get_height()
19.     plt.text(x, y, f'{int(y)}', ha = 'center', va = 'bottom')
20. # 设置横轴的显示范围增大
21. plt.xlim(df[1].min() - 10, df[1].max() + 10)
22. # 显示图形
23. plt.show()
```

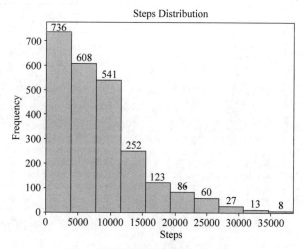

图 5-7 直方图统计步数分布结果

2. 柱状图

柱状图,是实际工作中最常使用的图表类型之一。它通过垂直的条形展示维度字段的分布情况,直观地反映一段时间内各项数据的变化,在数据统计和销售报表中被广泛应用。

柱状图主要应用在定性数据的可视化场景中,或者离散型数据的分布展示。例如,一个本科班级的学生的籍贯分布,出国旅游人士的职业分布以及下载一款 APP 产品的操作系统的分布。

直方图与柱状图的区别:一方面,直方图和柱状图在展示效果上是非常类似的,只是直方图描述的是连续型数据的分布,柱状图描述的是离散型数据的分布,也可以讲:一个是描述定量数据;另一个是描述定性数据。另一方面,从图形展示效果来看,柱状图的柱体之间有空隙,直方图的柱体之间没有空隙。代码如下所示,柱状图的结果如图 5-8 所示。

```
24.  import pandas as pd
25.  import matplotlib.pyplot as plt
26.  df = pd.read_csv('Steps.csv')
27.  data = df.iloc[:20, :2]
28.  df = pd.DataFrame(data)
29.  # 绘制柱状图
30.  plt.bar(df['date'], df['steps'], width = 0.8, edgecolor = 'black')
31.  # 设置图形标题和坐标轴标签
32.  plt.title('Steps Distribution')
33.  plt.xlabel('Date')
34.  plt.ylabel('Steps')
35.  # 给每个柱体加上数量标签
36.  for i, v in enumerate(df['steps']):
37.    plt.text(i, v + 100, str(v), ha = 'center', va = 'bottom',fontsize = 8)
38.  # 设置横轴标签倾斜显示以避免重叠
39.  plt.xticks(rotation = 80)
40.  # 调整图形尺寸以适应横轴标签
41.  plt.tight_layout()
42.  # 显示图形
43.  plt.show()
```

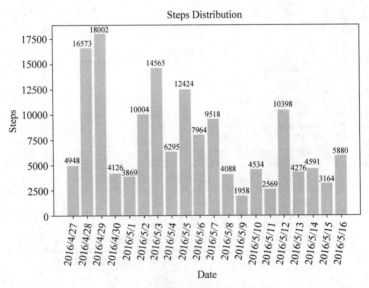

图 5-8 柱状图统计步数分布结果

3. 条形图

条形图,与柱形图类似,几乎可以表达相同多的数据信息。在条形图中,用宽度相同的条形的高度或者长短来表示数据的多少。通过条形的长短,可以比较不同组别数据分布的差异情况。

　　与柱状图不同的是条形图主要突出数值的差异,而淡化时间的差异。尤其在项目名称较长以及数量较多时,采用条形图可视化数据会更加美观、清晰。条形图的展示类型与样式与柱状图类似。代码如下所示,条形图结果如图 5-9 所示。

```
44.  import pandas as pd
45.  import matplotlib.pyplot as plt
46.  df = pd.read_csv('Steps.csv')
47.  data = df.iloc[:20, :2]
48.  df = pd.DataFrame(data)
49.  # 绘制水平条形图
50.  plt.barh(df['date'], df['steps'], height = 0.8, edgecolor = 'black')
51.  # 设置图形标题和坐标轴标签
52.  plt.title('Steps Distribution')
53.  plt.xlabel('Steps')
54.  plt.ylabel('Date')
55.  # 给每个柱体加上数量标签
56.  for i, v in enumerate(df['steps']):
57.      plt.text(v + 100, i, str(v), ha = 'left', va = 'center', fontsize = 8)
58.  # 调整图形尺寸以适应纵轴标签
59.  plt.tight_layout()
60.  # 显示图形
61.  plt.show()
```

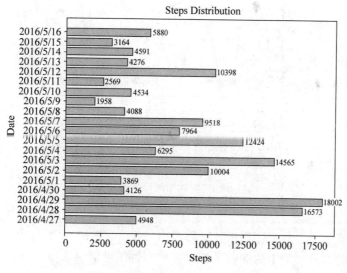

图 5-9　医疗卫生机构水平条形图

4. 折线图

　　折线图,是用直线段将各数据点连接起来而组成的图形,以折线的方式显示数据的变化趋势。折线图主要用来表示数据的连续性和变化趋势,也可以显示相同的时间间隔内数据的预测趋势。强调的是数据的时间性和变动率,而不是变量。

　　要绘制折线图,先在笛卡儿坐标系上定出数据点,然后用直线把这些点连接起来。折线图主要应用于时间序列数据的可视化,适合二维的大数据集,尤其那些趋势比单个数据点更重要的数据。代码如下所示,折线图如图 5-10 所示。

```
62.    import pandas as pd
63.    import matplotlib.pyplot as plt
64.    df = pd.read_csv('Steps.csv')
65.    data = df.iloc[:20, :2]
66.    df = pd.DataFrame(data)
67.    # 绘制折线图
68.    plt.plot(df['date'], df['steps'], marker = 'o', linestyle = '-', color = 'b')
69.    # 设置图形标题和坐标轴标签
70.    plt.title('Steps Distribution')
71.    plt.xlabel('Date')
72.    plt.ylabel('Steps')
73.    # 给每个点添加数量标签
74.    for i, v in enumerate(df['steps']):
75.       plt.text(df['date'][i], v + 100, str(v), ha = 'center', va = 'bottom', fontsize = 7)
76.    # 设置横轴标签倾斜显示以避免重叠
77.    plt.xticks(rotation = 80)
78.    # 调整图形尺寸以适应横轴标签
79.    plt.tight_layout()
80.    # 显示图形
81.    plt.show()
```

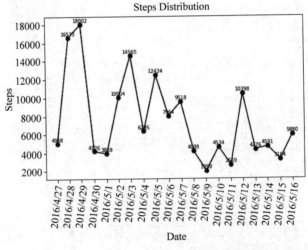

图 5-10　折线图统计步数分布

5. 饼图

　　饼图,可以显示一个数据序列中各项的大小与各项总和的比例,每个数据序列具有唯一的颜色或图形,并且与图例中的颜色是相对应的。饼图可以很清晰地反映出各数据系列的百分比情况。

　　饼图主要应用在定性数据的可视化场景中,或者是用来进行离散型数据的比例展示。如果需要展示参加硕士研究生考试的性别比例、某市一年中四季使用天然气用量的比重以及家庭生活开支用途的比例分布,这些场景都可以使用饼图进行数据的可视化,通过绘制饼图,就可以直观地反映研究对象定性数据的比例分布情况。

　　在绘制饼图前一定要注意把多个类别按一定的规则排序,推荐将饼图的最大占比部分放置在钟表的 12 点位置的右边,以强调其重要性。再将第二大占比部分设置在 12 点位置的左边,剩余的类别则按逆时针方向放置。代码如下所示,饼图如图 5-11 所示。

```
82.  import pandas as pd
83.  import matplotlib.pyplot as plt
84.  import calendar
85.  df = pd.read_csv('Steps.csv')
86.  data = df.iloc[:, :2]
87.  df = pd.DataFrame(data)
88.  # 提取月份信息
89.  df['month'] = pd.to_datetime(df['date']).dt.month
90.  # 将月份数字转换为英文简写
91.  df['month'] = df['month'].apply(lambda x: calendar.month_abbr[x])
92.  # 按月份分组,并计算每个月的步数总和
93.  monthly_steps = df.groupby('month')['steps'].sum()
94.  # 绘制饼图
95.  plt.pie(monthly_steps, labels = monthly_steps.index, autopct = '%.1f%%')
96.  # 设置图形标题
97.  plt.title('Steps Distribution by Month')
98.  # 显示图形
99.  plt.show()
```

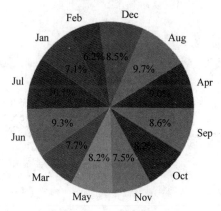

图 5-11 饼图统计步数分布

6. 散点图

散点图,是指数据点在直角坐标系平面上的分布图,通常用于比较跨类别的数据。散点图包含的数据点越多,比较的效果就会越好。散点图中每个坐标点的位置是由变量的值决定的,用于表示因变量随自变量而变化的大致趋势,以判断两种变量的关系与相关性。散点图可以提供3类关键信息:①变量之间是否存在数量关联趋势;②如果存在关联趋势,那么是线性还是非线性的;③观察是否存在离群值,从而分析这些离群值对建模分析的影响。

散点图类似于折线图,它可以显示单个或者多个数据系列的数据在某时间间隔下的变化趋势。通常用于科学数据的表达、实验数据的拟合和趋势的预测等。代码如下所示,散点图如图 5-12 所示。

```
100. import pandas as pd
101. import matplotlib.pyplot as plt
102. df = pd.read_csv('Steps.csv')
103. data = df.iloc[:20, :2]
104. df = pd.DataFrame(data)
105. # 绘制散点图
106. plt.scatter(df['date'], df['steps'])
107. # 设置横轴和纵轴标签
```

```
108.plt.xlabel('Date')
109.plt.ylabel('Steps')
110.# 设置标题
111.plt.title('Steps by Date')
112.# 旋转横轴刻度标签,以便更好地显示日期
113.plt.xticks(rotation = 45)
114.# 添加数字标签
115.for i, row in df.iterrows():
116.    plt.annotate(row['steps'], (row['date'], row['steps']),fontsize = 6)
117.# 显示图形
118.plt.show()
```

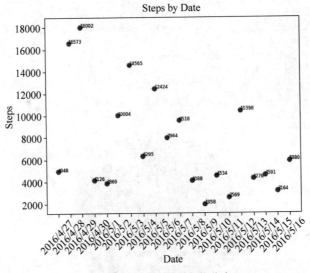

图 5-12　散点图统计步数分布

7. 箱形图

箱形图,又称为盒须图、盒式图或箱线图,能显示出一组数据的最大值、最小值、中位数、及上下四分位数,可以用来反映一组或多组连续型定量数据分布的中心位置和散布范围。

箱形图由一个箱体和一对箱须所组成,箱体由第一四分位数、中位数(第二四分位数)和第三四分位数所组成。在箱须的末端之外的数值可以理解成离群值,因此,箱须是对一组数据范围的大致直观描述。

箱形图主要应用在一系列测量或观测数据的比较场景中,例如,学校间或班级间测试成绩的比较,球队中的队员体能对比,产品优化前后的测试数据比较以及同类产品的各项性能的比较等,都可以借助箱形图来完成相关分析或研究任务。因此,箱形图的应用范围非常广泛,而且实现起来也非常简单。代码如下所示,箱形图如图 5-13 所示。

```
119.import pandas as pd
120.import matplotlib.pyplot as plt
121.df = pd.read_csv('Steps.csv')
122.# 提取需要绘制箱形图的列
123.columns_to_plot = ['steps', 'distance', 'runDistance', 'calories']
124.# 绘制箱形图
125.plt.boxplot(df[columns_to_plot].values)
126.# 设置横轴标签
127.plt.xticks(range(1, len(columns_to_plot) + 1), columns_to_plot)
```

```
128.# 设置纵轴标签
129.plt.ylabel('Value')
130.# 设置标题
131.plt.title('Boxplot of Activity Metrics')
132.# 显示图形
133.plt.show()
```

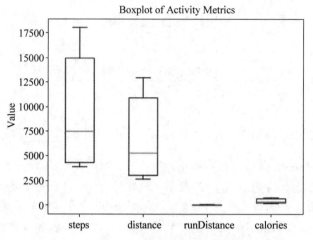

图 5-13　箱形图展示运动健康数据分布情况

5.2　移动健康数据可视化大屏设计

数据可视化是指将数据以图表的形式表示,并利用数据分析和开发工具发现其中未知信息的处理过程。使用可视化工具对数据进行可视化有许多优势:

(1) 更直观的理解:可视化将抽象的数据转化为图形、图表和图像,使数据变得更加直观和易于理解。人们通常更容易通过可视化捕捉到数据之间的关系、趋势和模式,而不是从原始数据表格中。

(2) 发现隐藏的信息:可视化可以揭示数据中的隐藏信息和趋势,帮助用户发现在原始数据中可能被忽略的关键见解。这有助于作出更准确的决策和预测。

(3) 交互性:可视化工具通常提供交互式功能,允许用户探索数据,根据需求放大、缩小、筛选和排序。这种交互性能够使用户更深入地探索数据,并且让用户可以根据兴趣进行个性化的分析。

(4) 有效的沟通工具:可视化可以将复杂的数据和分析结果以简洁的方式传达给非专业人士。这对于向非技术人员、利益相关者或团队成员传递信息和见解非常有帮助。

(5) 快速的洞察力:可视化工具能够快速生成图表和图像,使数据分析变得高效。用户可以快速地创建多种类型的图表,以便更快地获取洞察力。

(6) 跨数据源比较:如果您拥有来自不同来源的数据,可视化可以将它们融合到一个图表或图形中,以便进行比较和分析。这有助于发现不同数据源之间的关联性和差异。

(7) 支持决策制定:可视化工具可以帮助决策者更好地理解问题和机会,从而作出更明智的决策。它们可以将复杂的情况可视化,使决策制定变得更加有根据。

（8）提高报告和演示质量：在报告、演示和展示中使用可视化可以提高内容的吸引力和影响力。图表和图像能够更生动地展示信息，使受众更易于记住和理解。

总之，可视化工具能够将数据转化为易于理解和分析的形式，帮助用户更好地理解数据、发现见解并作出更明智的决策。无论是在数据分析、报告制作、教育还是决策制定方面，可视化都是一个强大的工具。对移动健康数据的可视化大屏设计流程如图 5-14 所示。

图 5-14　可视化大屏设计流程

5.2.1　可视化工具库

目前有许多流行的可视化工具库可供选择，用于创建各种类型的数据可视化。其中包含 Matplotlib，它是 Python 中最常用的数据可视化库之一，用于创建静态、交互式和动画图表；Seaborn 也是基于 Python 的库，建立在 Matplotlib 之上，专注于更美观的统计图表；Pyecharts 是 Python 与 ECharts 结合的产物，封装了 ECharts 各类图表的基本操作，然后通过渲染机制，输出一个包含 JS 代码的 HTML 文件。

1. Matplotlib

Matplotlib 是一个非常强大的 Python 画图工具，使用该工具可以将很多数据通过图表的形式更直观地呈现出来。Matplotlib 可以绘制线图、散点图、等高线图、条形图、柱状图、3D 图形，甚至图形动画等各种静态、动态、交互式的图表。要想使用 Matplotlib 绘制图表，需要先导入绘制图表的模块 pyplot，该模块提供了一种类似 MATLAB 的绘图方式，主要用于绘制简单或复杂的图形。Matplotlib 通常的调入形式是 import matplotlib. pyplot as plt。

使用 pyplot 绘图的一般过程：首先生成或读入数据，然后根据实际需要绘制二维折线图、散点图、柱状图、饼状图、雷达图或三维曲线、曲面、柱状图等，接下来设置坐标轴标签（xlabel、ylabel 函数）、坐标轴刻度线（xticks、yticks 函数）、图例（legend 函数）、标题（title 函数）等图形属性，最后显示或保存绘图结果。下面利用 Matplotlib 工具绘制玫瑰图，所利用的数据集为“./5.2.1/Steps. csv”，代码如下所示。绘制好的玫瑰图如图 5-15 所示。

```
1.  import pandas as pd
2.  import matplotlib.pyplot as plt
3.  from sklearn.preprocessing import MinMaxScaler
4.  import numpy as np
5.  df = pd.read_csv('Steps.csv')
6.  # 提取需要绘制箱形图的列
7.  columns_to_plot = ['steps', 'distance', 'runDistance', 'calories']
8.  # 创建 MinMaxScaler 对象进行归一化
9.  scaler = MinMaxScaler()
10. # 归一化数据
11. normalized_values = scaler.fit_transform(df[columns_to_plot])
12. # 计算每个度数的平均值
13. mean_values = np.mean(normalized_values, axis = 0)
14. # 将度数转换为弧度
15. theta = [i * 2 * np.pi / len(columns_to_plot) for i in range(len(columns_to_plot))]
16. # 定义颜色映射
```

```
17.    cmap = plt.get_cmap('rainbow')
18.    # 绘制玫瑰图
19.    ax = plt.subplot(111, polar = True)
20.    bars = ax.bar(theta, mean_values, width = 0.4)
21.    # 设置每个柱子的颜色和标签
22.    for bar, column, angle in zip(bars, columns_to_plot, theta):
23.        color = cmap(angle / (2 * np.pi))
24.        bar.set_facecolor(color)
25.        bar.set_label(column)
26.    # 设置角度标签
27.    ax.set_xticks(theta)
28.    ax.set_xticklabels(columns_to_plot)
29.    # 添加图例
30.    ax.legend()
31.    # 设置标题
32.    plt.title('Rose Plot of Normalized Activity Metrics')
33.    # 显示图形
34.    plt.show()
```

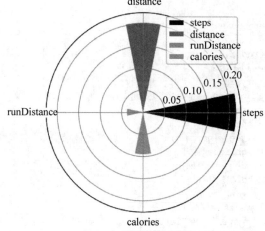

图 5 15　玫瑰图展示运动健康数据分布情况

从图 5-15 可看出,小米手环运动数据集数据的维度较少,玫瑰图不能展示出很好的效果。因此利用 5.2.2 节中处理好的医疗卫生数据进行维度的增加和图表显示效果的优化,所用到的数据集为".∕5.2.1∕all_data.json",代码如下所示,优化后的玫瑰图如图 5-16所示。

```
1.     # 玫瑰图
2.     import json
3.     import pandas as pd
4.     import numpy as np
5.     import matplotlib.pyplot as plt
6.     import matplotlib as mpl
7.     import json
8.     mpl.rcParams["font.sans - serif"] = ["SimHei"]        # 用来正常显示中文标签
9.     mpl.rcParams["axes.unicode_minus"] = False            # 用来正常显示负号
10.    def rosetype_pie(country,confirmed,size,colors):
11.        num = len(size)                                   # 柱子的数量
12.        width = 2 * np.pi / num                           # 每个柱子的宽度
13.        rad = np.cumsum([width] * num)                    # 每个柱子的角度
```

```python
14.    plt.figure(figsize = (6,6), dpi = 500)                    # 创建画布
15.    ax = plt.subplot(projection = 'polar')
16.    ax.set_ylim(-1, np.ceil(max(size) + 1))                  # 中间空白, -1 为空白半径大小, 可
       自行调整
17.    ax.set_theta_zero_location('N', -5.0)                    # 设置极坐标的起点方向 W,N,E,S,
       -5.0 为偏离数值, 可自行调整
18.    ax.set_theta_direction(1)                                # 1 为逆时针, -1 为顺时针
19.    ax.grid(False)                                           # 不显示极轴
20.    ax.spines['polar'].set_visible(False)                    # 不显示极坐标最外的圆形
21.    ax.set_yticks([])                                        # 不显示坐标间隔
22.    ax.set_thetagrids([])                                    # 不显示极轴坐标
23.    ax.bar(rad, size, width = width, color = colors, alpha = 1)   # 画图
24.    ax.bar(rad, 1, width = width, color = 'white', alpha = 0.15)  # 中间添加白色色彩使
       图案变浅
25.    ax.bar(rad, 3, width = width, color = 'white', alpha = 0.1)   # 中间添加白色色彩使
       图案变浅
26.    ax.bar(rad, 5, width = width, color = 'white', alpha = 0.05)  # 中间添加白色色彩使
       图案变浅
27.    ax.bar(rad, 7, width = width, color = 'white', alpha = 0.03)  # 中间添加白色色彩使
       图案变浅
28.    # 设置 text
29.    for i in np.arange(num):
30.        if i < 8:
31.            ax.text(rad[i],                                  # 角度
32.                size[i] - 0.2,                               # 长度
33.                country[i] + '\n' + str(confirmed[i]) + '个',  # 文本
34.                rotation = rad[i] * 180 / np.pi - 5,         # 文字角度
35.                rotation_mode = 'anchor',
36.                # alpha = 0.8,                               # 透明度
37.                fontstyle = 'normal',        # 设置字体类型,可选参数 ['normal' | 'italic' |
       'oblique'], italic 斜体, oblique 倾斜
38.                fontweight = 'black',        # 设置字体粗细,可选参数 ['light', 'normal',
       'medium', 'semibold', 'bold', 'heavy', 'black']
39.                color = 'white',                             # 设置字体颜色
40.                size = size[i]/4.4,                          # 设置字体大小
41.                ha = "center",  # 'left','right','center'
42.                va = "top",  # 'top', 'bottom', 'center', 'baseline', 'center_baseline'
43.                )
44.        elif i < 15:
45.            ax.text(rad[i] + 0.02,
46.                size[i] - 0.7,
47.                country[i] + '\n' + str(confirmed[i]) + '个',
48.                fontstyle = 'normal',
49.                fontweight = 'black',
50.                color = 'white',
51.                size = size[i] / 3.2,
52.                ha = "center",
53.                )
54.        else:
55.            ax.text(rad[i],
56.                size[i] + 0.1,
57.                str(confirmed[i]) + '例 ' + country[i],
58.                rotation = rad[i] * 180 / np.pi + 85,
59.                rotation_mode = 'anchor',
60.                fontstyle = 'normal',
61.                fontweight = 'black',
62.                color = 'black',
63.                size = 2,
```

```
64.              ha = "left",
65.              va = "bottom",
66.              )
67.     plt.title("全国医疗卫生机构数统计情况", size = 5)
68.     # verticalalignment 设置水平对齐方式，可选参数：'center'，'top'，'bottom'，
'baseline
69.     plt.show()
70.  if __name__ == '__main__':
71.     filename = 'D:\\all_data.json'  # JSON 文件路径
72.     with open(filename, 'r', encoding = 'utf - 8') as f:
73.         data = json.load(f)
74.     words = []
75.     for province, province_data in data.items():
76.         for indicator, years_data in province_data.items():
77.             if indicator == "医疗卫生机构数(个)":
78.                 max_value = max(years_data.values())
79.                 max_year = [year for year, value in years_data.items() if value == max_value]
80.                 words.append((province, max_value))
81.     sorted_words = sorted(words, key = lambda x: x[1], reverse = False)  # 根据数据值对
柱子进行排序(升序)
82.     df = pd.DataFrame(sorted_words, columns = ['省份', '数据'])
83.     country = list(df['省份'])
84.     confirmed = list(df['数据'])
85.     # df = pd.read_csv('WHO - COVID - 19 - global - table - data.csv')
86.     # df = df.reset_index()
87.     # df = df.drop(0)
88.     # df['name'] = df['index']
89.     # df['nowconfirm'] = df['Cases - newly reported in last 7 days per 100000 population']
90.     # df = df.sort_values('nowconfirm',ascending = False).head(30)
91.     # world_name = pd.read_excel("中英文对照表.xlsx",engine = 'openpyxl')
92.     # data = pd.merge(df, world_name, left_on = "index", right_on = "英文", how = "inner")
93.     # country = list(data['中文'])
94.     # confirmed = list(data['nowconfirm'])
95.     colors = [(0.68359375, 0.02734375, 0.3203125),(0.78125, 0.05078125, 0.2578125),
(0.875, 0.0390625, 0.1796875),
96.            (0.81640625, 0.06640625, 0.0625),(0.8515625, 0.1484375, 0.08203125),
(0.90625, 0.203125, 0.13671875),
97.             (0.89453125, 0.2890625, 0.0703125),(0.84375, 0.2421875, 0.03125),
(0.9140625, 0.26953125, 0.05078125),
98.             (0.85546875, 0.31640625, 0.125),(0.85546875, 0.3671875, 0.1171875),
(0.94921875, 0.48046875, 0.28125),
99.             (0.9375, 0.51171875, 0.1484375),(0.93359375, 0.59765625, 0.0625),
(0.93359375, 0.62890625, 0.14453125),
100.            (0.86328125, 0.5859375, 0.15234375),(0.86328125, 0.71875, 0.16015625),
(0.86328125, 0.8203125, 0.16015625),
101.            (0.76171875, 0.8671875, 0.16015625),(0.53125, 0.85546875, 0.15625),
(0.4765625, 0.94140625, 0.0703125),
102.            (0.21484375, 0.91015625, 0.0625),(0.15234375, 0.88671875, 0.08203125),
(0.11328125, 0.87890625, 0.19921875),
103.             (0.11328125, 0.8125, 0.1796875),(0.1875, 0.76953125, 0.2109375),
(0.2109375, 0.78125, 0.38671875),
104.              (0.1484375, 0.76953125, 0.30859375),(0.22265625, 0.73046875,
0.35546875),(0.2890625, 0.6875, 0.4765625)]      # 转化为小数的 rgb 色列表
105.  size = [22, 19, 17, 12, 11, 10, 9, 8, 7.2, 7.0, 6.8, 6.6, 6.4, 6.2, 6.0,
106.        5.8, 5.6, 5.4, 5.2, 5.0, 4.8, 4.6, 4.4, 4.2, 4.0, 3.8, 3.6, 3.4, 3.2, 3.0]
                                                    # 自定义一个柱长度列
107.  rosetype_pie(country, confirmed, size, colors)
```

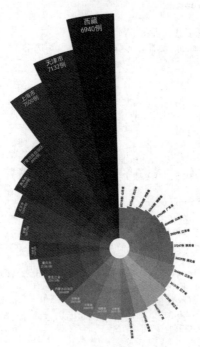

图 5-16　优化后的玫瑰图效果展示

2. Seaborn

Seaborn 同 Matplotlib 一样,也是 Python 进行数据可视化分析的重要的第三方包。但是在 Matplotlib 的基础上进行了更高级的 API 封装,从而使得作图更加容易,在大多数情况下,使用 Seaborn 能绘制具有吸引力的图表,而使用 Matplotlib 却能绘制出具有更多特色的图表。应该把 Seaborn 视为 Matplotlib 的补充,而不是替代物。Seaborn 在 Matplotlib 的基础上,侧重数据统计分析图表的绘制,包括带误差线的柱形图、散点图、箱形图、小提琴图、一维和二维的统计直方图和核密度估计图等。Seaborn 的默认导入语句为 import seaborn as sns。接下来利用小米手环运动数据集,即“./5.2.1/Steps.csv”进行小提琴图的绘制,代码如下所示,小提琴图的绘制结果如图 5-17 所示。

```
1.  import pandas as pd
2.  import matplotlib.pyplot as plt
3.  import seaborn as sns
4.  from sklearn.preprocessing import MinMaxScaler
5.  df = pd.read_csv('Steps.csv')
6.  # 提取需要绘制小提琴图的列
7.  columns_to_plot = ['steps', 'distance', 'runDistance', 'calories']
8.  # 创建 MinMaxScaler 对象进行归一化
9.  scaler = MinMaxScaler()
10. normalized_values = scaler.fit_transform(df[columns_to_plot])
11. # 将归一化后的数据转换回 DataFrame
12. normalized_df = pd.DataFrame(normalized_values, columns = columns_to_plot)
13. # 绘制小提琴图
14. sns.violinplot(data = normalized_df,width = 1)
15. # 设置标题和坐标轴标签
16. plt.title('Normalized Violin Plot of Activity Metrics')
```

```
17.    plt.xlabel('Activity')
18.    plt.ylabel('Normalized Value')
19.    ♯ 显示图形
20.    plt.show()
```

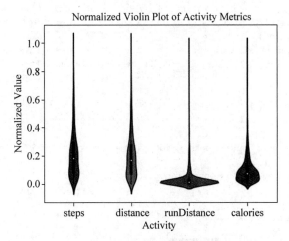

图 5-17　小提琴图显示运动健康数据分布情况

3. Pyecharts

Pyecharts 是一个用于创建交互式图表的 Python 库,它基于 ECharts(百度开发的一个强大的 JavaScript 图表库)开发而来。ECharts 可以生成各种类型的图表,包括折线图、柱状图、饼图、散点图等,并支持动态数据更新、数据联动、数据可视化等特性。Pyecharts 通过将 Python 数据转换为 ECharts 所需的 JSON 格式来创建图表。它提供了一组简单的 API,使用户能够轻松地创建各种图表,而无需深入了解 JavaScript。Pyecharts 提供了一种在 Python 中创建交互式数据可视化图表的方便方式,适用于数据分析、报告制作、演示等多种应用场景。接下来利用小米手环运动数据集,即"./5.2.1/Steps.csv"进行图表绘制,代码如下所示,其中用到了 grid 函数对图标进行组合显示,组合图的绘制结果如图 5-18 所示。

```
1.    import pandas as pd
2.    from pyecharts.charts import Line, Bar
3.    from pyecharts import options as opts
4.    from pyecharts.globals import ThemeType
5.    from pyecharts.charts import Grid
6.    ♯ 读取 CSV 文件
7.    df = pd.read_csv('Steps.csv')
8.    ♯ 提取数据,截断时间至 2016 年
9.    df['date'] = pd.to_datetime(df['date'])
10.   df = df[df['date'].dt.year <= 2016]
11.   x_data = df['date']
12.   y_data = df['steps']
13.   ♯ 折线图
14.   line = (
15.       Line(init_opts = opts.InitOpts(theme = ThemeType.LIGHT))
16.       .add_xaxis(x_data.dt.strftime('% Y - % m - % d').tolist())    ♯ 格式化日期为年月日
17.       .add_yaxis("折线图步数", y_data.tolist(), itemstyle_opts = opts.ItemStyleOpts
      (color = "blue"))
18.       .set_series_opts(label_opts = opts.LabelOpts(is_show = False))
19.       .set_global_opts(legend_opts = opts.LegendOpts(pos_left = "10 % "))    ♯ 设置折线图
      图例位置
```

```
20.   )
21.   # 柱状图
22.   bar = (
23.       Bar(init_opts = opts.InitOpts(theme = ThemeType.LIGHT))
24.       .add_xaxis(x_data.dt.strftime('%Y-%m-%d').tolist())      # 格式化日期为年月日
25.       .add_yaxis("柱状图步数", y_data.tolist(), itemstyle_opts = opts.ItemStyleOpts
      (color = "green"))
26.       .set_series_opts(label_opts = opts.LabelOpts(is_show = False))
27.       .set_global_opts(legend_opts = opts.LegendOpts(pos_left = "35%"))    # 设置柱状图
      图例位置
28.   )
29.   # 使用 Grid 组合折线图和柱状图
30.   grid = (
31.       Grid()
32.       .add(bar, grid_opts = opts.GridOpts(pos_bottom = "65%", pos_left = "70%", pos_
      right = "65%"))
33.       .add(line, grid_opts = opts.GridOpts(pos_left = "15%"))
34.   )
35.   # 渲染图表
36.   grid.render_notebook()
```

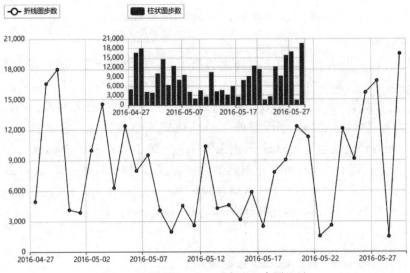

图 5-18　利用 Pyecharts 实现组合图显示

5.2.2　案例：搭建医疗卫生数据可视化大屏

本节中将利用 Pyecharts 框架实现医疗卫生数据的大屏可视化，数据来源为 https://data.stats.gov.cn/easyquery.htm?cn=E0103，单击"卫生"→"医疗卫生机构"，下载最近 20 年中国各省市的医疗卫生机构数据，存入名为 country_data 的文件夹中。经过数据预处理后，保存处理好的 json 文件为 all_data.json。上述数据集的位置为"./5.2.2/all_data.json"，接下来利用 Pyecharts 框架实现可视化大屏，详细过程如下所述。

1. 数据预处理

将下载好的数据经过数据预处理存为 JSON 文件的格式，命名为 all_data.json，便于后期画图的使用，代码如下所示，JSON 文件结构示例如图 5-19 所示。

```
1.   import pandas as pd
2.   import numpy as np
```

```
3.    import json
4.    import os
5.    # 存储所有数据的字典
6.    all_data = {}
7.    # 数据文件夹路径
8.    data_folder = r"country_data"
9.    # 遍历所有的 XLS 格式文件
10.   for filename in os.listdir(data_folder):
11.     if filename.endswith('.xls'):
12.         # 读取 XLS 格式文件
13.         file_path = os.path.join(data_folder, filename)
14.         df = pd.read_excel(file_path, header = None)
15.         # print(df)
16.         # 获取地区信息(第 2 行)
17.         region_info = str(df.iloc[1, 0])
18.         # print(region_info)
19.         # 提取地区名称
20.         region = region_info.split(":")[1].strip()
21.         # 提取需要的数据(从第 5 行开始,指标名称在第一列,年份在后续列)
22.         data = {}
23.         for row in range(4, 20):   # 只处理前 20 行数据
24.           indicator_name = df.iloc[row, 0]
25.           years_data = df.iloc[row, 1:].fillna(0).tolist()   # 将 NaN 值替换为 0
26.           data[indicator_name] = dict(zip(df.iloc[3, 1:].tolist(), years_data))
27.         # 更新总数据字典
28.         all_data[region] = data
29.   # 保存为 JSON 文件
30.   output_file_path = "all_data.json"   # 修改为您想要保存的 JSON 文件路径
31.   with open(output_file_path, "w", encoding = "utf - 8") as f:
32.     json.dump(all_data, f, ensure_ascii = False, indent = 4)
33.   # 读取 JSON 文件
34.   filename = 'all_data.json'   # JSON 文件路径
35.   with open(filename, 'r', encoding = 'utf - 8') as f:
36.     data = json.load(f)
37.   # 修改数据
38.   data["广西"] = data.pop("广西壮族自治区")
39.   data["西藏"] = data.pop("西藏自治区")
40.   data["新疆"] = data.pop("新疆维吾尔自治区")
41.   # 保存回文件
42.   with open(filename, 'w', encoding = 'utf - 8') as f:
43.     json.dump(data, f, ensure_ascii = False)
```

图 5-19　JSON 文件结构示例

2. 柱状图

创建柱状图如图 5-20 所示,绘制方法是先通过对每个省市的所有指标值求和,选出值最大的省市,即河北省的各级医疗卫生机构不同年份的统计情况,在本节中为了显示更加美观,只选取了最近六年的数据进行展示。

该柱状图中工具箱包含"保存为图片""还原""数据视图""区域缩放""区域缩放还原""切换为折线图""切换为柱状图""切换为堆叠"等,可以单击柱状图下方的 label 图标,图标显示色彩和显示空白分别可以实现"选择展示"和"不选择展示"的效果,柱状图还可以通过鼠标拖拉进行收缩。代码如下所示。

```
1.  def bar():
2.      # 读取 JSON 文件
3.      filename = 'all_data.json'              # JSON 文件路径
4.      with open(filename, 'r', encoding = 'utf - 8') as f:
5.          data = json.loads(f.read())
6.      # 获取所有地区
7.      regions = list(data.keys())
8.      #指标映射
9.      indicator_mapping = {
10.         '医疗卫生机构数': '医疗卫生机构数(个)',
11.         '医院数': '医院数(个)',
12.         '综合医院数': '综合医院数(个)',
13.         '中医医院数': '中医医院数(个)',
14.         '专科医院数': '专科医院数(个)',
15.         '基层医疗卫生机构': '基层医疗卫生机构(个)',
16.         '社区卫生服务中心(站)数': '社区卫生服务中心(站)数(个)',
17.         '街道卫生院数': '街道卫生院数(个)',
18.         '乡镇卫生院数': '乡镇卫生院数(个)',
19.         '村卫生室数': '村卫生室数(个)',
20.         '门诊部(所)数': '门诊部(所)数(个)',
21.         '专业公共卫生机构数': '专业公共卫生机构数(个)',
22.         '疾病预防控制中心数': '疾病预防控制中心数(个)',
23.         '专科疾病防治院(所/站)数': '专科疾病防治院(所/站)数(个)',
24.         '妇幼保健院(所/站)数': '妇幼保健院(所/站)数(个)',
25.         '卫生监督所(中心)数': '卫生监督所(中心)数(个)'
26.         }
27.     # 按照每个省份所有指标值之和的准则选择地区
28.     max_sum = 0                             # 最大和初始化为 0
29.     selected_region = ''                    # 初始化选中的地区为空字符串
30.     for region in regions:
31.         region_sum = sum(sum(data[region][key].values()) for key in indicator_mapping.
    values())
32.         if region_sum > max_sum:
33.             max_sum = region_sum
34.             selected_region = region
35.     # 输出选中的地区
36.     # print("选中的地区:", selected_region)
37.     years = ["2003 年", "2004 年", "2005 年", "2006 年", "2007 年", "2008 年",
    "2009 年","2010 年", "2011 年",
38.         "2012 年", "2013 年", "2014 年", "2015 年", "2016 年", "2017 年", "2018 年",
    "2019 年","2020 年", "2021 年"]
39.     years = years[ - 6:]                    # 只保留最后 6 个年份
40.     x_data = years
41.     y_data_bar = []
42.     y_data_line = []
43.     for indicator, key in indicator_mapping.items():
44.         values_bar = []
45.         values_line = []
46.         for year in years:
47.             try:
48.                 value = data[selected_region][key][year]
49.             except KeyError:
```

```
50.          value = 0
51.        values_bar.append(value)
52.        values_line.append(round(value / 100, 2))   # 将值除以 100,并保留 2 位小数
53.      y_data_bar.append(values_bar)
54.      y_data_line.append(values_line)
55.    # 创建图表
56.    bar_chart = (
57.      Bar(init_opts = opts.InitOpts(theme = ThemeType.LIGHT))
58.      .add_xaxis(x_data)
59.      .set_global_opts(
60.        title_opts = opts.TitleOpts(title = f"{selected_region}的医疗卫生机构统计",
    pos_top = "1%"),   # 设置柱状图标题为选中地区的名称
61.        legend_opts = opts.LegendOpts(pos_top = "85%", pos_left = "center", orient =
    "horizontal", item_width = 8, item_height = 8, border_width = 0),
62.        toolbox_opts = opts.ToolboxOpts(
63.          orient = "horizontal",
64.          pos_top = "5%",
65.          pos_left = "40%",
66.          # pos_right = "10%"
67.          item_size = 15   # 设置工具箱图标尺寸为14
68.        ),
69.        datazoom_opts = [opts.DataZoomOpts(type_ = "inside", range_start = 0, range_end =
    100)],
70.      )
71.      .set_series_opts(label_opts = opts.LabelOpts(is_show = False))
72.    )
73.    # 添加每个指标的数据到图中
74.    for i, indicator in enumerate(indicator_mapping.keys()):
75.      bar_chart.add_yaxis(indicator, y_data_bar[i], stack = f"stack_{i + 1}")
76.    return bar_chart
```

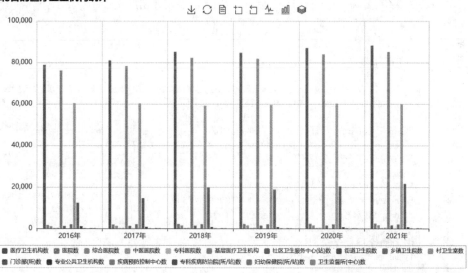

图 5-20　柱状图结果显示医疗卫生机构的统计情况

3. 饼图

创建饼图如图 5-21 所示,绘制方法是先计算"医疗卫生机构数(个)"单个指标历年的全国各省市数据的总和,按照 10 年为周期划分为一个双层饼图,在饼图中单击图标后分别呈

现彩色和白色可以实现"选择展示"和"选择不展示"的效果。代码如下所示。

```
1.  def calculate_national_total(data):
2.      indicator_name = '医疗卫生机构数(个)'
3.      national_total = {}
4.      for region_data in data.values():
5.        for year, value in region_data[indicator_name].items():
6.          if year not in national_total:
7.            national_total[year] = 0
8.          national_total[year] += value
9.      return {'全国': {indicator_name: national_total}}
10. def create_double_layer_pie(data):
11.     indicator_name = '医疗卫生机构数(个)'
12.     region_data = data['全国'][indicator_name]
13.     years = list(region_data.keys())
14.     legend_opts = opts.LegendOpts(pos_bottom = "bottom", border_width = 0, item_width =
    8, item_height = 8, pos_top = "85%")
15.     pie = (
16.       Pie()
17.       .set_global_opts(
18.         title_opts = opts.TitleOpts(
19.           title = f"{indicator_name}的双层饼图",
20.           pos_top = "top"
21.         ),
22.         legend_opts = legend_opts
23.       )
24.       .set_series_opts(label_opts = opts.LabelOpts(formatter = "{b}: {d}%"))
25.     )
26.     outer_radius = "75%"  ♯ 设置饼图显示半径
27.     inner_radius = "60%"
28.     for i in range(0, len(years), 10):
29.       start_year = years[i]
30.       end_year = years[i + 9] if i + 9 < len(years) else years[-1]
31.       label = f"{start_year} - {end_year}"
32.       values = list(region_data.values())[i:i + 10]
33.       values.reverse()
34.       pie.add(
35.         series_name = label,
36.         data_pair = [(year, value) for year, value in zip(years[i:i + 10], values)],
37.         radius = [inner_radius, outer_radius]
38.       )
39.       inner_radius = str(int(inner_radius[:-1]) - 10) + "%"
40.       outer_radius = str(int(outer_radius[:-1]) - 10) + "%"
41.     return pie
42. def pie():
43.     ♯ 读取 JSON 文件
44.     filename = 'all_data.json'  ♯ JSON 文件路径
45.     with open(filename, 'r', encoding = 'utf - 8') as f:
46.       data = json.loads(f.read())
47.     ♯ 计算全国数据总和
48.     data1 = calculate_national_total(data)
49.     ♯ 生成双层饼图
50.     chart = create_double_layer_pie(data1)
51.     return chart
```

4. 热图

创建热图的方法是先计算全国各省市历年数据的总和,然后显示针对每个省市的数量分布,该热图可以利用鼠标滚轴实现放大或者缩小区域的功能,代码如下所示,热图显示

医疗卫生机构数(个)的双层饼图

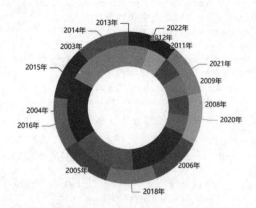

图 5-21　饼图结果显示全国每年的医疗卫生机构分布情况

结果。

```
1.   def heat():
2.       # 读取 JSON 文件
3.       filename = 'all_data.json'   # JSON 文件路径
4.       with open(filename, 'r', encoding = 'utf - 8') as f:
5.           data = json.load(f)
6.       # 构造地区和数值的列表
7.       region_list = []
8.       value_list = []
9.       for region, region_data in data.items():
10.          region_list.append(region)
11.          value = sum([sum(years_data.values()) for years_data in region_data.values()])
12.          value_list.append(value)
13.      # 创建 Geo 实例并添加数据
14.      heat = (
15.          Geo()
16.          .add_schema(maptype = "china")
17.          .add(
18.              "地区数据",
19.              [list(z) for z in zip(region_list, value_list)],
20.              type_ = "heatmap",
21.              label_opts = opts.LabelOpts(formatter = "{b}: {c}"),
22.          )
23.          .set_series_opts(label_opts = opts.LabelOpts(is_show = True))
24.          .set_global_opts(visualmap_opts = opts.VisualMapOpts(), title_opts = opts.
     TitleOpts(title = "中国地区数据"))
25.      )
26.      return heat
```

5. 词图

创建词图如图 5-22 所示,该图是针对"医疗卫生机构数(个)"单个指标在各省市的历年
数据最大值的展示效果。代码如下所示。

```
1.   def word():
2.       def create_word_cloud(data):
```

```
3.      words = []
4.      for province, province_data in data.items():
5.        for indicator, years_data in province_data.items():
6.          if indicator == "医疗卫生机构数(个)":
7.            max_value = max(years_data.values())
8.            # print(max_value)
9.            max_year = [year for year, value in years_data.items() if value == max_value]
10.           # 使用 f - string 格式化字符串
11.           # words.append((province, f"{max_year[0]} :{max_value}"))
12.           words.append((province, max_value))
13.     # print(words)
14.     wordcloud = (
15.        WordCloud()
16.        .add("", words, word_size_range = [10, 50])   # 设置词的显示大小,进而控制画布
上显示词语的数量
17.        .set_global_opts(title_opts = opts.TitleOpts(title = "省份医疗卫生机构数词云
图", pos_top = "top", pos_left = "left"))
18.     )
19.     return wordcloud
20.   # 读取 JSON 文件
21.   filename = 'all_data.json'  # JSON 文件路径
22.   with open(filename, 'r', encoding = 'utf - 8') as f:
23.     data = json.load(f)
24.   chart = create_word_cloud(data)
25.   return chart
```

图 5-22   词图显示省市医疗卫生机构数量分布

6. 大屏格式分布设置

设置大屏的标题显示。代码如下。

```
1.  def title(name,color):      # 标题
2.    c = (Pie().
3.      set_global_opts(
4.      title_opts = opts.TitleOpts(title = name,pos_left = 'center',pos_top = 'center',
5.               title_textstyle_opts = opts.TextStyleOpts(color = color,font_size =
25))))
6.    return c
```

利用 page.add 方法将各个子图集成在一张画布上显示,但不设置显示格式。代码
如下。

```
1.  from pyecharts.charts import Geo, WordCloud
2.  from pyecharts.globals import ThemeType
```

```
3.   from pyecharts import options as opts
4.   from pyecharts.faker import Faker
5.   from pyecharts.render import make_snapshot
6.   from pyecharts.globals import ThemeType
7.   from snapshot_selenium import snapshot as driver
8.   from pyecharts.charts import Page
9.   # 创建一个空白的 Page 页面
10.  page = Page()
11.  page.add(
12.      title('医疗卫生机构数据可视化大屏', color = 'red'),
13.      heat(),
14.      pie(),
15.      bar(),
16.      word()
17.  )
18.  # 渲染为 HTML 字符串
19.  html_content = page.render_embed()
20.  # 添加 CSS 样式,为整个页面加边框
21.  styled_html_content = f"""
22.  <!DOCTYPE html >
23.  < html >
24.  < head >
25.  < style >
26.      /* 设置边框样式 */
27.      body {{
28.         border: 5px solid #ccc;
29.         padding: 0;
30.         margin: 0;
31.      }}
32.      /* 设置页面内容样式 */
33.      .content {{
34.         padding: 300px;
35.      }}
36.  </style >
37.  </head >
38.  < body >
39.      < div class = "content">
40.         {html_content}
41.      </div >
42.  </body >
43.  </html >
44.  """
45.  # 将 HTML 内容保存到文件中
46.  with open("test.html", "w", encoding = "utf - 8") as f:
47.      f.write(html_content)
```

调整显示格式：通过调整 div 元素的样式调整子图的布局,使大屏的各个子图和子元素在画布上合理分布。代码如下。

```
1.   from bs4 import BeautifulSoup
2.   # 读取 HTML 文件并解析
3.   with open("test.html", "r + ", encoding = 'utf - 8') as html:
4.      html_bf = BeautifulSoup(html, 'lxml')
5.      # 添加样式
6.      style_tag = html_bf.new_tag('style')
7.      style_tag.string = ".chart - container { background - color: black; }"
8.      html_bf.head.append(style_tag)
9.      # 获取所有 class 为 chart - container 的 div 元素
```

```
10.    divs = html_bf.select('.chart-container')
11.    # 修改第一个 div 的样式(标题)
12.    divs[0]['style'] = "width:100%;height:10%;position:absolute;top:0;left:0;border-
       style:solid;border-color:#444444;border-width:0px;"
13.    # 修改第二个 div 的样式(左上角)
14.    divs[1]["style"] = "width:50%;height:50%;position:absolute;top:10%;left:0;
       border-style:solid;border-color:#444444;border-width:0px;"
15.    # 修改第三个 div 的样式(右上角)
16.    divs[2]["style"] = "width:50%;height:40%;position:absolute;top:10%;right:0;
       border-style:solid;border-color:#444444;border-width:0px;"
17.    # 修改第四个 div 的样式(左下角)
18.    divs[3]["style"] = "width:50%;height:40%;position:absolute;bottom:0;left:0;
       border-style:solid;border-color:#444444;border-width:0px;"
19.    # 修改第五个 div 的样式(右下角)
20.    divs[4]["style"] = "width:50%;height:50%;position:absolute;bottom:0;right:0;
       border-style:solid;border-color:#444444;border-width:0px;"
21.    # 将修改后的 HTML 写回文件
22.    with open("test.html", "w", encoding='utf-8') as html:
23.        html.write(str(html_bf))
```

大屏制作过程中所用到的依赖的总结补充代码如下。

```
1.   import pandas as pd
2.   import numpy as np
3.   import json
4.   import os
5.   from pyecharts.charts import WordCloud, Bar, Line, Page, Pie, Geo
6.   from pyecharts import options as opts
7.   from pyecharts.commons.utils import JsCode
8.   from pyecharts.globals import ThemeType
9.   from pyecharts.render import make_snapshot
```

调整完的可视化大屏的显示效果如图 5-23 所示。

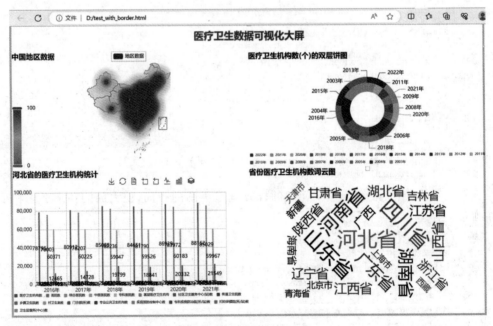

图 5-23　综合效果图

5.3　小米手环步态数据分析

　　基于下载好的小米手环步态数据,利用时间序列方法进行分析,主要通过自回归积分滑动平均模型(autoregressive integrated moving average model,ARIMA)和长短期记忆网络(long short-term memory,LSTM)对时序数据进行可视化、平稳性检验以及模型构建,最终实现预测。

5.3.1　案例:ARIMA 模型分析数据

1. ARIMA 模型原理

　　ARIMA 是一个时间序列分析方法,被广泛应用于时间序列数据的预测和建模。ARIMA 模型根据原序列是否平稳以及回归中所含部分的不同,包括移动平均过程(MA)、自回归过程(AR)、自回归移动平均过程(ARMA)以及 ARIMA 过程。ARIMA 模型的基本原理如式(5-1)所示。

$$\mathrm{ARIMA}(p,d,q)=\mathrm{AR}(p)+\mathrm{I}(d)+\mathrm{MA}(q) \tag{5-1}$$

式中,AR(p)表示自回归模型,p 为自回归阶数;I(d)表示差分模型,d 为时间序列成为平稳时所做的差分次数;MA(q)表示移动平均模型,q 为移动平均阶数。

　　自回归:ARIMA 模型基于自回归,即当前时间点的值与前面若干时间点的值有关。自回归阶数 p 表示当前时间点与前面 p 个时间点的值有关。

　　差分:为了消除时间序列数据的非平稳性,ARIMA 模型通常需要进行差分操作,即将原始数据转换为差分数据,消除趋势和季节性等影响。差分阶数 d 表示需要对时间序列数据进行差分的次数。

　　移动平均:ARIMA 模型基于移动平均,即当前时间点的值与前面若干时间点的误差有关。移动平均阶数 q 表示当前时间点与前面 q 个时间点的误差有关。

　　ARIMA 模型可以通过对时间序列数据进行分析和拟合,估计出合适的模型参数,从而进行数据预测和建模。

2. 实验过程

　　ARIMA 模型预测的基本程序包括以下步骤:

　　(1) 根据时间序列的散点图、自相关函数(autocorrelation function,ACF)图和偏自相关函数(partial autocorrelation function,PACF)图以单位根检验(augmented dickey-fuller,ADF)其方差、趋势及其季节性变化规律,对序列的平稳性进行识别。

　　(2) 对非平稳序列进行平稳化处理。如果数据序列是非平稳的,并存在一定的增长或下降趋势,则需要对数据进行差分处理;如果数据存在异方差,则需对数据进行技术处理,直到处理后的数据的自相关函数值和偏相关函数值无显著地异于零。

　　(3) 根据时间序列模型的识别规则,建立相应的模型。若平稳序列的 PACF 是截尾的,而 ACF 是拖尾的,可断定序列适合 AR 模型;若平稳序列的 PACF 是拖尾的,而 ACF 是截尾的,则可断定序列适合 MA 模型;若平稳序列的 PACF 和 ACF 均是拖尾的,则序列适合 ARMA 模型(截尾是指时间序列的 ACF 或 PACF 在某阶后均为 0 的性质;拖尾是 ACF 或 PACF 并不在某阶后均为 0 的性质)。

（4）进行参数估计，检验是否具有统计意义。

（5）进行假设检验，诊断残差序列是否为白噪声。

（6）利用已通过检验的模型进行预测分析。

接下来是利用 ARIMA 模型分析小米手环步态数据的详细过程。

导入分析所需要的包，代码如下：

```
1.    import pandas as pd
2.    import datetime
3.    import math
4.    import numpy as np
5.    import matplotlib.pylab as plt
6.    from matplotlib.pylab import style
7.    from scipy.special import logsumexp
8.    import statsmodels.tsa.api as smtsa
9.    from statsmodels.graphics.tsaplots import plot_acf, plot_pacf
10.   from statsmodels.tsa.stattools import adfuller as ADF
11.   from sklearn.metrics import mean_squared_error as mse, mean_absolute_error as mae
```

数据读取和预览，代码如下，结果如图 5-24 所示。

```
1.    steps_df = pd.read_csv("Steps.csv",index_col = 0,parse_dates = [0])
2.    #steps_df
3.    plt.plot(steps_df['runDistance'])
4.    plt.title('Daily runDistance')
5.    plt.show()
```

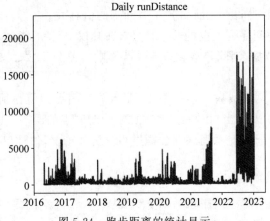

图 5-24　跑步距离的统计显示

数据预处理，缺失数据填充，代码如下，结果如图 5-25 所示。

```
1.    #输出数据缺失值填充之前的数据
2.    print(steps_df.runDistance['20160427':'20230114'])
3.    #数据缺失值填充及可视化
4.    #这里以天为单位,把缺失数据填充上 这里填充的是线性取值
5.    steps_df = steps_df.resample('D').interpolate('linear')
6.    print(steps_df.runDistance['20160427': '20230114'])
```

时间序列 ACF 是时间序列分析中的一种重要工具，用于研究时间序列数据中的自相关性。自相关性是指在同一时间序列中，不同时刻的数据之间的相关性。ACF 是一种描述时间序列数据在不同时间延迟下的相关性的方法。ACF 可以通过计算时间序列数据与其自身在不同时间延迟下的相关性系数来计算。具体来说，ACF 是时间序列数据与其自身在不

```
date
2016-04-27      46
2016-04-28      79
2016-04-29      29
2016-04-30      11
2016-05-01       0
               ...
2023-01-10    2495
2023-01-11    7066
2023-01-12    6506
2023-01-13    2578
2023-01-14    1176
Name: runDistance, Length: 2454, dtype: int64
date
2016-04-27      46
2016-04-28      79
2016-04-29      29
2016-04-30      11
2016-05-01       0
               ...
2023-01-10    2495
2023-01-11    7066
2023-01-12    6506
2023-01-13    2578
2023-01-14    1176
Freq: D, Name: runDistance, Length: 2454, dtype: int64
```

图 5-25 缺失数据填充结果

同时间间隔内的相关系数的函数。在计算 ACF 时,一个时间序列数据集被拆分成不同的时间段,并计算在不同时间延迟下的相关性系数。

PACF 是一种描述时间序列的自相关性的统计工具。它用来衡量在给定两个时间点之间的距离上,一个时间序列在去除其前面的时间点对它的影响后,对后面的时间点的影响。故 PACF 可以帮助确定一个时间序列需要多少个滞后值才能很好地对其进行预测。PACF 通常用于进行时间序列建模、诊断和选择自回归模型阶数。

画出 ACF、PACF 图像,代码如下,结果如图 5-26 所示。

```
1.   # 画出 ACF、PACF 图像
2.   def plotds(xt, nlag = 30, fig_size = (12, 10)):
3.     if not isinstance(xt, pd.Series):
4.       xt = pd.Series(xt)
5.     plt.figure(figsize = fig_size)
6.     layout = (2, 2)
7.     plt.rcParams.update({'font.size': 20})
8.     ax_xt = plt.subplot2grid(layout, (0, 0), colspan = 2)
9.     ax_acf = plt.subplot2grid(layout, (1, 0))
10.    ax_pacf = plt.subplot2grid(layout, (1, 1))
11.    xt.plot(ax = ax_xt)
12.    ax_xt.set_title('Time Series')
13.    plot_acf(xt, lags = nlag, ax = ax_acf)
14.    plot_pacf(xt, lags = nlag, ax = ax_pacf)
15.    plt.tight_layout()
16.    return None
17.  # 画出 ACF、PACF 图像
18.  plotds(steps_df['runDistance'].dropna(), nlag = 50)
```

进行时间序列分析前,必须判断其是否平稳,需要使用 ADF 方法进行平稳性检验,代码如下:

```
1.   # 平稳性检验
2.   diff = 0
```

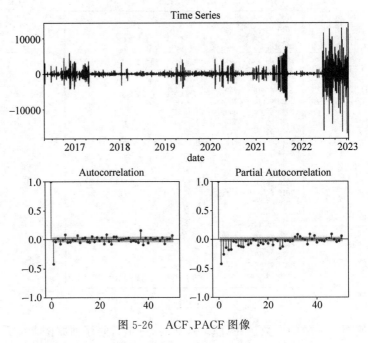

图 5-26　ACF、PACF 图像

```
3.   adf = ADF(steps_df['runDistance'])
4.   if adf[1] > 0.05:
5.     print(u'原始序列经检验不平稳,p值为:% s'%(adf[1]))
6.   else:
7.     print(u'原始序列经检验平稳,p值为:% s'%(adf[1]))
```

实验结果发现,原始序列经检验不平稳,p 值为 0.8338039027785843。

如果序列值彼此之间没有任何相关性,那就意味着该序列是一个没有记忆的序列,过去的行为对将来的发展没有丝毫影响,这种序列称之为纯随机序列。从统计分析的角度而言,纯随机序列是没有任何分析价值的序列,也称白噪声检验。白噪声序列检验代码如下:

```
1.   from statsmodels.stats.diagnostic import acorr_ljungbox
2.   lb = acorr_ljungbox(steps_df['runDistance'],lags = 1)    # 返回的是 DataFrame 不能用嵌
       套列表
3.   p = lb.values[0,1]                                        # 获取第 0 行第 1 列数据
4.   if p < 0.05:
5.     print (u'原始序列为非白噪声序列,p值为:% s' % p)
6.   else:
7.     print (u'原始序列为白噪声序列,p值为:% s' % p)
```

实验结果发现,原始序列为非白噪声序列,p 值为 3.084362836456756e-193。

接下来对不平稳的数据进行平稳化处理,代码如下,平稳化后的数据如图 5-27 所示。

```
1.   # 3. 处理数据,平稳化数据
2.   # 这里只是简单地作了一阶差分,还有其他平稳化时间序列的方法
3.   # 可以查询资料后改进这里的平稳化效果
4.   steps_diff = steps_df.diff(1)
5.   steps_diff = steps_diff.dropna()
6.   print(steps_diff.head())
7.   print(steps_diff.dtypes)
8.   plotds(steps_diff['runDistance'].dropna(),nlag = 50)
```

```
              steps   distance  runDistance  calories
date
2016-04-28   11625.0    8818.0        33.0      470.0
2016-04-29    1429.0     856.0       -50.0      -14.0
2016-04-30  -13876.0   -9935.0       -18.0     -530.0
2016-05-01    -257.0    -330.0       -11.0       37.0
2016-05-02    6135.0    4679.0         0.0      182.0
steps            float64
distance         float64
runDistance      float64
calories         float64
dtype: object
```

图 5-27 平稳化后数据显示

对平稳化后的数据进行平稳性检验。代码如下:

```
1.  ♯平稳性检验
2.  diff = 0
3.  adf = ADF(steps_diff['runDistance'])
4.  if adf[1] > 0.05:
5.      print(u'一阶差分序列经检验不平稳,p值为:%s'%(adf[1]))
6.  else:
7.      print(u'一阶差分序列经检验平稳,p值为:%s'%(adf[1]))
```

实验结果发现,一阶差分序列经检验平稳,p 值为 0.0。

白噪声检验,代码如下:

```
1.  from statsmodels.stats.diagnostic import acorr_ljungbox
2.  lb = acorr_ljungbox(steps_diff['runDistance'],lags = 1)    ♯返回的是DataFrame不能用嵌
       套列表
3.  p = lb.values[0,1] ♯获取第0行第1列数据
4.  if p < 0.05:
5.      print (u'一阶差分序列为非白噪声序列,p值为:%s'% p)
6.  else:
7.      print (u'一阶差分序列为白噪声序列,p值为:%s'% p)
```

实验结果发现,一阶差分序列为非白噪声序列,p 值为 7.93144056649956e-95。

根据 ACF 和 PACF 定阶并建立模型,代码如下,结果如图 5-28 所示。

```
1.  ♯ 4. 根据 ACF 和 PACF 定阶并建立模型
2.  model = ARIMA(steps_df['runDistance'], order = (2, 1, 2))
3.  model_fit = model.fit()
4.  print(model_fit.summary())
```

模型拟合代码如下。结果如图 5-29 所示。

```
1.  ♯模型拟合
2.  steps_df['ARIMA'] = model_fit.predict(typ = 'levels')
3.  f, axarr = plt.subplots(1, sharex = True)
4.  f.set_size_inches(12, 8)
5.  steps_df['runDistance'].plot(color = 'b', linestyle = '-', ax = axarr)
6.  steps_df['ARIMA'].plot(color = 'r', linestyle = '--', ax = axarr)
7.  axarr.set_title('ARIMA(2, 1, 2)')
8.  plt.rcParams.update({'font.size': 20})
9.  plt.xlabel('Index')
10. plt.ylabel('runDistance')
11. plt.show()
```

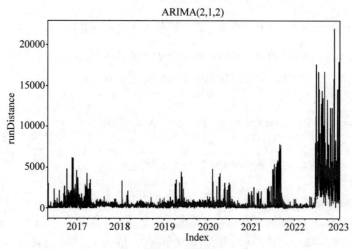

图 5-28　模型拟合结果显示

ARIMA(2,1,2)

图 5-29　模型拟合结果可视化

模型预测并可视化预测结果,代码如下,预测结果可视化如图 5-30 所示。

```
1.  #预测
2.  output = model_fit.predict('20180201','20180207',dynamic = True,typ = 'levels')
3.  #使用模型预测数据
4.  #print(output)
5.  # 6.可视化预测结果
6.  steps_forcast = pd.concat([steps_df.runDistance['20180115':'20180207'],output],axis = 1,
    keys = ['original','predicted'])
7.  plt.figure()
8.  plt.plot(steps_forcast)
9.  plt.title('Original vs predicted')
10. plt.savefig('./steps_pred.png',format = 'png')
11. plt.show()
```

模型评估代码如下:

```
1.  #模型评估,平均绝对误差 MAE、均方误差 MSE、均方根误差 RMSE
2.  #对短期预测结果进行评估
3.  short_label = steps_df.runDistance['20200201': '20200202']
```

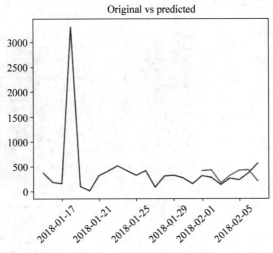

图 5-30　预测可视化结果

```
4.  short_prediction = output[:2]
5.  short_mse_score = mse(short_label,short_prediction)
6.  short_rmse_score = math.sqrt (mse(short_label,short_prediction))
7.  short_mae_score = mae(short_label,short_prediction)
8.  print('short MSE:%.4f,short_RMSE:%.4f,short_MAE:%.4f'%(short_mse_score,short_
    rmse_score,short_mae_score))
```

短期预测评估结果为：short MSE：133442.5341，short RMSE：365.2979，short MAE：353.5008。

```
1.  #对长期预测结果进行评估
2.  all_label = steps_df.runDistance['20200201':'20200207']
3.  all_prediction = output
4.  long_mse_score = mse(all_label,all_prediction)
5.  long_rmse_score = math.sqrt(mse(all_label, all_prediction))
6.  long_mae_score = mae(all_label, all_prediction)
7.  print('long_MSE:%.4f,long_RMSE:%.4f,long_MAE:%.4f'% (long_mse_score, long_rmse_
    score, long_mae_score))
```

长期预测评估结果为：long_MSE：94948.9715，long_RMSE：308.1379，long_MAE：250.0324。

由短期预测结果和长期预测结果的对比显示，长期预测结果更好。

对后续数据进行预测，代码如下，预测结果如图 5-31 所示。

```
1.  #对后续数据进行预测
2.  from statsmodels.graphics.tsaplots import plot_predict
3.  from statsmodels.tsa.arima.model import ARIMA
4.  dta = steps_df.runDistance['2020/12/15': '2020/12/30'] #选择可视化的原始数据区间
5.  fig, ax = plt.subplots()
6.  ax = dta.loc['2020/12/15':].plot(ax = ax) #设置坐标轴起点
7.  plot_predict(model.fit(),'2020/12/25','2021/01/30',ax=ax) #可视化预测时间起点与终点
8.  plt.show()
```

5.3.2　案例：LSTM 模型分析数据

1. LSTM 模型原理

在深度学习领域中，尤其是循环神经网络（recurrent neural network，RNN），"长期依

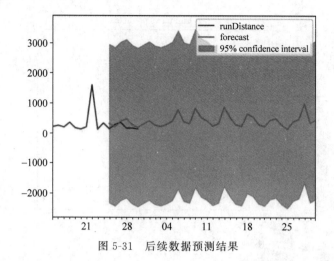

图 5-31　后续数据预测结果

赖"问题是普遍存在的。长期依赖产生的原因是当神经网络的节点经过许多阶段的计算后，
之前比较长的时间片的特征已经被覆盖。长短期记忆（long short-term memory，LSTM）
网络是 RNN 的一种变体，可以很有效地解决简单 RNN 的梯度爆炸或消失问题。而 LSTM
之所以能够解决 RNN 的长期依赖问题，是因为 LSTM 引入了门（gate）机制用于控制特征
的流通和损失。LSTM 是由一系列 LSTM 单元（LSTM unit）组成，其链式结构如图 5-32
所示。

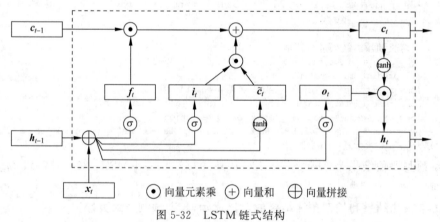

图 5-32　LSTM 链式结构

　　LSTM 区别于 RNN 的地方，主要就在于它在算法中加入了一个判断信息有用与否的
"处理器"，这个处理器作用的结构被称为 cell。

　　一个 cell 当中放置了三扇门，分别叫作输入门、遗忘门和输出门。一个信息进入 LSTM
的网络当中，可以根据规则来判断是否有用。只有符合算法认证的信息才会留下，不符合的
信息则通过遗忘门被遗忘。具体来讲，三个门的基本功能如下所述：

　　（1）遗忘门的功能是决定应丢弃或保留哪些信息。来自前一个隐藏状态的信息和当前
输入的信息同时传递到 sigmoid 函数中，输出值介于 0～1，越接近 0 意味着越应该丢弃，越
接近 1 意味着越应该保留；

　　（2）输入门用于更新 cell 状态。首先将前一层隐藏状态的信息和当前输入的信息传递
到 sigmoid 函数中。将值调整到 0～1 来决定要更新哪些信息。0 表示不重要，1 表示重要。

其次还要将前一层隐藏状态的信息和当前输入的信息传递到 tanh 函数中,创造一个新的候选值向量。最后将 sigmoid 函数的输出值与 tanh 函数的输出值相乘,sigmoid 函数的输出值将决定 tanh 函数的输出值中哪些信息是重要且需要保留下来的;

(3) 输出门用来确定下一个隐藏状态的值,隐藏状态包含了先前输入的信息。首先,将前一个隐藏状态和当前输入传递到 sigmoid 函数中,然后将新得到的 cell 状态传递给 tanh 函数。最后将 tanh 函数的输出与 sigmoid 函数的输出相乘,以确定隐藏状态应携带的信息。再将隐藏状态作为当前 cell 的输出,把新的 cell 状态和新的隐藏状态传递到下一个时间步长中。

2. 分析实验过程

LSTM 模型预测的基本程序包括构建网络模型、对模型进行训练、利用训练好的模型进行预测、对预测结果进行评估。利用 LSTM 处理数据的流程如下。

导入相应的包,代码如下:

```
1.  import numpy as np
2.  import pandas as pd
3.  import torch.nn as nn
4.  import torch
5.  import matplotlib.pyplot as plt
6.  import matplotlib.ticker as mticker
7.  import statsmodels.api as sm
8.  import statsmodels.tsa.api as tsa
9.  import math
10. import torch.utils.data as Data
```

绘制序列图像设置,代码如下:

```
1.  # 绘制序列
2.  def plot_series(time, series, format = " - ", start = 0, end = None, label = None):
3.      # 根据时间轴和对应数据列表绘制序列图像
4.      plt.plot(time[start:end], series[start:end], format, label = label)
5.      # 设置横纵轴意义
6.      plt.xlabel("Time")
7.      plt.ylabel("Value")
8.      # 设置图例说明字体大小
9.      if label:
10.         plt.legend(fontsize = 14)
11.     plt.rcParams.update({'font.size': 20})
12.     # 显示网格
13.     plt.grid(True)
```

读取数据,代码如下:

```
1.  data = pd.read_csv('Steps.csv', index_col = 0, na_values = ' + 9999,9') # 读取文件,将日期
        设为索引
2.  data = data['runDistance'] # 选取 runDistance 一列
3.
4.  data.index = pd.to_datetime(data.index) # 将 data.index 设置为时间格式
5.  start_time = pd.to_datetime('2019 - 01 - 01 00:00:00')
6.  end_time = pd.to_datetime('2019 - 06 - 30 23:00:00')
7.  data = data[start_time:end_time]
8.  data = data.dropna() # 剔除 NaN 的数据
9.  # data = data.str.split(",", expand = True)[0]
10. # data = data.astype("int")/10 # 将 TMP 数据从 str 转换为 int,并获取正确数值
11.
```

```
12.    index = pd.date_range(start = start_time, end = end_time, freq = "H")
13.    data = data.reindex(index) #将时间补全(前面有丢弃操作),并将间隔时间设置为 1h,重新
        设置 data 的索引
14.    #进行插值(部分补全的时间没有对应的数据)
15.    data = data.interpolate()
16.    #将数据转换为 array 类型,
17.    series = np.array(data)
```

数据可视化,代码如下,可视化结果如图 5-33 所示。

```
1.    #数据可视化
2.    fig, ax = plt.subplots(figsize = (20, 6))
3.    #设置纵轴单位
4.    ax.yaxis.set_major_formatter(mticker.FormatStrFormatter('%d ℃'))
5.    data.plot()
6.    plt.xlabel('Date')
7.    plt.ylabel('runDistance')
8.    plt.grid(True)
9.    plt.show()
```

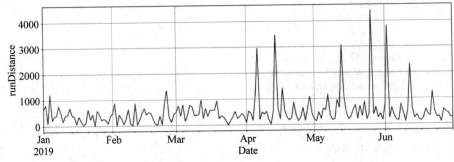

图 5-33 数据可视化结果显示

设置超参数,代码如下:

```
1.    #设置超参数
2.    input_size = 1
3.    hidden_size = 128
4.    output_size = 1
5.    epochs = 100
6.    lr = 0.05
7.    batch_size = 20
8.    time_step = 12
```

划分训练集和测试集,代码如下:

```
1.    #前 140 天的数据作为训练集
2.    train_data = data[0:140 * 24]
3.    #剩下的时间数据作为测试集
4.    test_data = data[140 * 24:]
5.    #数据归一化
6.    train_data_normalized = (train_data - train_data.min())/(train_data.max() - train_
       data.min())
7.    test_data_normalized = (test_data - train_data.min())/(train_data.max() - train_data.min())
```

滑动窗口采样,代码如下:

```
1.    train_x = []
2.    train_y = []
3.    test_x = []
4.    test_y = []
```

```
5.    #对训练数据采样
6.    i = 0
7.    while(i + time_step + output_size < len(train_data_normalized)):
8.      #输入的序列
9.      train_x.append(train_data_normalized[i:i + time_step])
10.     #输出的序列
11.     train_y.append(train_data_normalized[i + time_step:i + time_step + output_size])
12.     i += output_size
13.   #对测试数据采样
14.   j = 0
15.   while(j + time_step + output_size < len(test_data_normalized)):
16.     test_x.append(test_data_normalized[j:j + time_step])
17.     test_y.append(test_data_normalized[j + time_step:j + time_step + output_size])
18.     j += output_size
```

装入数据，代码如下：

```
1.    #将数据转换为 tensor 模式
2.    train_x = torch.tensor(train_x, dtype = torch.float32)
3.    train_y = torch.tensor(train_y, dtype = torch.float32)
4.    test_x = torch.tensor(test_x, dtype = torch.float32)
5.    test_y = torch.tensor(test_y, dtype = torch.float32)
6.    #将训练数据装入 dataloader
7.    train_dataset = Data.TensorDataset(train_x, train_y)
8.    train_loader = Data.DataLoader(dataset = train_dataset,
9.                    batch_size = batch_size,
10.                   shuffle = True, num_workers = 0)
```

构建 LSTM 网络，代码如下：

```
1.    class MYLSTM(nn.Module):
2.      def __init__(self, input_size, hidden_size, output_size, time_step):
3.        super(MYLSTM, self).__init__()
4.        self.input_size = input_size
5.        self.hidden_size = hidden_size
6.        self.output_size = output_size
7.        self.time_step = time_step
8.        #创建 LSTM 层和 linear 层，LSTM 层提取特征，linear 层用作最后的预测
9.        self.rnn = nn.LSTM(
10.         input_size = self.input_size,
11.         hidden_size = self.hidden_size,
12.         num_layers = 1,
13.         batch_first = True,
14.         bidirectional = True
15.       )
16.       self.out = nn.Linear(self.hidden_size * 2, self.output_size)
17.     def forward(self, x):
18.       #获得 LSTM 的计算结果，舍去 h_n
19.       r_out, _ = self.rnn(x)
20.       #按照 LSTM 模型结构修改 input_seq 的形状，作为 linear 层的输入
21.       r_out = r_out.reshape(-1, self.hidden_size * 2)
22.       out = self.out(r_out)
23.       #将 out 恢复成(batch, seq_len, output_size)
24.       out = out.reshape(-1, self.time_step, self.output_size)
25.       #return 所有 batch 的 seq_len 的最后一项
26.       return out[:, -1, :]
```

模型参数初始化，代码如下：

```
1.    #实例化神经网络
```

```
2.  net = MYLSTM(input_size, hidden_size, output_size, time_step)
3.  #初始化网络参数
4.  for param in net.parameters():
5.      nn.init.normal_(param, mean = 0, std = 0.01)
6.  #设置损失函数
7.  loss = nn.MSELoss()
8.  #设置优化器
9.  optimizer = torch.optim.SGD(net.parameters(), lr = lr)
10. #如果 GPU 可用,就用 GPU 计算,否则使用 CPU 运算
11. device = torch.device("cuda:0" if torch.cuda.is_available() else "cpu")
12. #将 net 复制到 device(GPU 或 CPU)
13. net.to(device)
```

开始训练,代码如下,训练结果如图 5-34 所示。

```
1.  #开始训练
2.  train_loss = []
3.  test_loss = []
4.  for epoch in range(epochs):
5.      train_1 = []
6.      test_1 = 0
7.      for x, y in train_loader:
8.          #RNN 输入应为 input(seq_len, batch, input_size),将 x 转换为三维数据
9.          x = torch.unsqueeze(x, dim = 2)
10.         #将 x 和 y 放入 device 中
11.         x = x.to(device)
12.         y = y.to(device)
13.         #计算得到预测值
14.         y_predict = net(x)
15.         #计算预测值与真实 y 的 loss
16.         l = loss(y_predict, y)
17.         #清空所有被优化过的 variable 的梯度
18.         optimizer.zero_grad()
19.         #反向传播,计算当前梯度
20.         l.backward()
21.         #根据梯度更新网络参数
22.         optimizer.step()
23.         train_1.append(l.item())
24.     #修改测试集的维度以便放入网络中
25.     test_x_temp = torch.unsqueeze(test_x, dim = 2)
26.     #测试集放入 device 中
27.     test_x_temp = test_x_temp.to(device)
28.     test_y_temp = test_y.to(device)
29.     #得到测试集的预测结果
30.     test_predict = net(test_x_temp)
31.     #计算测试集 loss
32.     test_1 = loss(test_predict, test_y_temp)
33.     print('Epoch % d:train loss = % .5f, test loss = % .5f' % (epoch + 1, np.array(train_
        1).mean(), test_1.item()))
34.     train_loss.append(np.array(train_1).mean())
35.     test_loss.append(test_1.item())
```

```
Epoch 1:train loss= 0.01491,test loss= 0.04446
Epoch 2:train loss= 0.01426,test loss= 0.04423
Epoch 3:train loss= 0.01418,test loss= 0.04428
...

Epoch 98:train loss= 0.00030,test loss= 0.00112
Epoch 99:train loss= 0.00030,test loss= 0.00111
Epoch 100:train loss= 0.00030,test loss= 0.00111
```

图 5-34   模型训练结果

绘制 loss 曲线,代码如下,loss 曲线如图 5-35 所示。

```
# 绘制 loss 曲线
plt.plot(range(epochs),train_loss,label = 'train_loss',linewidth = 2)
plt.plot(range(epochs),test_loss,label = 'test_loss',linewidth = 2)
plt.xlabel('epoch')
plt.ylabel('loss')
plt.legend()
plt.show
```

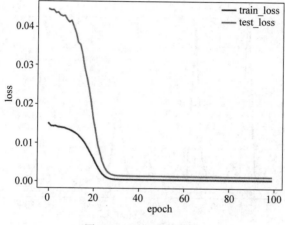

图 5-35 loss 曲线展示

预测并对比结果,代码如下,预测结果局部对比图如图 5-36 所示,整体对比图如图 5-37 所示。

```
1.   # 将测试集放入模型计算预测结果
2.   test_x_temp = torch.unsqueeze(test_x,dim = 2)
3.   test_x_temp = test_x_temp.to(device)
4.   predict = net(test_x_temp)
5.   # 逆归一化
6.   predict = predict.cpu().detach().numpy() * (train_data.max() - train_data.min()) +
     train_data.min()
7.   test_y = np.array(test_y) * (train_data.max() - train_data.min()) + train_data.min()
8.   predict_result = []
9.   test_y_result = []
10.  for item in predict:
11.     predict_result += list(item)
12.  for item in test_y:
13.     test_y_result += list(item)
14.  # 指定 figure 的宽和高
15.  fig_size = plt.rcParams['figure.figsize']
16.  fig_size[0] = 10
17.  fig_size[1] = 6
18.  plt.rcParams['figure.figsize'] = fig_size
19.  # 画出实际和预测的对比图
20.  plt.plot(range(len(test_y_result)),test_y_result,label = 'True')
21.  plt.plot(range(len(predict_result)),predict_result,label = 'Prediction')
22.  plt.xlabel("TIME")
23.  plt.ylabel("Value")
24.  plt.grid(True)
25.  plt.legend()
26.  plt.show()
27.  # 与整体数据进行比较
```

```
28.  plt.plot(range(len(series)),series,label = 'True')
29.  plt.plot(range(len(series) - len(predict_result),len(series)),predict_result,label = '
     Prediction')
30.  plt.xlabel("TIME")
31.  plt.ylabel("Value")
32.  plt.grid(True)
33.  plt.legend()
34.  plt.show()
```

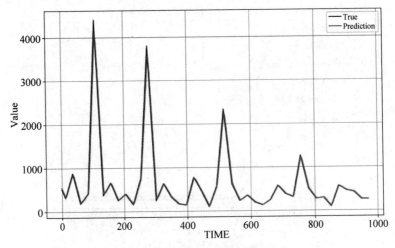

图 5-36　预测结果局部对比图

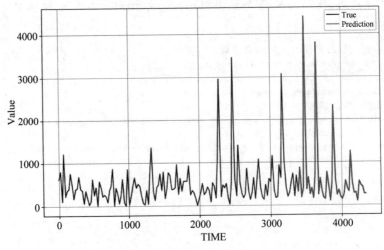

图 5-37　预测结果整体对比图

预测结果评估,代码如下:

```
1.  from sklearn.metrics import mean_squared_error as mse, mean_absolute_error as mae
2.  mae_nn = mae(test_y_result,predict_result)
3.  mse_nn = mse(test_y_result,predict_result)
4.  print(MAE:',MAE_nn)
5.  print(MSE:',MSE_nn)
```

评估结果为 MAE:64.240135;MSE:13164.344。

LSTM 模型和 ARIMA 模型的结果对比显示,LSTM 模型的 MSE 和 MAE 值更小,说明模型的预测效果更好。

参考文献

［1］ Goodfellow I，Bengio Y，Courville A. Deep learning［M］. MIT Press，2016.

［2］ Zhang A. Lipto Z C. Li M，et al. Dive into deep learning［M］. Cambridge University Press，2023.

［3］ 邱锡鹏. 神经网络与深度学习［M］. 北京：机械工业出版社，2020.

［4］ Palma W. Time series analysis［M］. John Wiley & Sons，2016.

［5］ Tsay R S，Chen R. Nonlinear time series analysis［M］. John Wiley & Sons，2018.

［6］ Chatfield C，Xing H. The analysis of time series：An introduction with R［M］. CRC Press，2019.

［7］ Gulli A，Pal S. Deep learning with Keras［M］. Packt Publishing Ltd.，2017.

［8］ Patterson J，Gibson A. Deep learning：A practitioner's approach［M］. O'Reilly Media, Inc.，2017.

［9］ Montgomery D C，Jennings C L，Kulahci M. Introduction to time series analysis and forecasting［M］. John Wiley & Sons，2015.